Induktive Statistik

Von
Dr. Peter v. d. Lippe
Professor für Statistik

5., völlig neubearbeitete Auflage

R. Oldenbourg Verlag München Wien

In die neukonzipierte „Statistik" in zwei Bänden
(„Induktive Statistik", „Deskriptive Statistik")
ist das Werk „Klausurtraining Statistik, 1.-4. Auflage" aufgegangen.
Deshalb wurde die Auflagenzählung fortgeführt.

Die Deutsche Bibliothek - CIP-Einheitsaufnahme

Lippe, Peter von der:
Induktive Statistik : Formeln, Aufgaben, Klausurtraining / von Peter
v.d. Lippe. – 5., völlig neubearb. Aufl. – München ; Wien :
Oldenbourg, 1999
 Bis 4. Aufl. u.d.T.: Lippe, Peter von der: Klausurtraining Statistik
 ISBN 3-486-25063-9

© 1999 R. Oldenbourg Verlag
Rosenheimer Straße 145, D-81671 München
Telefon: (089) 45051-0, Internet: http://www.oldenbourg.de

Das Werk einschließlich aller Abbildungen ist urheberrechtlich geschützt. Jede Verwertung außerhalb der Grenzen des Urheberrechtsgesetzes ist ohne Zustimmung des Verlages unzulässig und strafbar. Das gilt insbesondere für Vervielfältigungen, Übersetzungen, Mikroverfilmungen und die Einspeicherung und Bearbeitung in elektronischen Systemen.

Gedruckt auf säure- und chlorfreiem Papier
Gesamtherstellung: R. Oldenbourg Graphische Betriebe GmbH, München

ISBN 3-486-25063-9

Vorwort

Dieses Buch ist gedacht als Begleittext zu Vorlesungen und Übungen im Grundstudium sowie zur Klausurvorbereitung. Es umfaßt den Stoff, der üblicherweise unter dem Titel "Induktive Statistik" oder "Statistik II" an den meisten Hochschulen für Wirtschaftswissenschaftler angeboten wird, geht jedoch im Formelsammlungsteil in einigen Punkten wohl erheblich darüber hinaus, so daß es in diesem Bereich auch zum Nachschlagen für das Hauptstudium benutzt werden kann.

Das Buch ist jedoch kein Ersatz für die entsprechenden Lehrveranstaltungen und enthält auch nicht die für ein Lehrbuch üblichen ausführlichen Erklärungen zu den Formeln. Andererseits sind in ihm sehr viel mehr Aufgaben enthalten, die (hoffentlich) geeignet sind zum Üben und zur Demonstration von Zusammenhängen. Die Erfahrung hat gezeigt, daß man Statistik weder lernt durch ein Philosophieren über Begriffe (oder ein Auswendiglernen derselben), noch durch Erlernen von Rechengängen. Es kommt hinzu, daß in der Regel ein Unterschied besteht zwischen Übungsaufgaben, die man lösen kann, wenn man in der Lehrveranstaltung an der entsprechenden Stelle angekommen ist, und Klausuraufgaben, bei denen der gesamte Stoff erwartet wird und auch "querbeet" gefragt werden kann. Es ist außerdem wichtig, systematisch Zusammenhänge zu erkennen, weil man sich sonst durch eine evtl. nur geringfügig modifizierte Aufgabe gleich wieder vor ein völlig neues Problem gestellt sieht.

Aus diesem Grunde umfaßt das Buch **vier Teile**:

1. eine reichhaltige (wie gesagt z.T. über das Grundstudium hinausgehende) **Formelsammlung**, in der auf Übersichten viel wert gelegt wurde, um einen Überblick über Konzepte und deren Zusammenhänge zu gewinnen,

2. **Übungsaufgaben**, die jeweils die entsprechenden Abschnitte des Formelteils betreffen,

3. einige sehr viel komplexere **Klausuraufgaben**, die (mitsamt den entsprechenden Zeichnungen) dem ebenfalls im Oldenbourg Verlag erschienenen Buch des Verfassers "Klausurtraining in Statistik" entnommen worden sind (dieses Buch soll somit nicht weiter fortgeführt werden), und

4. effektiv in letzter Zeit an der Universität - Gesamthochschule Essen von uns gestellte **Klausuren**, weil wir erfahrungsgemäß von Studenten immer wieder nach solchen Klausuren gefragt werden (es ist ja auch interessant zu sehen, wie mit Klausuren versucht wird, möglichst alle Gebiete abzudecken und wie im Endeffekt die Mischung der Aufgaben aussieht).

Bei der Vorbereitung dieser Veröffentlichung wurden die entsprechenden Abschnitte des Buches "Klausurtraining in Statistik" (siehe oben), sowie einer früheren Fassung der Formel- und Aufgabensammlung noch einmal gründlich überarbeitet. Hierbei hat mir mein Mitarbeiter, Herr Dipl. Volkswirt Andreas Kladroba mit großem Arbeitseinsatz und seiner langjährigen Erfahrung mit den Aufgaben in Übungen sowie mit dem entsprechenden Feedback der Studentinnen und Studenten in Übungen und Klausuren sehr geholfen.

Neben Herrn Kladroba gilt mein Dank auch Frau stud. rer. pol. Karla Behal und Herrn stud. rer. pol. Alexander Döhring, die sich mit dem Erfassen und Formatieren der Texte sowie dem Scannen der Abbildungen auf dem PC sehr viel Mühe gegeben haben. Schließlich danke ich Herrn Martin Weigert vom Oldenbourg Verlag sehr dafür, daß er dieses Buch (als Ersatz des "Klausurtrainings") in sein Programm aufgenommen hat. Es ist beabsichtigt, diesem Band ein dem gleichen Konzept entsprechendes Buch "Deskriptive Statistik" folgen zu lassen.

Peter von der Lippe

Gliederung:

Teil I: Formelsammlung mit Tabellenanhang

Teil II: Aufgabensammlung

        Lösungen

Teil III: Klausurtraining

        Lösungen

Teil IV: Musterklausuren

        Lösungen

Teil I

Formelsammlung
mit
Tabellenanhang

Gliederung von Teil I

Kap. 1:   Einführung, Stichprobenraum
Kap. 2:   Kombinatorik
Kap. 3:   Ereignisalgebra, Wahrscheinlichkeit
Kap. 4:   Zufallsvariablen, Wahrscheinlichkeitsverteilung
Kap. 5:   Spezielle diskrete Wahrscheinlichkeitsverteilungen
Kap. 6:   Spezielle stetige Verteilungen
Kap. 7:   Grenzwertsätze, Stichprobenverteilung
Kap. 8:   Schätztheorie
Kap. 9:   Testtheorie
Kap. 10: Stichprobentheorie

Tabellenanhang

Kapitel 1: Einführung

Wahrscheinlichkeitsaussagen beziehen sich auf Zufallsexperimente (ZE), und zwar (gerade wegen der Zufälligkeit) nicht auf den Ausgang eines einzelnen ZE, sondern auf die (zumindest gedanklich) unendliche Folge von Wiederholungen (Realisationen) des ZE unter einem
- unveränderlichen
- exakt beschriebenen

Bedingungskomplex.

Def. 1.1: Zufallsexperiment (ZE)

Ein Zufallsexperiment liegt vor, wenn
1. es wohldefinierte Ereignisse als Ergebnis des ZE gibt
2. das ZE unter denselben Bedingungen unabhängig beliebig oft wiederholbar ist
3. das Ereignis (der Versuchsausgang) im Einzelfall
    a) nicht voraussagbar ist
    b) nicht willkürlich (systematisch) zu beeinflussen ist
4. es wohl aber bei einer Vielzahl von Wiederholungen des ZE gewisse Regelmäßigkeiten gibt.

Def. 1.2: Stichprobenraum

a) Ein Stichprobenraum Ω ist die Menge aller möglichen, sich gegenseitig ausschließender Elementarereignisse $\omega_1, \omega_2, ..., \omega_n$
$$\Omega = \{\omega_1, \omega_2, ..., \omega_n\} \text{ bzw. } \{\omega, \omega \in \Omega\}$$
Im folgenden wird von endlichen Stichprobenräumen mit gleichwahrscheinlichen Elementarereignissen (Laplace-Annahme) ausgegangen.

b) Es sind Elementarereignisse und zusammengesetzte Ereignisse (Def. 3.1) zu unterscheiden.

Kapitel 2: Kombinatorik

1. Grundaufgaben der Kombinatorik	2-1
2. Binomialkoeffizienten und Multinomialkoeffizienten	2-3
3. Ergänzungen und Vertiefungen zum Auswahlproblem: Inklusion und Exklusion	2-8
4. Die Gamma- und die Beta-Funktion	2-9

Gegenstand der Kombinatorik sind enumerative Probleme, Fragen im Zusammenhang mit endlichen Mengen. Es geht um die Anzahl der Arten, wie eine wohldefinierte Operation (z.B. Auswahl oder Anordnung von Objekten) ausgeführt werden kann.

1. Grundaufgaben der Kombinatorik

Fragestellungen

1. Anordnung von n Elementen (**Permutation**) oder Auswahl von $i \leq n$ Elementen (die Elemente seien a, b, c, ...)

2. Es ist zu unterscheiden:
   a) mit Berücksichtigung der Anordnung (**Variation**): {a,b} und {b,a} sind verschieden
   b) ohne Berücksichtigung der Anordnung (**Kombination**): {a,b} und {b,a} sind gleich

3. Wiederholungen. Dabei bedeutet:
   a) **ohne Wiederholung** (**oW**): Elemente a, b und c treten nur einmal auf
   b) **mit Wiederholung** (**mW**): Es kann auch {a,a}, {a,b,b}, {b,b,b}, ... auftreten

Diese Kriterien werden kombiniert zu sechs Grundaufgaben (vgl. Übers. 2.1).

Anwendungen in der Stichprobentheorie:

a) Die Anzahl der Stichproben beim Ziehen **ohne Zurücklegen** ist K. Dabei sind die K Stichproben gleich wahrscheinlich.

b) Die Anzahl verschiedener Stichproben **mit Zurücklegen** ist K_W, davon sind aber nicht alle gleich wahrscheinlich. Durch das Zurücklegen ist die Urne praktisch unendlich, so daß auch i > n (i [sonst n] Umfang der Stichprobe; n [sonst N] Umfang der Grundgesamtheit).

Übersicht 2.1: Die sechs Grundaufgaben der Kombinatorik

a) Fallunterscheidungen

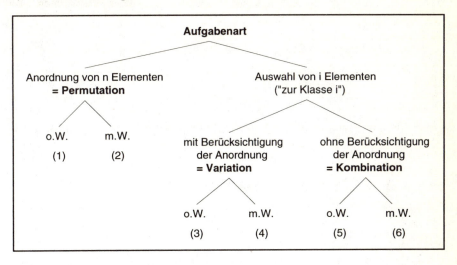

b) Formeln für die Anzahl

(2.1)	Anzahl der Permutationen ohne Wiederholung von n Elementen	$P = n! = n \cdot (n-1) \cdot \ldots \cdot 2 \cdot 1$
(2.2)	Anzahl der Permutationen mit Wiederholung von n Elementen, wobei das k-te Element n_k mal auftritt	$P_W = \dfrac{n!}{\prod_{k=1}^{m} n_k!}$ mit $\sum_{k=1}^{m} n_k = n$
(2.3)	Anzahl der Variationen ohne Wiederholung (V) von n Elementen zur i-ten Klasse	$V = \dfrac{n!}{(n-i)!} = i! \binom{n}{i}$
(2.4)	Anzahl der Variationen mit Wiederholung (V_W) zur i-ten Klasse	$V_W = n^i$
(2.5)	Anzahl der Kombinationen ohne Wiederholung (K)	$K = \binom{n}{i} = \dfrac{n!}{i!\,(n-i)!}$
(2.6)	Anzahl der Kombinationen mit Wiederholung (K_W)	$K_W = \binom{n+i-1}{i}$

Bemerkungen:

zu (1): Stirlingsche Formel:

Für großes n gilt: $n! \approx n^n \dfrac{1}{e^n} \sqrt{2\pi n} = \left(\dfrac{n}{e}\right)^n \sqrt{2\pi n} = \sqrt{2\pi}\, n^{n+1/2}\, e^{-n}$.

zu (3), (5) u. (6): $\binom{n}{i}$ ist der Binomialkoeffizient ("n über i") als Spezialfall des Multinomialkoeffizienten (Formel für P_W). Ist m = 2, n_1 = i und n_2 = n - i, so ist

$$\frac{n!}{\prod n_k!} = \frac{n!}{n_1! \, n_2!} = \frac{n!}{i! \, (n-i)!} = \binom{n}{i}.$$

Die Zweiteilung der Elemente kann z.B. bedeuten: n_1 = i Elemente gelangen in die Auswahl n_2 = n - i gelangen nicht in die Auswahl. Weitere Bemerkungen zum Binomialkoeffizienten vgl. Abschnitt 2.

zu (4): Hierbei kann jedes Element bis zu i-mal wiederholt werden (i kann auch größer als n sein).

Zusammenhänge der Formeln untereinander:

$P_W \to P$ wenn für alle k = 1,...,m gilt n_k = 1, folgt P_W = P

$V \to P$ wenn i = n gilt (also keine Auswahl), folgt V = P (Permutation ohne Wiederholung als Spezialfall der Variation ohne Wiederholung)

$P_W \to K$ wenn n_1 = i und n_2 = n - i, folgt P_W = K (siehe oben; vgl. auch Gl. 2.15)

$V \to K$ da jedes Element auf i! Arten permutiert werden kann, gilt (2.3a): V = i! K

$K \to K_W$ Herleitung der Kombinationen ohne Wiederholung aus dem Additionstheorem für Binomialkoeffizienten (Satz 2.1). Im trivialen Fall i=1 (keine Wiederholungen möglich) ist

$$K_W = K = \binom{n}{1} = n$$

$P_W \to V_W$ Variationen mit Wiederholung als Summe aller möglichen Permutationen mit Wiederholung (Satz 2.2)

2. Binomialkoeffizienten und Multinomialkoeffizienten

Def. 2.1: Binomialkoeffizient

Der Ausdruck

(2.5) $$\binom{n}{i} = \frac{n!}{(n-i)! \, i!}$$

mit n, i $\in \mathbb{N}$, $0 \leq i \leq n$ heißt **Binomialkoeffizient**.

Def. 2.2: Multinomialkoeffizient

Der Ausdruck

(2.6) $\quad \begin{pmatrix} n \\ n_1 \; n_2 \; \ldots \; n_m \end{pmatrix} = \dfrac{n!}{n_1! n_2! \ldots n_m!} = \dfrac{n!}{\prod\limits_{k=1}^{m} n_k!} , \quad \sum\limits_{k=1}^{m} n_k = n$

heißt **Multinomialkoeffizient** (Polynomialkoeffizient).

Eigenschaften des Binomialkoeffizienten und des Multinomialkoeffizienten

1. Name und Folgerung aus der Definition

a) Die Entwicklung des Binoms $(a+b)^n$ führt zu folgender Summe:

$$b^n + nab^{n-1} + \ldots + \binom{n}{i} a^i b^{n-1} + \ldots + na^{n-1}b + a^n$$

$$= \binom{n}{0} a^0 b^n + \binom{n}{1} a^1 b^{n-1} + \ldots + \binom{n}{i} a^i b^{n-i} + \ldots + \binom{n}{n-1} a^{n-1} b + \binom{n}{n} a^n b^0$$

Setzt man a=b=1, so folgt leicht der bekannte Zusammenhang über die Summe von Binomialkoeffizienten von Gleichung 2.9.

Entsprechend erscheint der Multinomialkoeffizient in der Expansion eines Multinoms, etwa (m = 3)

$$(a+b+c)^n = \sum_{(n_1,n_2,n_3)} \binom{n}{n_1 \; n_2 \; n_3} a^{n_1} b^{n_2} c^{n_3} , \text{ mit } n = n_1 + n_2 + n_3 .$$

b) Nach Definition gilt $\binom{n}{0} = \binom{n}{n} = 1$ und $\binom{n}{1} = n$.

c) Symmetrie $\binom{n}{i} = \binom{n}{n-i}$.

2. Binomialkoeffizient als Summe und Produktsumme von Binomialkoeffizienten

(2.7a) $\quad \binom{n}{i} + \binom{n}{i+1} = \binom{n+1}{i+1}$ (Pascalsches Dreieck)

(2.7b) $$\sum_{i=0}^{n-m}\binom{m+i}{m}=\binom{n+1}{m+1}$$

Folgerung:

(2.7c) $$\binom{n}{i}=\sum_{k=0}^{n-i}\binom{i-1+k}{i-1}$$

(2.7d) $$\sum_{i=0}^{n}\binom{m}{k-i}\binom{n}{i}=\binom{m+n}{k}$$

Satz 2.1 Additionstheorem für Binomialkoeffizienten

Aus Gleichung 2.7d folgt[*]:

(2.8) $$\boxed{\binom{n+i-1}{i}=\sum_{k=0}^{i-1}\binom{n}{i-k}\binom{i-1}{k}}$$

Aus dieser Formel folgt auch der Zusammenhang zwischen Kombinationen mit und ohne Wiederholung:

$$\binom{n+i-1}{i}=\binom{n}{i}+\sum_{k=1}^{i-1}\binom{n}{i-k}\binom{i-1}{k}.$$

Der zweite Summand gibt an, um wieviel sich die Anzahl der Kombinationen erhöht, durch die Wiederholung von k = 1, 2, ... der i - k ausgewählten Elemente, um zur Zahl der Kombinationen mit Wiederholung zu gelangen.

Folgerung aus Gleichung 2.8:

(2.8a) $$\binom{n}{i}=\sum_{k=0}^{i-1}\binom{n-(i-1)}{i-k}\binom{i-1}{k}.$$

Dieser Zusammenhang erklärt die Reproduktivität der Binomialverteilung. Aus einer Urne von n Kugeln i auszuwählen läuft auf das gleiche hinaus, wie aus zwei Urnen mit n - (i - 1) und i - 1 Kugeln so viele Kugeln herauszunehmen, daß es zusammen i Kugeln sind.

---

[*] Man erhält Gleichung 2.8 aus 2.7d, wenn man den Symbolen k, n, m und i in Gleichung 2.7c die Symbole i, i-1, n und k zuordnet. Aus Gleichung 2.8 folgt übrigens auch Gleichung 2.9a.

3. Summe von Binomialkoeffizienten

a) Variables i, also i = 0, 1, ... , n,

(2.9) $\quad \sum_i \binom{n}{i} = 2^n \text{ und } \sum_i (-1)^i \binom{n}{i} = 0 \quad$ (2.9a) $\quad \sum_i^n \binom{n}{i}^2 = \binom{2n}{n}$

(2.10) $\quad \sum_i \binom{n}{i} i = 2^{n-1} n \quad$ (2.10a) $\quad \sum_i \binom{n}{i} i^2 = 2^{n-2} n(n+1)$

(2.11) $\quad \sum_{i=0}^m \binom{n}{i}\binom{n-i}{m-i} = 2^m \binom{n}{m} \quad , m \le n$

b) Variables n (k läuft bis n), konstantes i

Summe der natürlichen Zahlen

(2.11a) $\quad \sum_{k=1}^n \binom{k}{1} = \binom{n+1}{2} = \frac{n(n+1)}{2}$. Das folgt auch aus Gleichung 2.7b mit m = 1.

(2.12a) $\quad \sum_{k=2}^n \binom{k}{2} = \binom{n+1}{3} \quad$ (2.13) $\quad \sum_{k=3}^n \binom{k}{3} = \binom{n+1}{4}$ usw..

Die allgemeinen Zusammenhänge beschreiben die folgenden Formeln:

(2.13a) $\quad \sum_{i=0}^r \binom{n+i}{n} = \binom{n+r+1}{n+1} \quad$ und $\quad$ (2.13b) $\quad \sum_{i=0}^r \binom{n+i}{i} = \binom{n+r+1}{r}$

4. Multinomialkoeffizient als Produkt von Binomialkoeffizienten

(2.14) $\quad \dfrac{n!}{n_1! n_2! \dots n_k!} = \binom{n}{n_1}\binom{n-n_1}{n_2}\binom{n-n_1-n_2}{n_3} \dots \binom{n-n_1-\dots-n_{k-1}}{n_k}$

Spezialfall der Permutationen ohne Wiederholungen $n_1 = n_2 = \dots = n_k = 1$:

(2.14a) $\quad \binom{n}{1}\binom{n-1}{1}\binom{n-2}{1}\dots\binom{1}{1} = n!$

Spezialfall Kombinationen: $\quad \binom{n}{i} = \binom{n}{i}\binom{n-i}{n-i}$

Permutationen mit Wiederholungen kann man als wiederholte Kombinationen auffassen: Aus n Elementen werden n_1 ausgewählt, aus den verbleibenden Elementen wieder n_2 usw.

5. Rekursionsformeln für Binomialkoeffizienten

(2.15) $\quad \binom{n}{i} = \frac{n-i+1}{i} \binom{n}{i-1}$ 　　　　(2.15a) $\quad \binom{n}{i} = \frac{n}{n-i} \binom{n-1}{i}$

(2.15b) $\quad \binom{n}{i} = \frac{n}{i} \binom{n-1}{i-1} = \frac{n}{i} \frac{n-1}{i-1} \binom{n-2}{i-2}$ usw..

Folgerung: Aus Gleichung 2.15 folgt, daß bei gegebenem ungeradzahligem n die Binomialkoeffizienten von $i = 0$ bis $i = (n-1)/2$ ansteigen und von $i = (n+1)/2$ an bis $i = n$ abfallen (bei geradzahligem n ist das Maximum $i = n/2$).

Aus Gleichung 2.15a und 2.15b folgt leicht der als Pascalsches Dreieck bekannte Zusammenhang der Gleichung 2.7a bzw. (gleichbedeutend):

$$\binom{n}{i} = \binom{n-1}{i-1} + \binom{n-1}{i}.$$

6. Binomialkoeffizienten mit negativen Elementen

Nach Definition gilt:

(2.16) $\quad \binom{-n}{i} = (-1)^i \binom{n+i-1}{i}$ 　　und　　 (2.16a) $\quad \binom{-n}{-i} = (-1)^{n+i} \binom{i-1}{n-1}.$

7. Summe von Multinomialkoeffizienten

Man kann Variationen mit Wiederholungen als Summe von Permutationen mit Wiederholungen auffassen wegen:

Satz 2.2: Additionstheorem für Multinomialkoeffizienten

(2.17) $\quad n^i = \sum_{a_1, a_2, \ldots} \binom{i}{a_1 \quad a_2 \quad \ldots \quad a_n},$

wobei summiert wird über alle n-Tupel $a_1, a_2, \ldots, a_n$ mit $\sum_{k=1}^{n} a_k = i$. Mit 2-Tupeln, also $a_1 = j$, $a_2 = n - j$, ergibt sich $\sum_{j=0}^{n} \binom{n}{j} = 2^n$, also Gl. 2.9 als Spezialfall.

8. Rekursive Beziehungen zwischen Kombinationen mit Wiederholung

Satz 2.3: Additionstheorem für Kombinationen mit Wiederholung

Verabredet man $K_w(n,i)$ für die Anzahl der Kombinationen mit Wiederholung zur Klasse i, so gilt:

$$(2.18) \quad K_w(n,i) = K_w(n,i-1) + K_w(n-1,i)$$

Diese Rekursionsformel ist auch Ausgangspunkt für den Beweis von Gl. 2.6.

Ersetzt man in Gleichung 2.18 den Ausdruck $K_w(n-1,i)$ durch $K_w(n-1,i-1) + K_w(n-2,i)$, hierbei wieder $K_w(n-2,i)$ usw., so erhält man:

$$(2.19) \quad K_w(n,i) = \sum_{m=1}^{n} K_w(m,i-1),$$

was sich übrigens auch aus Gleichung 2.13a ergibt.

3. Ergänzungen und Vertiefungen zum Auswahlproblem: Inklusion und Exklusion

a) Zum Permutationsbegriff

Def. 2.3: Zirkuläre Permutationen

Die Anzahl P_z der zirkulären Permutationen von n Elementen ist die Anzahl der Möglichkeiten, n Elemente im Kreis anzuordnen. Sie beträgt:

$$(2.20) \quad P_z(n) = (n-1)!$$

Da wegen der kreisförmigen Anordnung der erste und der n-te Platz identisch sind, werden faktisch nur n - 1 Elemente permutiert.

Def. 2.4: Fixpunktfreie Permutationen

Geht man von einer Sitzordnung von $n \geq 2$ Stühlen und n Personen aus, so kann man nach der Anzahl $P_F(n)$ der "neuen" Sitzordnungen fragen, bei denen keine Person auf ihrem alten Platz bleibt. Sie beträgt:

$$(2.21) \quad P_F(n) = n!\left(\frac{1}{2!} - \frac{1}{3!} + \frac{1}{4!} - + \ldots + \frac{(-1)^n}{n!}\right) = n!\sum_{j=0}^{n}\frac{(-1)^j}{j!}$$

wobei die Summe den Anfang der Potenzreihenentwicklung von e^{-1} darstellt. Man spricht auch vom Rencontre Problem und nennt die Zahlen $P_F(n)$ auch Rencontre Zahlen, für die die folgende Rekursionsformel gilt:

$$(2.21a) \quad P_F(n) = nP_F(n-1) + (-1)^n$$

b) Zum Auswahlproblem: Inklusion und Exklusion

Für ein Auswahlproblem aus n Elementen kann sich auch die Aufgabe stellen, daß die Auswahl so getroffen werden sollte, daß bei p < n der n Elemente mit
- keinem der p Elemente (**Exklusion**)
- genau p Elementen (**Inklusion**)

kombiniert bzw. variiert wird.

Die hierzu relevanten Formeln sind in Übersicht 2.2 zusammengestellt. Die **Exklusion** von p vorgeschriebenen Elementen läuft darauf hinaus, einfach p Elemente weniger für eine Auswahl zur Verfügung zu stellen. Sie stellt also eine **Reduktion der Auswahlgesamtheit** dar. Inklusion bedeutet ebenfalls, diese Elemente von einer Auswahl auszuschließen und statt i nur noch i - p Elemente frei zu kombinieren bzw. zu variieren. Man reserviert einfach p Plätze in der Auswahlgesamtheit und in der Auswahl selbst und fragt nach den Variations- und Kombinationsmöglichkeiten der übrigen Elemente. **Inklusion** stellt also eine **Reduktion der Auswahlgesamtheit und der Auswahl** dar. Die Differenz zwischen der allgemeinen Formel (etwa Gl. 2.5 bei Kombination ohne Wiederholungen) und der entsprechenden Formel für die Exklusion von p Elementen

$$\binom{n}{i} - \binom{n-p}{i} \quad \text{bzw. im Spezialfall p = 1:} \quad \binom{n}{i} - \binom{n-1}{i} = \binom{n-1}{i-1} \quad \text{Gleichung 2.7a}$$

ist die Anzahl der Kombinationen **ohne** Wiederholungen mit mindestens einem bzw. genau einem (wenn p=1) von p vorgeschriebenen Elementen (Inklusion von mindestens einem Element = keine Exklusion von allen Elementen). Bei p=1 ist die allgemeine Formel für Kombinationen die Summe der Exklusions- und Inklusionsformel (Übersicht 2.2).

Übersicht 2.2

	Exklusion		Inklusion	
Kombinationen ohne Wiederholung	(2.22)	$\binom{n-p}{i}$	(2.23)	$\binom{n-p}{i-p}$
Kombinationen mit Wiederholung	(2.24)	$\binom{n+i-p-1}{i}$	(2.25)	$\binom{n+i-p-1}{i-p}$
Variationen ohne Wiederholung	(2.22)	$i!\binom{n-p}{i}$	(2.23)	$i!\binom{n-p}{i-p}$
Variationen mit Wiederholung	(2.24)	$(n-p)^i$	(2.25)	$(n-p)^{(i-p)*)}$

*) Nur wenn n > p und i > p, sonst keine allgemeine Formel möglich, da i nicht beschränkt ist.

4. Die Gamma- und die Beta-Funktion

Def. 2.5: Gammafunktion

Die Funktion

$$(2.30) \qquad \Gamma(\alpha) = \int_0^\infty x^{\alpha-1} e^{-x} dx \qquad 0 < \alpha, \ 0 \leq x \leq \infty$$

heißt Gamma-Funktion.

Folgerungen:

$$\Gamma\left(\frac{1}{2}\right)=\sqrt{\pi}, \quad \Gamma\left(\frac{3}{2}\right)=\frac{1}{2}\sqrt{\pi}, \quad \Gamma\left(\frac{5}{2}\right)=\frac{3}{2}\Gamma\left(\frac{3}{2}\right)$$

$$\Gamma(1)=1, \quad \Gamma(2)=1, \quad \Gamma(3)=2\Gamma(2)=2!$$

$$\Gamma(n)=(n-1)\Gamma(n-1)=(n-1)!$$

$$\Gamma(n+z)=\frac{(n+z-1)!}{(n-1)!}\Gamma(n) \qquad (z \text{ und } n \text{ ganzzahlig})$$

Def. 2. 6: Betafunktion

Die Funktion

$$B(\alpha,\beta)=\frac{\Gamma(\alpha)\Gamma(\beta)}{\Gamma(\alpha+\beta)}=\int_0^1 x^{\alpha-1}(1-x)^{\beta-1}dx, \quad \alpha, \beta > 0, \ 0 \leq x \leq 1$$

heißt Beta-Funktion.

Bemerkungen zu Def. 2.5 und 2.6:

1. Die Gamma- und die Beta-**Funktionen** sollten nicht verwechselt werden mit der Gamma- und Beta-**Verteilung**.
2. Man nennt die oben definierten Funktionen auch vollständige Gamma bzw. Beta-Funktion. Die entsprechenden unvollständigen Funktionen haben eine feste Integrationsgrenze z (z < ∞ oder z ≠ 1).
3. Die beiden Funktionen treten in einigen Dichtefunktionen auf (χ^2, t, F-Verteilung).

Kapitel 3: Ereignisse und ihre Wahrscheinlichkeit

1. Einführende Konzepte der Mengenlehre	3-1
2. Wahrscheinlichkeitsbegriff	3-7
3. Additionssätze	3-8
4. Multiplikationssätze, stochastische Unabhängigkeit	3-9
5. Totale Wahrscheinlichkeit, Bayessches Theorem	3-11

Das "Rechnen" mit Ereignissen, das Inhalt dieses Kapitels ist, wird oft auch als Ereignisalgebra bezeichnet. Der Begriff wird jedoch auch spezieller benutzt (Def. 3.7). Es ist formal äquivalent dem Rechnen mit Mengen. Mit Mengen können Mengensysteme gebildet und hierfür Mengenfunktionen definiert werden. Die Wahrscheinlichkeit ist eine solche Mengenfunktion.

1. Einführende Konzepte der Mengenlehre

1.1. Relationen zwischen und Operationen mit Ereignissen

Ein Ereignis kann als Menge dargestellt werden, so daß auf diese auch Verknüpfungsoperationen für Mengen angewandt werden können. Durch Operationen mit Elementarereignissen entstehen zusammengesetzte Ereignisse (vgl. Def. 3.1 und 3.2).

a)   Operationen

Der Stichprobenraum Ω bestehe aus den Mengen (Ereignissen) A, B und C, dargestellt im Euler-Venn-Diagramm. Das Ergebnis einer Operation wird durch Schattierung angegeben. Ω wird als Kasten dargestellt, die Mengen A, B, C sind Flächen in dem Kasten.

| Vereinigung: $A \cup B$ oder $A + B$ | Durchschnitt: $A \cap B$ oder AB |

(auch Summe genannt)   (auch Produkt oder Konjunktion)
$A \cup B := \{x | x \in A \vee x \in B\}$ [1] $A \cap B := \{x | x \in A \wedge x \in B\}$
sprich: „A oder B" (inklusives oder)   sprich: „sowohl A als auch B"

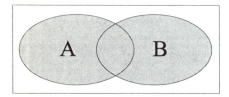
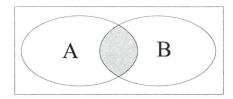

---

[1] Dies ist eine Definition. Fast alles, was im folgenden dargestellt wird, sind Definitionen. Nur einige besonders hervorzuhebende Definitionen sind numeriert worden.

Kap.3: Ereignisalgebra, Wahrscheinlichkeit   17

Differenz: A\B oder A - B

(auch relatives Komplement)

$A \setminus B := \{x | x \in A \wedge x \notin B\}$ dagegen $B \setminus A$

auch zu definieren mit $A \setminus B = A \cap \overline{B}$

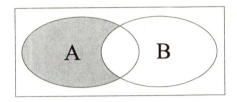
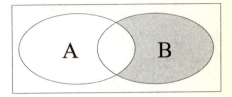

Mehr als zwei Ereignisse:

$\bigcup_{i=1}^{n} A_i$ etwa n = 3: $A_1 \cup A_2 \cup A_3$ $\bigcap_{i=1}^{n} A_i$ etwa n = 3: $A_1 \cap A_2 \cap A_3$

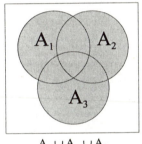
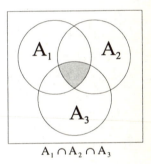

$A_1 \cup A_2 \cup A_3$ $A_1 \cap A_2 \cap A_3$

Auch die Übertragung auf überabzählbar unendlich viele Ereignisse ist möglich.

Eigenschaften der Operationen $\cap$ (und $\cup$)

1. Kommutativität: $A \cap B = B \cap A$ [2])
2. Assoziativität: $(A \cap B) \cap C = A \cap (B \cap C)$
3. Distributivität: $A \cap (B \cup C) = (A \cap B) \cup (A \cap C)$
4. Adjunktivität: $A \cap (A \cup B) = A$
5. Idempotenz: $A \cap A = A$

Die Differenz \ ist nicht kommutativ und nicht assoziativ.

---

[2] Das Zeichen = bedeutet Gleichwertigkeit (Gleichheit), d.h. gleiche Elemente enthaltend, von Mengen bzw. Ereignissen.

b) Relationen

Teilereignis $A \subset B$

$x \in A \Rightarrow x \in B$
$A \cap B = A, \; A \cup B = B$
(auch Inklusion genannt)[3]

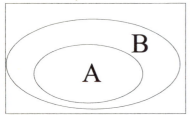

Eigenschaften der Relationen $\subset$

asymmetrisch: $A \subset B \neq B \subset A$
antisymmetrisch: $A \subset B \wedge B \subset A \Rightarrow A = B$
transitiv: $A \subset B \wedge B \subset D \Rightarrow A \subset D$
reflexiv: wenn A=B, denn dann gilt $A \subset A$

Komplementärereignis $\overline{A}$

$\overline{A} := \{x \mid x \notin A\}$
$\overline{A} = \Omega \backslash A$
$\overline{A} \cup A = \Omega$ und $\overline{A} \cap A = \emptyset$

(auch absolutes Komplement oder Gegenereignis genannt)

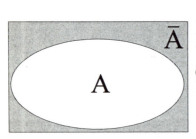

$A \cup \overline{A} = \Omega, \; A \cap \overline{A} = \emptyset, \; \overline{\overline{A}} = A$
$A \cup \emptyset = A, \; A \cap \emptyset = \emptyset$
$A \cup \Omega = \Omega, \; A \cap \Omega = A$

(de Morgansche Gesetze)
$\overline{A \cap B} = \overline{A} \cup \overline{B}$ und $\overline{A \cup B} = \overline{A} \cap \overline{B}$

---

[3] Gemeint sind echte Teilmengen im Sinne der Mathematik.

c) Besondere Ereignisse und Wahrscheinlichkeiten

- sicheres Ereignis Ω
- unmögliches Ereignis $\emptyset$

- disjunkte Ereignisse
  (oder elementfremd, unvereinbar,
  nicht: unabhängig)
  $A \cap B = \emptyset$, $A \setminus B = A$

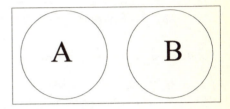

Mit dem Alltagsverständnis der Wahrscheinlichkeit als einer Zahl P, die zwischen 0 und 1 liegen muß, lassen sich hieraus bereits folgende Aussagen gewinnen:

1. $P(\emptyset) = 0$
2. $P(\Omega) = 1$, daraus folgt $P(\overline{A}) = 1 - P(A)$, denn wegen $A \cup \overline{A} = \Omega$ soll gelten
   $P(A) + P(\overline{A}) = P(\Omega) = 1$
3. Wenn A und B unvereinbar, dann gilt
   $P(A \cup B) = P(A) + P(B)$ und $P(A \cap B) = P(AB) = 0$
4. Wenn $A \subset B$, dann
   $P(A) \leq P(B)$ und $P(A \cup B) = P(B)$, so daß auch gilt $P(B - A) = P(B) - P(A)$,
   statt allgemein $P(B - A) = P(A \cup B) - P(A)$.

d) Zusammengesetzte Ereignisse und Elementarereignisse

Definition 3.1:

Ein Ereignis $A \neq \emptyset$ heißt <u>zusammengesetzt</u>, wenn A dargestellt werden kann als $A = B \cup C$ (mit $B \neq A$ und $C \neq A$), andernfalls liegt ein Elementarereignis vor.

Äquivalente Definition:

Definition 3.2:

Das Ereignis $A \neq \emptyset$ ist genau dann <u>Elementarereignis</u>, wenn es kein Ereignis $B \neq \emptyset$, $B \neq A$ gibt, das Teilereignis von A ist. $\emptyset$ ist kein Elementarereignis. Folgerung: Je zwei Elementarereignisse A_1 und A_2 sind disjunkt.

1.2. Produktmenge, Mengenfunktion

Definition 3.3: Produktmenge, Kartesisches Produkt

Bei zwei Mengen Ω_1, Ω_2 sind beispielsweise (a_1, b_1) oder (a_2, b_3) mit $a_i \in \Omega_1$ und $b_j \in \Omega_2$ jeweils ein geordnetes Paar (Tupel). Die Menge $\Omega_1 \times \Omega_2$ aller geordneten Paare ist die Produktmenge von Ω_1 und Ω_2.

$$\Omega_1 \times \Omega_2 = \{(a,b) | a \in \Omega_1 \wedge b \in \Omega_2\}$$

Allgemein: $\Omega_1 \times \Omega_2 \times ... \times \Omega_n = \underset{i=1}{\overset{n}{\times}} \Omega_i = \{(x_1,...,x_n) | x_i \in \Omega_i\}$.

Im Falle von $\Omega_1 = ... = \Omega_n = \Omega$ schreibt man auch Ω^n. Eine Produktmenge (ihre Elemente) ist mit einem Baumdiagramm darstellbar. Eine "Relation" ist eine Teilmenge der Produktmenge.

Definition 3.4: Mengenfunktion

Wird einer Menge A nach einer Zuordnungsvorschrift eine Zahl Q(A) zugeordnet, so spricht man von einer Mengenfunktion.

1.3. Mengensysteme

Mengen, deren Elemente selbst wieder Mengen darstellen, nennt man Mengensysteme. Sie werden häufig abgeleitet aus einer Menge Ω, die eine Klasseneinteilung ist.

Definition 3.5: Vollständige Zerlegung, Klasseneinteilung, Partition

Ein Stichprobenraum Ω wird in n nichtleere, paarweise disjunkte Mengen (Ereignisse C_i) zerlegt, wenn gilt:

1. $\bigcup_{i=1}^{n} C_i = \Omega$ (Ausschöpfung)
2. $C_i \cap C_j = \emptyset$ $\quad i,j = 1,2,...,n$; $i \neq j$
3. $C_i \neq \emptyset$ $\quad$ für alle $i = 1,2,...,n$ (n kann auch unendlich sein).

Veranschaulichung einer Zerlegung
$\Omega = \{C_i | i = 1,2,...,n\}$ für $n = 4$ (vgl. Abb.)
Ein solches vollständiges System von Ereignissen ist die Menge der Elementarereignisse oder auch $\Omega = \{A, \overline{A}\}$.

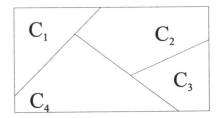

Folgerung

Ist A ein beliebiges Ereignis und $\{C_1, C_2, ..., C_n\}$ eine Zerlegung (vollständiges System), so gilt:

(3.1) $$A = \bigcup_{i=1}^{n}(A \cap C_i)$$

(Darauf beruht der Satz der totalen Wahrscheinlichkeit, Gl. 3.14). Die Mengen (Ereignisse) $A \cap C_1$, $A \cap C_2$,... sind disjunkt (unvereinbar).

Definition 3.6: Potenzmenge

Das Mengensystem $\mathbf{P}(\Omega)$, dessen Mengen alle möglichen Teilmengen von Ω, einschließlich $\emptyset$ und Ω umfassen, heißt <u>Potenzmenge (Ereignisfeld)</u> von Ω.
Bei einem endlichen Stichprobenraum, etwa $\Omega = \{a, b, c\}$ ist das Ereignisfeld

$\mathbf{P}(\Omega) = \{\Omega, \{a,b\}, \{a,c\}, \{b,c\}, \{a\}, \{b\}, \{c\}, \emptyset\}$.

Bei n Elementen von Ω besteht das Ereignisfeld aus $2^n = \sum_{i=0}^{n}\binom{n}{i}$ Elementen.

Motivation

Es genügt nicht, die Wahrscheinlichkeit eines Ereignisses (Elementarereignisses) von Ω, etwa von A, B usw. zu definieren, sondern es muß für alle durch $\cap$ und $\cup$ zu bildenden, zusammengesetzten Ereignisse, eine Wahrscheinlichkeit definiert sein. Ereignisfelder sind bezüglich Vereinigung, Durchschnitt und Komplementbildung abgeschlossen.

Definition 3.7: Sigma-(σ-)Algebra

Eine Teilmenge M von $\mathbf{P}(\Omega)$, zu der Ω gehört und mit einer Menge A auch deren Komplement $\overline{A}$, die wegen der folgenden Festlegung Nr. 2 auch $\emptyset$ enthält und die abgeschlossen ist gegenüber der Vereinigung (Summe) $\cup$ von n oder auch abzählbar unendlich vielen Ereignissen A_i [Summe, daher σ; M ist wegen Nr. 2 auch hinsichtlich $\cap$ abgeschlossen]

> (1) $\Omega \in M$
> (2) wenn $A \in M$, dann auch $\overline{A} \in M$
> (3) $\bigcup_{i=1}^{n} A_i \in M$

heißt σ-Algebra. Anders als $\mathbf{P}(\Omega)$ muß M nicht einelementige Mengen enthalten.

Motivation

Die Potenzmenge kann sehr groß oder bei nicht endlichem Ω auch unendlich sein. Die Wahrscheinlichkeit ist eine auf ein Mengensystem definierte reellwertige Funktion, eine Mengenfunktion, deren Definitionsbereich eine σ-Algebra ist. Sie gibt an, welche Mengen in ihm mindestens enthalten sein müssen, um die Wahrscheinlichkeit definieren zu können?

Definition 3.8: Wahrscheinlichkeit

Sei M eine σ-Algebra. Eine auf M definierte Funktion P: M → IR heißt Wahrscheinlichkeitsmaß, wenn die folgenden (Kolmogroff'schen) Axiome erfüllt sind.

1) $P(A) \geq 0$	Nichtnegativität für alle $A \in M$
2) $P\left(\bigcup_{i=1}^{n} A_i\right) = \sum_{i=1}^{n} P(A_i)$	Volladditivität (σ-Additivität), wobei alle Folgen A_i Zerlegungen von Ω seien also $A_i \cap A_j = \emptyset$
3) $P(\Omega) = 1$	Normierung $(0 \leq P(\cdot) \leq 1)$, sicheres Ereignis

Die Wahrscheinlichkeit ist ein normiertes, additives Maß auf eine σ-Algebra. Ist Ω endlich, so genügt es, Wahrscheinlichkeiten für Elementarereignisse zu definieren, alle anderen Wahrscheinlichkeiten folgen daraus. Wegen Axiom 2 und 3 folgt aus Axiom 1 auch P(A) ≤ 1.

2. Wahrscheinlichkeitsbegriff

Die Axiome von Definition 3.8 legen die mathematischen Eigenschaften von Wahrscheinlichkeiten fest. Sie geben keine Auskunft darüber, wie man den numerischen Wert einer bestimmten Wahrscheinlichkeit erhält und interpretiert (Berechnungsanweisung, Interpretationsproblem). Zu Versuchen, diese Probleme im Wahrscheinlichkeitsbegriff zu lösen, vgl. Übersicht 3.1.

Übersicht 3.1

```
                        Wahrscheinlichkeitsbegriff
            ┌──────────────────────┴──────────────────────┐
        interpretierend                              axiomatisch
    ┌───────────┴───────────┐                        Kolmogoroff
  objektiv              subjektiv                     Def. 3.8
(Ereignis-Wkt.)           (4)                          (5)
    │
┌───┴────────────────┐
a priorisch      a posteriorisch
                 (statistischer Wkt.-begriff)
                      (3)
┌───┴─────────┐
klassisch   geometrisch
(Laplace)      (2)
  (1)
```

(1) *Klassischer Wahrscheinlichkeitsbegriff*
Die Wahrscheinlichkeit des Ereignisses A ist die Häufigkeit n_A des Eintretens von A (oder $|A|$ = Mächtigkeit der Menge A) dividiert durch die Anzahl n aller möglichen Fälle:

$$P(A) = \frac{n_A}{n} = \frac{|A|}{|\Omega|} = \frac{\text{Anzahl der günstigen Fälle}}{\text{Anzahl der gleichmöglichen Fälle}}$$

(2) *Geometrischer Wahrscheinlichkeitsbegriff*
Auch anwendbar bei überabzählbar unendlichem Stichprobenraum Ω.

(3) *A posteriorisch (v. Mises)*
Wahrscheinlichkeit als Grenzwert der relativen Häufigkeit bei sehr vielen Beobachtungen $(n \to \infty)$.

(4) *Subjektiver Wahrscheinlichkeitsbegriff*
Maß für den Grad der Überzeugtheit von der Richtigkeit einer Aussage (logische Wahrscheinlichkeit, Hypothesenwahrscheinlichkeit).

(5) *Axiomatischer Begriff*
Er ist z.B. insofern allgemeiner als 1, weil nicht eine endliche Menge Ω mit gleichwahrscheinlichen Elementarereignissen vorausgesetzt wird. Begriff 1 ist als Spezialfall enthalten.

3. Additionssätze

Bestimmung der Wahrscheinlichkeit einer Vereinigung. Im Falle unverträglicher Ereignisse Vereinfachung (spezielle Additionssätze, Übersicht 3.2). Allgemein gilt:

$$P(A_1 \cup ... \cup A_n) \leq \sum P(A_i) \quad i = 1, 2, ..., n \quad \text{(Boolesche Ungleichung)}.$$

<u>Übersicht 3.2:</u> *Additionssätze allgemein, darunter (*) speziell $(A_i \cap A_j = \emptyset, \forall i, j)$*

		Additionssätze
Zwei Ereignisse A, B	(3.3)	$P(A \cup B) = P(A) + P(B) - P(AB)$
	(3.3*)	$P(A \cup B) = P(A) + P(B)$
Drei Ereignisse A, B, C	(3.4)	$P(A \cup B \cup C) = P(A) + P(B) + P(C)$ $-P(AB) - P(AC) - P(BC) + P(ABC)$
	(3.4*)	$P(A \cup B \cup C) = P(A) + P(B) + P(C)$
Allgemeine Ereignisse $A_1, A_2, ..., A_n$	(3.5)	Formel von Sylvester (siehe unten)
	(3.5*)	$P\left(\bigcup_{i=1}^{n} A_i\right) = \sum_{i=1}^{n} P(A_i)$

Formel von Sylvester

$$(3.5) \quad P\left(\bigcup_{i=1}^{n} A_i\right) = (-1)^2 \sum_{i=1}^{n} P(A_i) + (-1)^3 \sum_{i<j} P(A_i A_j) + ... + (-1)^{n+1} P(A_1 A_2 ... A_n)$$

Interpretation: Summanden

erster Summand: $\sum P(A_i)$ → Vorzeichen positiv, denn $(-1)^2=+1$ bestehend aus $\binom{n}{1}=n$ Summanden

zweiter Summand: $\sum P(A_i A_j)$ → Vorzeichen negativ, denn $(-1)^3=-1$ bestehend aus $\binom{n}{2}$ Summanden $A_1A_2, A_1A_3,\ldots,A_1A_n, A_2A_3,\ldots,A_2A_n$ usw.

letzter Summand: bestehend aus $\binom{n}{n}=1$ Summanden

4. Multiplikationssätze, stochastische Unabhängigkeit

Definition 3.9: Bedingte Wahrscheinlichkeiten

$P(A|B)$ ist die Wahrscheinlichkeit des Eintreffens des Ereignisses A unter der Voraussetzung, daß Ereignis B eingetreten ist (muß nicht eine zeitliche Folge, "zuerst B, dann A", sein).

$$(3.6) \quad P(A|B) = \frac{P(A \cap B)}{P(B)} \quad \text{entsprechend} \quad P(B|A) = \frac{P(A \cap B)}{P(A)}$$

Für bedingte Wahrscheinlichkeiten gelten die gleichen Axiome und Sätze wie für unbedingte Wahrscheinlichkeiten, z.B. $P(A \cup C|B) = P(A|B) + P(C|B) - P(AC|B)$ (Additionssatz).

Generell gilt:
(3.13) $P(A|B) + P(\overline{A}|B) = 1$ oder $P(AB|C) + P(\overline{AB}|C) = 1$ usw., aber nicht

$P(A|B) + P(A|\overline{B}) = 1$ oder $P(AB|C) + P(AB|\overline{C}) = 1$.

Definition 3.10: Stochastische Unabhängigkeit

a) **paarweise** (pairwise) Unabhängigkeit von zwei Ereignissen A, B bedeutet:

$$(3.7) \quad P(AB) = P(A) P(B)$$

oder gleichbedeutend
(3.8) $\quad P(A) = P(A|B)$

und wegen der Symmetrie der Unabhängigkeit gilt dann auch $P(B) = P(B|A)$ oder

(3.9) $\quad P(A|B) = P(A|\overline{B}) = P(A)$ und $P(B|A) = P(B|\overline{A}) = P(B)$

b) **wechselseitige** (mutual) Unabhängigkeit bei mehr als zwei, z.B. bei drei Ereignissen bedeutet:

(3.10) $P(ABC) = P(A)\,P(B)\,P(C)$

Mit Gleichung 3.10 gilt auch paarweise Unabhängigkeit von A und B, A und C sowie B und C, nicht aber umgekehrt. Wechselseitige Unabhängigkeit ist also eine strengere Forderung als paarweise Unabhängigkeit.

Bemerkung zu Definition 3.10
Mehrdeutigkeit des Begriffs Unabhängigkeit in der Statistik:
- unabhängige Züge (bei wiederholter Ziehung aus einer Urne <u>mit</u> Zurücklegen, → Kap. 4, 5)
- bei mehrdimensionaler Zufallsvariable (→ Kap. 4)
- unabhängige und abhängige (verbundene) Stichproben (→ Kap. 9)
- in der Regressionsanalyse: "unabhängige Variablen"

Multiplikationssätze

Gegenstand: Bestimmung der Wahrscheinlichkeit P(AB), P(ABC), usw. aus bedingten und unbedingten Wahrscheinlichkeiten. Bei Unabhängigkeit jeweils Spezialfall des Multiplikationssatzes. Vgl. Übersicht 3.3.

Folgerungen, Verallgemeinerungen

Bedingte Wahrscheinlichkeit allgemeinerer Art: $P(A_1...A_m | B_1...B_k) = \dfrac{P(A_1 \cap ... \cap B_k)}{P(B_1 \cap ... \cap B_k)}$.

Entsprechend läßt sich auch der Multiplikationssatz allgemeiner formulieren. Beispiel:

$P(A_1 A_2 | B_1 B_2 B_3) = P(A_1 A_2 | B_1 B_2 B_3)\,P(B_1 | B_2 B_3)\,P(B_2 | B_3)\,P(B_3)$.

<u>Übersicht 3.3:</u> *Multiplikationssätze allgemein, darunter (*)*
speziell (A_i, A_j paarweise unabhängig)

		Multiplikationssätze
Zwei Ereignisse A, B	(3.11)	$P(AB) = P(A)P(B|A) = P(B)P(A|B)$
	(3.11*)	$P(AB) = P(A)\,P(B)$
n Ereignisse $A_1,...,A_n$	(3.12)	$P(A_1...A_n) = P(A_1|A_2...A_n) \cdot P(A_2|A_3...A_n)$ $\cdot P(A_3|A_4...A_n) \cdot ... \cdot P(A_{n-1}|A_n)P(A_n)$
	(3.12*)	$P(A_1...A_n) = P\left(\bigcap_{i=1}^{n} A_i\right) = \prod_{i=1}^{n} P(A_i)$

5. Totale Wahrscheinlichkeit, Bayessches Theorem

1) Satz von der totalen Wahrscheinlichkeit

Es sei $\{C_i | i=1,...,n\}$ eine vollständige Zerlegung von Ω mit sich gegenseitig ausschließenden Ereignissen C_i mit $P(C_i) > 0$. Weiterhin sei $A \subset \Omega$. Dann gilt nach Gl. 3.1:

(3.14) $P(A) = \sum_i P(C_i) \cdot P(A|C_i) = \sum_i P(C_i \cap A)$

(3.14a) $P(AB) = \sum_i P(C_i) \cdot P(AB|C_i)$

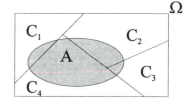

2) Bayessches Theorem

(3.15) $\quad P(C_i|A) = \dfrac{P(C_i) \cdot P(A|C_i)}{\sum_i P(C_i) \cdot P(A|C_i)} = \dfrac{P(A \cap C_i)}{P(A)}$

Interpretation: Bedeutung für Schätz- und Testtheorie:

$C_1, C_2,...$:	Alternativen, Hypothesen, Ursachen (für Beobachtungen)
$P(C_1), P(C_2),...$:	a priori Wahrscheinlichkeiten $\left(\sum_i P(C_i) = 1\right)$
$P(C_1|A), P(C_2|A),...$	a posteriori Wahrscheinlichkeiten $\left(\sum_i P(C_i|A)\right) = 1$
$P(A|C_1), P(A|C_2),...$	Likelihoods

Spezielle Fälle
- $P(C_i|A) = P(C_i)$ für alle i, wenn Likelihoods gleich sind
- $P(C_i|A) = 0$ oder $P(C_i|A) = 1$, d.h. bei extremen Werten für a priori-Wahrscheinlichkeiten von 0 oder 1 nehmen auch die a posteriori Wahrscheinlichkeiten extreme Werte an; entsprechend
- extreme Werte für die Likelihoods von 0 oder 1: a posteriori-Wahrscheinlichkeiten sind dann auch 0 oder 1, unabhängig von den a priori-Wahrscheinlichkeiten
- alle a priori-Wahrscheinlichkeiten gleich $P(C_1) = P(C_2) = ... = P(C_n) = 1/n$ (Prinzip des mangelnden Grundes): dann gilt $P(C_i|A) = P(A|C_i) / \sum P(A|C_i)$.

Die totale Wahrscheinlichkeit $P(A)$ ist nach Gl. 3.14 ein gewogenes Mittel der Likelihoods. Ist $P(A|C_i) > P(A)$, dann ist $P(C_i|A) > P(C_i)$. Ist $P(A|C_i) < P(A)$, dann ist $P(C_i|A) < P(C_i)$.

Beachte: $\sum_i P(C_i|A) = 1$, aber $\sum_i P(A|C_i)$ muß nicht 1 sein.

Kapitel 4: Zufallsvariablen, Wahrscheinlichkeitsverteilungen

1.	Eindimensionale Zufallsvariablen	4-1
2.	Mehrdimensionale Zufallsvariablen	4-5
3.	Momente von Funktionen von Zufallsvariablen	4-8
4.	Erzeugende Funktionen	4-10
5.	Intervalltransformationen	4-13

1. Eindimensionale Zufallsvariable

Def. 4.1: Zufallsvariable

a) diskrete Zufallsvariable

1. Sei $\Omega = \{\omega_1, \omega_2, ..., \omega_n\}$ der Stichprobenraum eines Zufallsexperiments mit den Ereignissen $\omega_1, \omega_2, ..., \omega_n$. Die Funktion X, welche jedem Element $\omega_i \in \Omega$ (i = 1,2,...,n) eine reelle Zahl $X(\omega_i) = x_i$ zuordnet, heißt **Zufallsvariable** (ZV). Der Wertebereich von X ist die Menge der reellen Zahlen $\mathbb{R}$. Die dem Ereignis ω_i zugeordnete Wahrscheinlichkeit $P(\omega_i)$ wird auf X übertragen, in dem Sinne, daß für $\omega_i = x_i$, $i = 1,...,n$, $P(\omega_i) = P(X = x_i)$ gilt, und es ist definiert:

    (4.1) $\qquad f(x_i) = P(X = x_i) = P(\omega_i) = p_i$.

2. Die Tupel $x_i, f(x_i)$ bei einer endlichen oder abzählbar unendlichen Folge von Werten $x_1 < x_2 < x_3 ... < x_n$ mit

    (4.2) $\qquad f(x) = \begin{cases} f(x_i) & \text{für } x_1, ..., x_n \\ 0 & \text{sonst} \end{cases}$

    ist die **Wahrscheinlichkeitsfunktion** (oder: Zähldichte) der diskreten Zufallsvariable X.

3. Die Funktion
    $$F(x) = P(X \leq x) = \sum_{u \leq x} f(u), \text{ bzw.}$$
    $$F(x_j) = P(X \leq x_j) = \sum_{i=1}^{j} f(x_i) = \sum_{i=1}^{j} p_i$$
    heißt **Verteilungsfunktion** der diskreten Zufallsvariable X.

b) stetige Zufallsvariable

1. Der Stichprobenraum ist überabzählbar unendlich. Definiert ist die Wahrscheinlichkeit dafür, daß X Werte in einem Intervall $x < X \leq x + \Delta x$ annimmt mit

    (4.3) $\qquad P(x < X \leq x + \Delta x) = \int_{x}^{x+\Delta x} f(u)\, du$.

2. Die Funktion f(x) mit $-\infty < x < +\infty$ oder $a \le x \le b$, heißt **Dichtefunktion** (stetige Wahrscheinlichkeitsfunktion; man beachte aber: f(x) ist keine Wahrscheinlichkeit!).

3. Die Verteilungsfunktion F(x) der stetigen ZV X ist gegeben durch:

(4.4) $\qquad F(x) = P(X \le x) = \int_{-\infty}^{x} f(u)\, du \quad (-\infty < x < \infty)$.

Der Zusammenhang zwischen der Dichtefunktion f(x) und der Verteilungsfunktion F(x) der stetigen Zufallsvariablen X ist gegeben durch:

(4.5) $\qquad f(x) = \dfrac{dF(x)}{dx} \quad (-\infty < x < \infty)$.

Übersicht 4.1: *Eigenschaften der Wahrscheinlichkeitsfunktion und Intervallwahrscheinlichkeiten*

Art der Zufallsvariable	Eigenschaften der Wahrscheinlichkeitsfunktion (gem. den Kolmogoroffschen Axiomen)		Intervallwahrscheinlichkeiten
diskrete ZV	(4.6a)	$0 \le f(x) \le 1$,	(4.6c) $\quad P(a < X \le b) =$
	(4.6b)	$\sum_x f(x) = 1$, bzw. $\sum_i f(x_i) = \sum_i p_i = 1$	$= F(b) - F(a) = \sum_{a < x_i \le b} f(x_i) *$
stetige ZV	(4.7a)	$0 \le f(x) < \infty$, **nicht** aber $f(x) \le 1$	(4.7c) $\quad P(c < x \le d) =$
	(4.7b)	$\int_{-\infty}^{\infty} f(x)\,dx = 1$.	$= \int_c^d f(x)\,dx = F(d) - F(c) \ge 0$

*) also beispielsweise: $P(x_1 < x \le x_4) = p_2 + p_3 + p_4 = F(x_4) - F(x_1)$.

Def. 4.2: Momente

1. Die folgende Funktion der Zufallsvariable X

$\boxed{E(X-a)^r}$

ist das r-te (theoretische) **Moment** um a. Ist $a = 0$, so spricht man von **Anfangsmomenten**, ist $a = E(X) = \mu$ von **zentralen Momenten**. Zwischen Anfangsmomenten $E_k = E(X^k)$ und zentralen Momenten $M_k = E[(X-\mu)^k]$ besteht die folgende Beziehung:

$M_k = \sum_{i=0}^{k} \binom{k}{i} E_{k-i} (-\mu)^i$, mit $E_1 = \mu$.

2. Das **erste Anfangs**moment $E(X) = E_1 = \mu$ heißt **Erwartungswert** und ist gegeben mit

(4.8) $\qquad \mu = E(X) = \sum x\, f(x) = \sum_{i=1}^{n} x_i f(x_i)$, wenn X diskret ist, bzw. mit

(4.9) $\qquad \mu = E(X) = \int_{-\infty}^{\infty} x\, f(x)\, dx$ wenn X stetig ist.

3. Das zweite zentrale Moment ist die theoretische **Varianz**.

(4.10) $\qquad V(X) = \sigma^2 = E[X - E(X)]^2 = E(X - \mu)^2 = E(X^2) - \mu^2$

Wie im einzelnen bei diskretem und stetigem X zu rechnen ist, vgl. Übers. 4.2.

4. Der Erwartungswert

(4.11) $E^*(X,k) = E[X(X-1)(X-2) ... (X-k+1)]$
  $E^*(X,1) = E(X)$, $E^*(X,2) = E[X(X-1)]$ usw., $(k = 1, 2, 3, ...)$,

ist das k-te **faktorielle Moment** von X (um Null).

Übersicht 4.2: Gegenüberstellung der Terminologie
der Deskriptiven und Induktiven Statistik

1. **diskrete** Variable X

	Induktive Statistik	Deskriptive Statistik
1a) Verteilungs-begriffe	**Wahrscheinlichkeitsverteilung** $f(x_i) = p_i = P(X=x_i)$	**Häufigkeitsverteilung**[1]) $h_i = \dfrac{n_i}{n}$
	Verteilungfunktion[2]) $F(x_j) = \sum_{i=1}^{j} f(x_i) = P(X \le x_i)$	**Summenhäufigkeit** (kumulierte rel. Häufigkeit) $H_j = \sum_{i=1}^{j} h_i$
1b) Momente	**Erwartungswert** $E(X) = \mu = \sum_i x_i f(x_i)$	**Mittelwert** $\bar{x} = \sum_i x_i h_i$
	Varianz (theoretische) $V(X) = \sigma^2 = \sum_{i=1}^{n} (x_i - \mu)^2 f(x_i)$	**Varianz (empirische)** $s^2 = \sum_i (x_i - \bar{x})^2 h_i$

1) relative Häufigkeit h_i.
2) Die Verteilungsfunktion F(x) ist eine monoton nichtfallende, rechtsseitig stetige Treppenfunktion.

2. **stetige** Variable X (nur induktive Statistik)

2a) Verteilungs-begriffe	**Dichtefunk-tion**	$f(x) = \dfrac{dF(x)}{dx}$	**Verteilungs-funktion**	$F(x) = \int_{-\infty}^{x} f(u)du$
2b) Momente	**Erwartungswert**		$\mu = E(X) = \int_{-\infty}^{+\infty} x f(x) dx$	
	Varianz (theoretische)		$V(X) = \sigma^2 = \int_{-\infty}^{\infty} (x-\mu)^2 f(x) dx = \int_{-\infty}^{\infty} x^2 f(x) dx - \mu^2$	

Eigenschaften des Erwartungswerts

Der Erwartungswert E ist ein **linearer Operator**:

1. Erwartungswert einer Konstanten a: $E[a] = a$.

2. Erwartungswert einer Lineartransformation: $E(bX) = b\, E(X)$.
   Bei $Y = a + bX$ (Lineartransformation) gilt: $E(Y) = a + b\, E(X)$.

3. Funktionen ϕ der diskreten Zufallsvariable X:

$$E\left[\sum_i c_i \phi_i(X)\right] = \sum_i c_i\, E[\phi_i(X)],$$

wobei $\phi(X)$ eine Funktion der diskreten Zufallsgröße X ist (entsprechende Formel bei stetiger Zufallsvariable).

Wichtiger Hinweis zu Übers. 4.2

Auf dem ersten Blick mag es die klare Analogie zur Deskriptiven Statistik geben, zumindest im diskreten Fall.

Wahrscheinlichkeits-verteilung:

X_1	X_2	...	X_m
p_1	p_2	...	p_m

Erwartungswert $E(X) = \Sigma\, x_i \cdot p_i$

Häufigkeits-verteilung

X_1	X_2	...	X_m
h_1	h_2	...	h_m

Mittelwert $\bar{x} = \Sigma\, x_i \cdot h_i$

so daß manche geneigt sind diese Begriffe praktisch gleich zu setzen und die Unterschiede nicht zu erkennen. Es ist deshalb **unbedingt zu beachten**:

1. relative Häufigkeiten beziehen sich auf **endlich** viele Beobachtungen, Wahrscheinlichkeiten dagegen auf ein prinzipiell **unendlich** oft wiederholbares Zufallsexperiment;

2. das prägt auch den Unterschied zwischen dem **Erwartungswert** und dem Mittelwert. Der Erwartungswert **kann** z.B. auch **nicht endlich sein** (nicht "existieren"), während der Mittelwert einer (empirischen) Häufigkeitsverteilung immer endlich ist.

2. Mehrdimensionale Zufallsvariablen

Def. 4.3: Zweidimensionale Wahrscheinlichkeitsverteilung

1. Die Funktion f(x,y) ist die **gemeinsame Wahrscheinlichkeitsverteilung** (bei diskreten Zufallsvariablen X,Y) bzw. gemeinsame Dichtefunktion (bei stetigen Zufallsvariablen X,Y). Im diskreten Fall ist $f(x_i, y_j)$ eine Wahrscheinlichkeit:

$$f(x_i, y_j) = P(X = x_i \text{ und } Y = y_j), \quad i = 1, 2, ..., m, \; j = 1, 2, ..., k,$$

und die gemeinsame Wahrscheinlichkeitsfunktion lautet:

(4.12) $\quad f(x,y) = \begin{cases} f(x_i, y_j) & \text{für } X = x_i,\, Y = y_j \\ 0 & \text{sonst} \end{cases}$

2. Hieraus abgeleitet werden:
   a) eine zweidimensionale Verteilungsfunktion F(x,y),
   b) zwei eindimensionale **Randverteilungen** $f_1(x)$, $f_2(y)$,
   c) eindimensionale **bedingte** Verteilungen(im diskreten Fall m bedingte Verteilungen f_{by} und k bedingte Verteilungen f_{bx}.

3. Die **Verteilungsfunktion** ist definiert als

(4.13a) $\quad F(x,y) = P(X \leq x,\, Y \leq y) = \sum_{v \leq y} \sum_{u \leq x} f(u,v) \qquad$ im diskreten Fall bzw.

(4.13b) $\quad F(x,y) = \int_{-\infty}^{y} \int_{-\infty}^{x} f(u,v)\, du\, dv \qquad$ im stetigen Fall.

4. Randverteilungen f_1, f_2

(4.14a) $\quad f_1(x) = \sum_y f(x,y) = P(X=x) \quad$ bzw. $\quad f_1(x) = \int_{-\infty}^{\infty} f(x,y)dy$,

(4.14b) $\quad f_2(y) = \sum_x f(x,y) = P(Y=y) \quad$ bzw. $\quad f_2(y) = \int_{-\infty}^{\infty} f(x,y)dx$.

5. Bedingte Verteilungen f_{bx}, f_{by}

(4.15) $\quad f_{bx}(x|y) = \dfrac{f(x,y)}{f_2(y)} \quad$ (bedingte Verteilung der Variable X),

(4.15b) $\quad f_{by}(y|x) = \dfrac{f(x,y)}{f_1(x)} \quad$ (bedingte Verteilung der Variable Y),

im diskreten Fall sind dies die bedingten Wahrscheinlichkeiten $P(X=x|Y=y)$ und $P(Y=y|X=x)$.

Eigenschaften der gemeinsamen Wahrscheinlichkeitsverteilung

im diskreten Fall		im stetigen Fall	
1.	$0 \leq f(x,y) \leq 1$	1.	$0 \leq f(x,y)$
2.	$\sum_y \sum_x f(x,y) = 1$	2.	$\iint f(x,y)\,dx\,dy = 1$

Def. 4.4: Momente und Produktmomente

1. Die Momente der **Randverteilungen** sind E(X), E(Y), V(X), V(Y) usw.. Es gilt z.B. bei diskretem X

$$E(X) = \sum_x x f_1(x) \quad \text{und} \quad V(X) = \sigma_X^2 = \sum_X x^2 f_1(x) - E[(X)]^2 = E(X^2) - [E(X)]^2$$

oder bei stetigem X

$$E(X) = \int_{-\infty}^{\infty} x f_1(x)\,dx \quad \text{und} \quad V(X) = \int_{-\infty}^{\infty} x^2 f_1(x)\,dx - [E(X)]^2$$

und die Momente von Y entsprechend.

2. **Bedingte Erwartungswerte**

(4.16a) $\quad E(Y|X=x) = \sum_y y f_b(y|x) = \dfrac{1}{f_1(x)} \sum_y y f(x,y) \quad$ im diskreten Fall bzw.

(4.16b) $\quad E(Y|X=x) = \int_{-\infty}^{+\infty} y f_b(y|x) dy = \dfrac{1}{f_1(x)} \int_{-\infty}^{+\infty} y f(x,y) dy \quad$ im stetigen Fall

und $E(X|Y=y)$ entsprechend.

3. **Produktmomente (Kovarianz)**

Die (theoretische) Kovarianz C(X,Y) als zentrales Produktmoment ist definiert als

(4.17) $\quad C(X,Y) = \sigma_{XY} = E[(X-\mu_X)(Y-\mu_Y)] = E(XY) - \mu_X \mu_Y$

d.h. im diskreten Fall: $\sigma_{XY} = \sum_y \sum_x x \cdot y\, f(x,y) - \mu_x \mu_y$

bzw. im stetigen Fall: $\sigma_{XY} = \int_a^b \int_c^d x \cdot y\, f(x,y)\, dx\, dy - \mu_x \mu_y$,

wenn für den Definitionsbereich gilt: $a \le y \le b$ und $c \le x \le d$.

4. Der (theoretische) **Korrelationskoeffizient** ρ_{xy} ist die auf den Wertebereich $[-1,+1]$ normierte (theoretische) Kovarianz σ_{xy}:: $\rho_{xy} = \dfrac{\sigma_{xy}}{\sigma_x \sigma_y}$

Er ist das Produktmoment der **standardisierten** Zufallsvariablen X^*, Y^* mit:

$X^* = \dfrac{X - \mu_x}{\sigma_x}$ und $Y^* = \dfrac{Y - \mu_y}{\sigma_y}$, also $E(X^* Y^*) = \rho_{XY}$

5. **Stochastische Unabhängigkeit:** X und Y sind unabhängig, wenn für f(x,y) gilt:

(4.18) $\quad f(x,y) = f_1(x) f_2(y) \quad$ und damit: $f_{bx}(x|y) = \dfrac{f(x,y)}{f_2(y)} = f_1(x)$, $f_{by}(y|x) = f_2(y)$

Stochastisch unabhängige Zufallsvariablen X,Y sind stets auch unkorreliert (aber die Umkehrung dieses Satzes ist nicht zulässig).

6. **Verallgemeinerung für mehr als zwei Dimensionen**

Es sei $x' = [X_1\ X_2\ ...\ X_m]$ ein m-dimensionaler Zufallsvektor mit den Realisationen $[x_1\ x_2\ ...\ x_m]$. Die Parameter der gemeinsamen Wahrscheinlichkeitsfunktion (sofern sie existieren, d.h. endlich sind) werden in der symmetrischen und positiv definiten Momentenmatrix **M** (oder Σ)

(4.19) $\quad \mathbf{M} = \begin{bmatrix} \sigma_1^2 & \sigma_{12} & \cdots & \sigma_{1m} \\ \vdots & & & \vdots \\ \sigma_{m1} & \sigma_{m2} & \cdots & \sigma_m^2 \end{bmatrix}$

zusammengefaßt (Varianz-Kovarianz-Matrix der m Zufallsvariablen). Die Determinante |**M**| dieser Matrix heißt **"verallgemeinerte Varianz"**. Die Bedingung |**M**| = 0 ist notwendig und hinreichend dafür, daß mit Wahrscheinlichkeit Eins unter den Zufallsvariablen mindestens eine lineare Beziehung besteht (exakt erfüllt ist; also etwa $X_i = a + b\, X_j$). Ist |**M**| $\ne$ 0, so gilt |**M**| $\le \sigma_1^2 \cdot \sigma_2^2 \cdots \sigma_m^2$, so daß die Determinante ihren größten Wert dann hat, wenn alle Kovarianzen σ_{ij} (und damit auch Korrelationen ρ_{ij} verschwinden.). Es gilt also $0 \le |\mathbf{M}| \le \sigma_1^2 \cdot \sigma_2^2 \cdots \sigma_m^2$.

Entsprechend ist die Korrelationsmatrix:

$\mathbf{R} = \begin{bmatrix} 1 & \rho_{12} & \cdot & \cdot & \rho_{1m} \\ \rho_{21} & 1 & \cdot & \cdot & \rho_{2m} \\ \cdot & & & & \\ \cdot & & & & \\ \rho_{m1} & \rho_{m2} & \cdot & \cdot & 1 \end{bmatrix}$

ebenfalls symmetrisch und positiv definit und es gilt $0 \le |\mathbf{R}| \le 1$.

Die Varianzen (Hauptdiagonale von **M**) und der Erwartungswertvektor $\mu' = [\mu_1\ \mu_2\ ...\ \mu_m]$ sind Parameter der Randverteilungen.

3. Momente von Funktionen von Zufallsvariablen

a) Lineare Funktionen von Zufallsvariablen

Def. 4.5: Linearkombinationen und -transformationen

Die Zufallsvariable

(4.20)	$Y = a + bX$, a,b: Konstante	ist eine **Lineartransformation** der Zufallsvariablen X und
(4.21)	$Z = b_1X_1 + b_2X_2 + ... + b_nX_n$ ($b_1, b_2, ..., b_n$ konstante "Gewichte")	ist eine (gewogene) **Linearkombination** der Zufallsvariablen $X_1, X_2, ..., X_n$

Bemerkungen zu Def. 4.5:

1. ie Lineartransformation ist ein Spezialfall der Linearkombination, wenn in $Y = aX_0 + bX$ die Zufallsvariable X_0 degeneriert ist zu einer Einpunkt-Verteilung mit $X_0 = x_0 = 1$ und $p_0 = 1$.
2. Spezialfälle von Gl. 4.22 sind die **ungewogene** Linearkombination

    $Z = X_1 + X_2 + ... + X_n$, mit $b_1 = b_2 = ... = b_n = 1$ oder

    $\overline{X} = \frac{1}{n} Z$ das arithmetische Mittel, mit $b_1 = b_2 = ... = b_n = \frac{1}{n}$.
3. Für eine weitere Betrachtung ist entscheidend, ob die Zufallsvariablen $X_1, X_2, ..., X_n$ paarweise stochastisch unabhängig sind oder nicht (Übers. 4.3, nächste Seite).

b) Produkte von Zufallsvariablen

Bei **unabhängigen** Zufallsvariablen (bei abhängigen sehr komplizierte Formeln) gilt:

(4.22) $E(X_1 X_2 ... X_n) = E(X_1)\, E(X_2) ... E(X_n)$.

4. Erzeugende Funktionen

Ist X eine ZV, dann ist eine Funktion von X etwa t^X oder e^{tX}, ($t \in \mathbb{R}$) eine ZV mit einer Wahrscheinlichkeitsverteilung und einem Erwartungswert, der dann eine Funktion von t ist. In diesem Abschnitt werden solche Funktionen betrachtet.

Def. 4.6: Erzeugende Funktion, Faltung

1. Eine erzeugende Funktion der Zufallsvariable X ist eine Funktion der reellen Zahl t, deren Ableitungen bestimmte nützliche Eigenschaften haben. Es gibt verschiedene Arten von erzeugenden Funktionen (vgl. Übers. 4.3). In Übersicht 4.3 werden einige erzeugende Funktionen definiert. Darin ist $f^{(n)}(j)$ die n-te Ableitung der erzeugenden Funktion f nach t an der Stelle $t = j$.

Übersicht 4.3: *Formeln für Linearkombinationen*

*a) Momente von Linear-**kombinationen***

$$Z = b_1 X_1 + b_2 X_2 + \ldots + b_n X_n$$

1. Erwartungswert	$E(Z) = b_1 E(X_1) + b_2 E(X_2) + \ldots + b_n E(X_n)$
2. Varianz a) unabhängige Zufallsvariablen	$\sigma_Z^2 = b_1^2 \sigma_1^2 + \ldots + b_n^2 \sigma_n^2$
b) keine Unabhängigkeit	$\sigma_Z^2 = b_1^2 \sigma_1^2 + b_2^2 \sigma_2^2 + \ldots + b_n^2 \sigma_n^2$ $\quad + 2(b_1 b_2 \sigma_{12} + b_1 b_3 \sigma_{13} + \ldots + b_{n-1} b_n \sigma_{n-1,n})$

Spezialfall: Arithmetisches Mittel (ungewogen): $\overline{X} = \dfrac{1}{n} X_1 + \dfrac{1}{n} X_2 + \ldots + \dfrac{1}{n} X_n$

1. Erwartungswert	$E(\overline{X}) = \mu_{\overline{X}} = \dfrac{1}{n} \sum_{i=1}^{n} E(X_i)$
2. Varianz	$V(\overline{X}) = \sigma_{\overline{X}}^2 = \left(\dfrac{1}{n}\right)^2 V(X_1) + \left(\dfrac{1}{n}\right)^2 V(X_2) + \ldots + \left(\dfrac{1}{n}\right)^2 V(X_n)$ $\quad + 2\left(\dfrac{1}{n}\right)^2 \sigma_{12} + 2\left(\dfrac{1}{n}\right)^2 \sigma_{23} + \ldots + 2\left(\dfrac{1}{n}\right)^2 \sigma_{n-1,n}$

Wenn $E(X_i) = \mu$ und $V(X_i) = \sigma_i^2 = \sigma^2$ für alle $i=1,\ldots,n$, und die ZV'en unkorreliert sind,

$E(\overline{X}) = \mu_{\overline{X}} = \mu$ und $V(\overline{X}) = \sigma_{\overline{X}}^2 = \dfrac{\sigma^2}{n}$

b) Produktmoment eines Produkts von Linearkombinationen

Beispiel: $Z_1 = a_1 X_1 + a_2 X_2$ und $Z_2 = b_1 X_1 + b_2 X_2 + b_3 X_3$

$$C(Z_1, Z_2) = a_1 b_1 V(X_1) + a_1 b_2 C(X_1, X_2) + a_1 b_3 C(X_1, X_3) + a_2 b_1 C(X_1, X_2)$$
$$+ a_2 b_2 V(X_2) + a_2 b_3 C(X_2, X_3)$$

c) Linear-transformation $Y = a + bX$

$$E(Y) = a + b \cdot E(X) = a + b\mu_X \quad \text{und} \quad V(Y) = \sigma_Y^2 = b^2 V(X) = b^2 \cdot \sigma_X^2$$

2. Unter der **Faltung (convolution)** von zwei unabhängigen Zufallsvariablen X und Y mit den Wahrscheinlichkeitsverteilungen $f_1(x)$ und $f_2(y)$ versteht man eine Zufallsvariable Z, für deren Wahrscheinlichkeitsverteilung f gilt:

(4.23a) $\quad f(z) = \sum_x P(X = x) P(Y = z - x) = \sum_y P(Y = y) P(X = z - y) \quad$ im diskreten Fall

bzw.

(4.23b) $\quad f(z) = \int f_1(x) f_2(z - x) = \int f_2(y) f_1(z - y) dy \quad$ im stetigen Fall

Kap.4: Zufallsvariablen, Wahrscheinlichkeitsverteilung

Man schreibt auch $Z = X * Y$, wenn Z eine Faltung darstellt.

Zu dem Konzept der erzeugenden Funktion führen wir drei für Kap. 5 bis 7 sehr bedeutsame Sätze ohne Beweis an, aus denen Zusammenhänge zwischen Verteilungen und Grenzübergängen deutlich werden. Nicht für nur Beweise sondern auch für die Berechnung von Momenten können erzeugende Funktionen von großem Nutzen sein.

Übersicht 4.4: Erzeugende Funktionen

Name	Definition	Bedeutung der Ableitungen[*]
wahrscheinlichkeitserzeugende Funktion $W_x(t)$	$W_x(t) = E(t^x)$, wenn $\|t\| \leq 1$, $t \in \mathbb{R}$, $x \in \mathbb{N}$ (X ist eine nichtnegative ganzzahlige Zufallsvariable)	1. $\dfrac{W_x^{(k)}(0)}{k!} = p_k$ 2. $W_x^{(k)}(1) = E^*(X,k)$ $= E[X(X-1)\ldots(X-k+1)]$ (k-tes faktorielles Moment)
faktorielle momenterzeugende Funktion $\phi_x(t)$	$\phi_x(t) = W_x(1+t) = E[(1+t)^x]$ $= \sum\limits_{x=0} (1+t)^x p_x$ (X ist eine nichtnegative ganzzahlige Zufallsvariable)	$\phi_x^{(k)}(0) = E^*(X,k) =$ $E[X(X-1)\ldots(X-k+1)]$ das k-te faktorielle Moment[**]
momenterzeugende Funktion $M_x(t)$	$M_x(t) = E(e^{tx})$ im diskreten Fall $M_x(t) = \sum e^{tx_i} p_i$ im stetigen Fall $M_x(t) = \int e^{tx} f(x) dx$ (X ist eine beliebige reellwertige Zufallsvariable, $x \in \mathbb{R}$)	$M_x^{(k)}(0) = E(X^k)$ das k-te Anfangsmoment
charakteristische Funktion $\Psi_x(t)$	$\Psi_x(t) = E(e^{itx})$ $i^2 = -1, x \in \mathbb{R}$	$\Psi_x^{(k)}(0) = i^k E(X^k)$ ψ ist die Fouriertransformierte der Dichtefunktion f(x)

[*] die nullte Ableitung von W_X an der Stelle 0 beträgt $W_X(0) = p_0$, aber z.B. bei der momenterzeugenden Funktion $M_X(0) = 1$ (ebenso bei $\phi_X(t)$ und $\psi_X(t)$).

[**] Beispiel: $\phi_x''(0) = E[X(X-1)] = E^*(X,2)$.

<u>Bemerkungen zu Def.4.6</u>:

1. Ist X eine diskrete Zufallsvariable, die nur ganze, positive Zahlen annehmen kann, also die Wahrscheinlichkeitsverteilung mit

x	0	1	2	...	n
f(x)	p_0	p_1	p_2	...	p_n

gegeben, so ist die wahrscheinlichkeitserzeugende Funktion $W_X(t)$ wie folgt definiert:

(4.24) $\qquad W_X(t) = E(t^X) = p_0 + p_1 t + p_2 t^2 + \ldots + p_n t^n = \sum\limits_{x=0}^{n} p_x t^x$.

Die Ableitungen nach t sind:

$$W'_x(t) = p_1 + 2t\,p_2 + 3t^2 p_3 + 4t^3 p_4 + \ldots + n\cdot t^{n-1} p_n = \sum_{x=1}^{n} x t^{x-1} p_x$$

$$W''_x(t) = 2\cdot 1\, t^0 p_2 + 3\cdot 2\, t^1 p_3 + 4\cdot 3\, t^2 p_4 + \ldots + n(n-1)t^{n-2} p_n = \sum_{x=2}^{n} x(x-1) t^{x-2} p_x \quad \text{usw.},$$

so daß $W'_x(0) = 1!\, p_1 = p_1$, $W''_x(0) = 2!\, p_2$ bzw. allgemein:

(4.25) $\quad W_x^{(k)}(0) = k!\, p_k$.

Ferner gilt

$W'_x(1) = p_1 + 2p_2 + 3p_3 + \ldots + n\, p_n = E(X)$,
$W''_x(1) = E(X^2) - E(X) = E[X(X-1)]$ das zweite faktorielle Moment
(nach Def. 4.2 also $E^*(X,2) = W''_x(1)$, oder allgemein $E^*(X,k) = W_x^{(k)}(1)$).

2. Gegeben sei eine Zufallsvariable mit den vier Ausprägungen 0,1,2 und 3, deren Wahrscheinlichkeiten p_0, p_1, p_2 und p_3 sind. Dann ist die faktorielle momenterzeugende Funktion

$\phi_x(t) = p_0 + (1+t)p_1 + (1+t)^2 p_2 + (1+t)^3 p_3$
$\quad = 1 + t\, p_1 + 2t\, p_2 + 3t\, p_3 + t^2 p_2 + 3t^2 p_3 + t^3 p_3$

und die ersten beiden Ableitungen nach t sind an der Stelle t = 0

$\phi'_x(0) = p_1 + 2p_2 + 3p_3 = E(X) = E^*(X,1)$, und $\phi''_x(0) = 2p_2 + 6p_3 = E[X(X-1)] = E^*(X,2)$.

Entsprechend erhält man für die k-te Ableitung an der Stelle t = 0 das k-te faktorielle Moment $E^*(X,k) = E[X(X-1)\ldots(X-k+1)]$ mit der k-ten Ableitung von $\phi_x(t)$ (vgl. Übers. 4.3).

3. Ist X_1 zweipunktverteilt (vgl. Kap. 5) mit der momenterzeugenden Funktion

$M_x(t) = E(e^{tx}) = e^{0\cdot t}(1-\pi) + e^{1\cdot t}\pi = \pi e^t + (1-\pi)$

und X_2 identisch verteilt, dann ist die momenterzeugende Funktion der **Summe** $X = X_1 + X_2$ der beiden unabhängig identisch verteilten Zufallsvariablen $[\pi e^t + (1-\pi)]^2$, d.h. nach Satz 4.1 das **Produkt** der momenterzeugenden Funktionen. Das ist aber die momenterz. Funktion der Binomialverteilung mit n=2.

Satz 4.1: Die erzeugende Funktion einer Faltung Z ist das Produkt der erzeugenden Funktionen von X und Y.

So wie mit Satz 4.1 der Nutzen erzeugender Funktionen bei der Betrachtung von Summen unabhängig identisch verteilter Zufallsvariablen (also für das Problem, ob eine Wahrscheinlichkeitsverteilung "reproduktiv" ist) offenbar wird, zeigt sich mit den folgenden Sätzen der Vorzug mit solchen Funktionen Grenzverteilungen (Kap.7) zu untersuchen:

Satz 4.2: (Levy-Cramer; vgl. Bem.6 zu Def. 7.2)
Eine endliche Folge von Verteilungsfunktionen $F_1(x), F_2(x), \ldots$ konvergiert genau dann gegen die asymptotische Verteilung $F(x)$ (Grenzverteilung), wenn die Folge der charakteristischen Funktionen auf jedem endlichen Intervall $t_0 \leq t \leq t_1$ gegen die charakteristische Funktion der Grenzverteilung konvergiert.

Satz 4.3: Eine Folge von Wahrscheinlichkeitsverteilungen $f_1(x), f_2(x), \ldots$ konvergiert genau dann gegen eine Wahrscheinlichkeitsverteilung $f(x)$ (Grenzverteilung), wenn die Folge der charakteristischen Funktionen auf jedem endlichen Intervall $t_0 \leq t \leq t_1$ gegen die charakteristische Funktion der Grenzverteilung konvergiert.

5. Verteilungen transformierter Variablen, Intervalltransformationen

In diesem Abschnitt wird gezeigt, wie man die Wahrscheinlichkeitsverteilung $f^*(z)$ einer gemäß einer Funktion $Z = g(X)$ transformierten Variable X findet und wie diese Verteilung zusammenhängt mit der Verteilung von X. Das Problem tritt auch auf, wenn es gilt eine für das Intervall (den Definitionsbereich) $a \leq x \leq b$ definierte Zufallsvariable X in eine für das Intervall $[a^*, b^*]$ definierte Zufallsvariable Z zu transformieren. Die Zusammenhänge werden schließlich auf den mehrdimensionalen Fall verallgemeinert.

a) ein- und mehrdimensionale diskrete Zufallsvariable

Gegeben sei die diskrete Wahrscheinlichkeitsverteilung

x_i	x_1	x_2	...	x_n
p_i	p_1	p_2	...	p_n

etwa $X_1 = 1$, $X_2 = 2$ usw., und gesucht ist die Wahrscheinlichkeitsverteilung der transformierten Variable Z, etwa $Z = 3X^2 + 4$. Die Lösung ist einfach, weil dann nur jedem konkreten Wert x_i ein z_i gemäß dieser Transformation zuzuordnen ist und die Wahrscheinlichkeiten hiervon nicht berührt werden. Man erhält dann:

$$f(z) = \begin{cases} p_1 & \text{für } z_1 = 7 \\ p_2 & \text{für } z_2 = 16 \quad \text{usw.} \\ \vdots \\ 0 & \text{sonst} \end{cases}$$

Bei einer mehrdimensionalen **diskreten** Verteilung ist analog zu verfahren. Schwieriger ist das Problem im Falle einer **stetigen** Zufallsvariable.

b) eindimensionale stetige Zufallsvariable

Satz 4.4: Sei $f(x)$ die Dichtefunktion der stetigen Zufallsvariable X und $Z = g(X)$ eine eineindeutige Transformation mit der Umkehrung $X = h(Z)$ und der Ableitung $\frac{dx}{dz} = h'(z)$, dann lautet die Dichtefunktion von Z:

$$(4.25) \quad f^*(z) = f[h(z)] \, |h'(z)|$$

In $f(x)$ wird jetzt x gem. $x = h(z)$ eingesetzt und diese Funktion mit der absolut genommenen Ableitung $\frac{dx}{dz} = \frac{dh(z)}{dz} = h'(z)$ multipliziert. Ist x im Intervall $[a, b]$ definiert, so muß für z gelten $a^* \leq z \leq b^*$. Wenn es gilt, das Intervall $[a, b]$ in das Intervall $[a^*, b^*]$ zu transformieren, so lautet die Funktion $g(x)$

$$(4.26) \quad Z = \frac{a^*b - b^*a}{b - a} + \frac{b^* - a^*}{b - a} X \quad \text{mit der Umkehrfunktion } X = h(Z)$$

$$(4.27) \quad X = -\frac{a^*b - b^*a}{b^* - a^*} + \frac{b - a}{b^* - a^*} Z, \text{ so daß } h'(z) = \frac{b - a}{b^* - a^*} \text{ ist.}$$

c) mehrdimensionale stetige Zufallsvariable

Die Verallgemeinerung von Satz 4.4 für zweidimensionale Verteilungen lautet:

Die Variablen (X, Y) haben die gemeinsame Dichte f(x, y) und es seien $u = g_1(x, y)$ und $v = g_2(x, y)$ stetige monotone Transformationen mit den Umkehrungen $x = h_1(u, v)$, $y = h_2(u, v)$, dann gilt:

(4.28) $f^*(u, v) = f[h_1(u, v), h_2(u, v)] \cdot |J|$,

wobei J die Jacobische Determinante (Funktionaldeterminante) $J = \begin{vmatrix} \frac{\partial x}{\partial u} & \frac{\partial x}{\partial v} \\ \frac{\partial y}{\partial u} & \frac{\partial y}{\partial v} \end{vmatrix}$ und |J| deren Betrag ist. Man erkennt, daß die Betrachtung unter b ein Spezialfall ist und wie der Zusammenhang leicht zu verallgemeinern ist bei mehr als zwei Dimensionen.

Kapitel 5: Spezielle diskrete Wahrscheinlichkeitsverteilungen

1.	Übersicht und Einführung	5-1
2.	Zweipunkt-Z(π), Binomial- B(n,π) und hypergeometrische Verteilung H(n,M,N)	5-3
3.	Geometrische Verteilung GV(π) und negative Binomialverteilung NB(π,r)	5-9
4.	Poissonverteilung P(λ)	5-11
5.	Weitere Verteilungen eindimensionaler diskreter Zufallsvariablen	5-15
6.	Polytome Versuche (mehrdimensionale diskrete Verteilungen)	5-15

1. Übersicht und Einführung

Def. 5.1: Bernoulli-Experiment, Urnenmodell

1. Ein Zufallsexperiment, bei dem nur zwei sich gegenseitig ausschließende Ereignisse eintreten können, heißt **Bernoulli-Experiment**. Der Versuchsausgang ist somit dichotom. Man spricht (ohne Wertung) von "Erfolg" und "Mißerfolg". Bei wiederholten Experimenten kann man unabhängige und abhängige Versuche unterscheiden.

2. Ein **Urnenmodell** besteht in der Spezifizierung der Zusammensetzung einer Urne und der Art der Ziehung aus der Urne. Die Urne kann aus zwei oder m > 2 Arten von Kugeln bestehen und es kann mehrmals mit oder ohne Zurückziehen gezogen werden.

<u>Bemerkungen zu Def. 5.1:</u>

1. Beim Bernoulli-Experiment besteht die Urne aus
    - M schwarzen Kugeln ("Erfolg") und
    - N-M weißen Kugeln ("Mißerfolg"),

    insgesamt also aus N Kugeln. Beim einmaligen Ziehen aus der Urne ist die "Erfolgswahrscheinlichkeit" gegeben durch $\pi = M / N$ und die "Mißerfolgswahrscheinlichkeit" mit $1 - \pi = (N - M) / N$. Üblich ist auch die Notation $p = \pi$ für die Erfolgs- und $q = 1 - \pi$ für die Mißerfolgswahrscheinlichkeit. Bei $n \geq 2$-maligem Ziehen aus der Urne ist zu unterscheiden zwischen
    - Ziehen mit Zurücklegen (ZmZ, unabhängige Versuche): durch das Zurücklegen wird die Urne praktisch unendlich, so daß N nicht zu beachten ist,
    - Ziehen ohne Zurücklegen (ZoZ, abhängige Versuche)

2. Eine andere Veranschaulichung wiederholter Zufallsversuche mit polytomen und speziell dichotomen (Bernoulli-Experiment) Ausgang ist ein **Baumdiagramm** (Wahrscheinlichkeitsbaum).

3. Die Zufallsvariable (ZV) kann im folgenden unterschiedlich definiert sein:
    - der **Anzahl** X der **Erfolge** bei n Versuchen (X ist die ZV, n ist keine ZV)
    - der **Anteil** $p = X/n$ der **Erfolge** bei n Versuchen (Relativierte Verteilungen, p ist eine Lineartransformation von X)
    - die Anzahl X der **nicht erfolgreichen Versuche** bis zum r-ten Mal (oder speziell r = 1 ten Mal) ein Erfolg auftritt

- oder die Anzahl X^* der **Versuche**.
  Gerade hinsichtlich der letzten Betrachtung gibt es Unterschiede bei der Darstellung einer Verteilung in den Lehrbüchern, weshalb (wenn nötig) "alternative Formulierung" der Zufallsvariable aufgeführt werden.
4. Eine Variante des Urnenmodells besteht im Ziehen aus k Urnen mit einem Anteil π_i schwarzer Kugeln. Das führt zur verallgemeinerten Binomialverteilung (von Poisson). Ein Modell, das ein Hinzufügen von Kugeln nach Ziehung vorsieht, führt zur Polya-Verteilung, einer Verallgemeinerung von Binomial- und Hypergeometrischer Verteilung.

<u>Übersicht 5.0</u>: *Urnenmodell von einigen[1] Verteilungen*

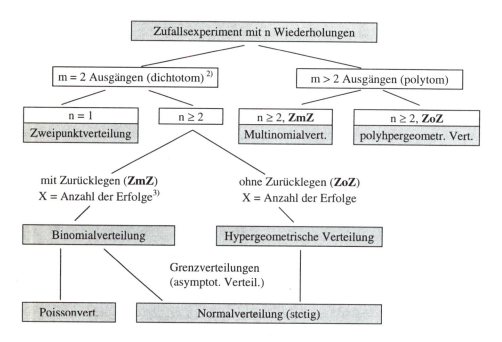

1) wenn nichts anderes vermerkt ist: **diskrete** Verteilungen
2) Bernoulli-Experiment
3) Andere **Fragestellungen**: GV, NB

GV (geometr. Vert.): Wie groß ist bei unabhängigen Bernoulli-Experimenten die Wahrscheinlichkeit, daß nach X = 0, 1, 2, ... Mißerfolgen erstmals ein Erfolg auftritt? Die Zufallsvariable X ist die Anzahl der Mißerfolge in einer Folge von Mißerfolgen bis zum ersten und i. d. R. einzigen Erfolg. Die Anzahl der Versuche ist dann X + 1.

NB (negative Binomialvert.): f(x) ist die Wahrscheinlichkeit dafür, daß der r-te Erfolg gerade im (x + r) ten Versuch eintritt. Offenbar ist GV der Spezialfall r = 1.

Eigenschaften der Verteilungen

(Die folgenden Bemerkungen gelten auch für stetige Verteilungen). Im Zusammenhang mit Wahrscheinlichkeitsverteilungen interessieren i. d. R. die folgenden Eigenschaften einer Verteilung:

1. Parameter (die die Gestalt der Verteilung bestimmen) und die hierbei zulässigen Wertebereiche

2. Interpretation der Zufallsvariable X und deren zulässiger Wertebereich
3. Momente der Verteilung sowie Median, Modus etc.
4. Erzeugende Funktionen, die u. a. auch Aufschluß geben über die Ziffern 5 und 6
5. Reproduktivität (vgl. Def. 5.2)
6. Zusammenhänge mit anderen Verteilungen
   - eine Verteilung V_1 kann z.B. ein Spezialfall einer anderen allgemeineren Verteilung V_2 sein (etwa bei einer bestimmten Parameterkonstellation von V_2)
   - Approximationsmöglichkeiten (vgl. Def. 5.3).

Def. 5.2: Reproduktivität

Sind die Zufallsvariablen X_1, X_2, ..., X_n verteilt nach einer bestimmten Verteilung V und ist die Summe unabhängiger Zufallsvariablen $X_1 + X_2 + ... + X_n$ ebenfalls nach V verteilt, so ist die Verteilung V reproduktiv.

Def. 5.3: Approximation

Eine Folge von Verteilungen des gleichen Typs V_1, V_2, ..., V_n, die sich durch die für die Parameter angenommenen Zahlenwerte unterscheiden, kann gegen eine Grenzverteilung G konvergieren, so daß es möglich ist, Wahrscheinlichkeiten nach V in guter Näherung durch meist leichter zu bestimmende Wahrscheinlichkeiten nach G zu approximieren.

2. Zweipunkt-, Binomial- und hypergeometrische Verteilung

a) Zweipunktverteilung [$Z(\pi)=B(1,\pi)$]

Bei einmaliger Durchführung eines Bernoulli-Experiments kann x = 0 (Mißerfolg) mit Wahrscheinlichkeit $1 - \pi$ oder x = 1 (Erfolg) mit Wahrscheinlichkeit π auftreten. Man spricht von einer Zweipunktverteilung, weil die Zufallsvariable zwei Werte, x_1 und x_2 annehmen kann, in diesem speziellen Fall $x_1 = 0$ und $x_2 = 1$.

Es gilt $E(X) = \pi$ und $V(X) = \pi(1-\pi)$

Bemerkenswert ist daß (wie Abb. 5.1 zeigt) die Varianz $\sigma^2 = V(X)$ im Betrag beschränkt ist. Sie beträgt

$$V(X) = \pi(1-\pi) \leq \frac{1}{4} \quad (0 \leq \pi \leq 1)$$

und nimmt ihren maximalen Wert an der Stelle $\pi = 1/2$ an.

Abb 5.1:

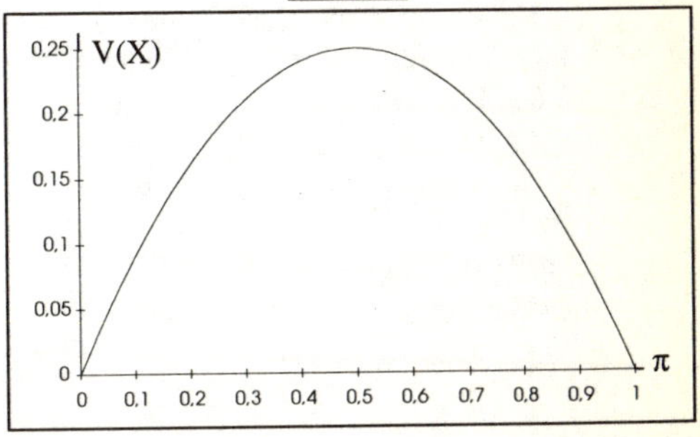

Für die Momente der $Z(\pi)$-Verteilung erhält man ganz allgemein:

$$E(X) = \mu = 0 \cdot (1-\pi) + 1 \cdot \pi = \pi \quad \text{und} \quad E(X^2) = 0^2 \cdot (1-\pi) + 1^2 \cdot \pi = \pi \text{ ,allgemein } E(X^k) = \pi.$$

Daß alle Anfangsmomente den Wert π annehmen ergibt sich auch aus den Ableitungen der momenterzeugenden Funktion $M_X(t)$. Die Verteilung ist linkssteil ($\gamma > 0$), wenn $\pi < 1/2$ und rechtssteil ($\gamma < 0$), wenn $\pi > 1/2$ (also die Wahrscheinlichkeit des Erfolges größer ist als die des Mißerfolges).

Übersicht 5.1: Zweipunktverteilung $Z(\pi) = B(1,\pi)$

Wahrscheinlichkeitsfunktion	$f_Z(x) = \begin{cases} 1-\pi & \text{für } x_1 = 0 \\ \pi & \text{für } x_2 = 1 \\ 0 & \text{sonst} \end{cases}$
Verteilungsfunktion	$F_Z(x) = \begin{cases} 0 & \text{für } x < 0 \\ 1-\pi & \text{für } 0 \leq x < 1 \\ 1 & \text{für } x \geq 1 \end{cases}$
Parameter	π (Erfolgswahrscheinlichkeit)
Zufallsvariable X	Anzahl der Erfolge bei n=1 Versuchen. Realisationen $x_1=0$ und $x_2=1$
Urnenmodell	Bernoulli-Experiment
Summe identisch verteilter Zufallsvariablen	$X_1 + X_2 + \ldots + X_n \sim B(n,\pi)$
Momente	Erwartungswert $\mu = E(X) = E(X^2) = \ldots = E(X^n) = \pi$, Varianz $\sigma^2 = V(X) = \pi(1-\pi)$, Schiefe $\gamma = (1-2\pi)/\sqrt{\pi(1-\pi)}$
andere Verteilungen	$Z(\pi) = B(1,\pi)$
erzeugende Funktionen	$W_x(t) = \pi^t + (1-\pi)$, $M_x(t) = \pi e^t + (1-\pi)$, $\Psi_x(t) = \pi e^{it} + (1-\pi)$
Bedeutung	Modell für die Grundgesamtheit bei homograder Fragestellung

b) Binomialverteilung [$B(n, \pi)$]

Eine n-malige unabhängige Wiederholung bei konstantem π des Bernoulli-Experiments (n mal ZmZ aus einer Urne) führt zur Binomialverteilung. Die Anzahl X der Erfolge kann Werte zwischen 0 und n annehmen. Sind die unabhängigen Zufallsvariablen $X_1, \ldots, X_n$ identisch zweipunktverteilt mit π, so ist deren Summe $X = X_1 + \ldots + X_n$ binomialverteilt mit den Parametern n und π. Daraus folgt unter anderem auch $E(X) = \Sigma E(X_i) = \Sigma \pi = n\pi$. Die B-Verteilung ist die Stichprobenverteilung für die Anzahl der Erfolge bei (ZmZ-) Stichproben vom Umfang n aus einer $Z(\pi)$-verteilten Grundgesamtheit.

Der **Begriff** Binomialverteilung (oder: binomische Verteilung) nimmt Bezug darauf, daß die Entwicklung (Expansion) des Binoms $(q + p)^n$ zu folgender Gleichung (binomischer Satz) führt:

$$(q+p)^n = \binom{n}{0} p^0 q^n + \binom{n}{1} p q^{n-1} + \ldots + \binom{n}{x} p^x q^{n-x} + \ldots + \binom{n}{n} p^n q^0,$$

worin das allgemeine Glied $\binom{n}{x} p^x q^{n-x}$ die Wahrscheinlichkeitsfunktion der B-Verteilung mit $p = \pi$ und $q = 1 - \pi$ darstellt. Daraus folgt auch (da $p + q = 1$), daß die Summe der binomialen Wahrscheinlichkeiten $\sum f_B(x) = 1$ ist. Es gibt $\binom{n}{x}$ Möglichkeiten in einer Versuchsserie (n Versuche) x Erfolge und damit n - x Mißerfolge zu erhalten. Jede dieser Möglichkeiten hat die Wahrscheinlichkeit $\pi^x(1-\pi)^{n-x}$. Das erklärt die Formel für f(x).

Wie bei der Z-Verteilung ist die **Schiefe** $\gamma > 0$ (linkssteil), wenn $\pi < \frac{1}{2}$, also $\pi < 1-\pi$. Auch aus

$$f_B(x) = \binom{n}{x}(1-\pi)^n \text{ folgt, daß } \frac{\pi}{1-\pi} \neq 1 \text{ Asymmetrie impliziert.}$$

Aus $f_B(x|n, \pi) = f_B(n-x|n, 1-\pi)$ folgt, daß x und n - x sowie π und $1-\pi$ vertauscht werden können. So genügt es, die Wahrscheinlichkeiten der B-Verteilung bei gegebenen n für $0 \leq \pi \leq 1/2$ zu tabellieren (**vgl. Tabelle im Anhang**, Seite T-1).

Aus der **Rekursionsformel** (vgl. Übers. 5.8) $v = \dfrac{f_B(x+1)}{f_B(x)} = \dfrac{n-x}{x+1} \cdot \dfrac{\pi}{1-\pi}$ folgt, daß die Wahrscheinlichkeiten der B-Verteilung so lange ansteigen (also v > 1), wie x kleiner ist als $\mu - (1-\pi) = (n+1)\pi - 1$ ist und daß sie fallen (v < 1), wenn $x > (n+1)\pi - 1$. Die B-Verteilung hat, falls $(n+1)\pi$ ganzzahlig ist, zwei Modalwerte, nämlich $(n+1)\pi - 1$ und $(n+1)\pi$, anderenfalls ist der Modus $[(n+1)\pi]$ (Gaußklammer [ ]).

Für die faktoriellen Momente gilt:

$$E^*(X,k) = n(n-1) \ldots (n-k+1)\pi^k, \text{ also } E^*(X,1) = E(X) = n\pi \text{ und}$$
$$E^*(X,2) = E[X(X-1)] = n(n-1)\pi^2.$$

Folglich erhält man für die Varianz: $\sigma^2 = V(X) = n \cdot \pi(1-\pi)$.

c) Weitere Bemerkungen zur Binomialverteilung

1. *Laplace-Verteilung*, Spezialfall der Binomialverteilung für $\pi = 1 - \pi = 1/2$
   (Der Begriff wird auch für eine stetige Verteilung benutzt.)
   $$f(x|n) = \binom{n}{x}\frac{1}{2^n}, \quad \mu = \frac{1}{2}n, \quad \sigma = \frac{1}{2}\sqrt{n}.$$
   Veranschaulichung: Galtonisches Brett, römischer Brunnen.

2. *Verallgemeinerte Binomialverteilung vB(n, $p_1, p_2, .., p_n$)*
   Erfolgswahrscheinlichkeiten sind nicht konstant, sondern $\pi_i = p_i$ und $1 - \pi_i = q_i$ (mit i = 1,...,n). Man erhält vB durch Expansion des Produkts
   $(p_1 + q_1)(p_2 + q_2) \ldots (p_n + q_n)$.
   Erwartungswert: $\mu = \sum p_i = \sum \pi_i$ statt $n \cdot \pi$, Varianz: $\sigma^2 = \sum p_i q_i$.
   Binomialverteilung als Spezialfall, $p_1 = \ldots p_n = \pi$.

3. *Relativierte Binomialverteilung rB(n, π)*
   Ist X binomialverteilt mit $f_B = (x|n, \pi)$, dann ist der Anteilswert $p = \dfrac{X}{n}$ (eine Lineartransformation von X) relativiert binomialverteilt mit dem Erwartungswert $E(p) = \pi$ und

der Varianz $V(p) = V\left(\dfrac{X}{n}\right) = \dfrac{1}{n^2} \cdot V(X) = \dfrac{\pi(1-\pi)}{n}$ sowie der (in Kapitel 8 eine große Rolle spielenden) Standardabweichung $\sigma_p = \sqrt{\dfrac{\pi(1-\pi)}{n}}$ (vgl. Abb. 5.2).

> Die rB-Verteilung ist die Stichprobenverteilung für den **Anteil** der Erfolge (die B-Verteilung für die **Anzahl** der Erfolge) bei Stichproben **mit** Zurücklegen vom Umfang n.

Übersicht 5.2: **Binomialverteilung B(n,π)** *(Bernoulli-Verteilung)*[*)]

Wahrscheinlichkeitsfunktion	$f_B(x) = \begin{cases} \binom{n}{x}\pi^x(1-\pi)^{n-x} & x = 0, 1, ..., n \\ 0 & \text{sonst} \end{cases}$
Verteilungsfunktion	$F_B(x) = \sum_{v=0}^{x} \binom{n}{v}\pi^v(1-\pi)^{n-v}$
Parameter	n, π
Zufallsvar. X	Anzahl der Erfolge bei n Versuchen $(0 \le x \le n)$
Urnenmodell	Bernoulli-Experiment, n-mal Ziehen mit Zurücklegen (ZmZ)
Reproduktivität	Bei konstantem π ist die Summe unabhängig binomialverteilter Zufallsvariablen ebenfalls binomialverteilt
Momente	$\mu = E(X) = n \cdot \pi, \quad \sigma^2 = V(X) = n \cdot \pi(1-\pi), \quad \gamma = \dfrac{1-2\pi}{\sqrt{n\pi(1-\pi)}}$
andere Verteilungen	relativierte Binomialverteilung Normalverteilung und Poissonverteilung als Grenzverteilung Betaverteilung 1.Art
erzeugende Funktionen	$W_x(t) = [\pi t + (1-\pi)]^n, \quad M_x(t) = [\pi e^t + (1-\pi)]^n, \quad \Psi_x(t) = [\pi e^{it} + (1-\pi)]^n$
Bedeutung	Stichprobenverteilung (homograde Theorie) z.B. Anzahl der Ausschußstücke in der statistischen Qualitätskontrolle

d) Hypergeometrische Verteilung [H(n, M, N)]

1. Herleitung

Wird bei dem in Definition 5.1 beschriebenen Urnenmodell n mal **ohne** Zurücklegen gezogen, so ist die Wahrscheinlichkeit für das Auftreten von x Erfolgen nach dem klassischen Wahrscheinlichkeitsbegriff.

[*)] Der Begriff wird auch gebraucht für die Zweipunktverteilung (bzw. dem speziellen Fall $x_1=0$, $x_2=1$ der Z-Verteilung).

$$f_H(x) = \frac{\binom{M}{x}\binom{N-M}{n-x}}{\binom{N}{n}}, \quad 0 \le x \le \min(n,M),\ 0 \le M \le N.$$

Wegen Gl. 2.7d ist

$$\sum_{x=0}^{n} \binom{M}{x}\binom{N-M}{n-x} = \binom{N}{n}, \quad \text{so daß } \sum f_H(x) = 1.$$

Bei einer Grundgesamtheit vom Umfang N sind

- $\binom{N}{n}$ Stichproben vom Umfang n durch ZoZ und

- N^n Stichproben durch ZmZ

möglich und gleichwahrscheinlich. Von den Stichproben o.Z. sind $\binom{M}{x}\binom{N-M}{n-x}$ von der Art, daß sowohl x Erfolge als auch n - x Mißerfolge "gezogen worden sind" ("günstige Fälle"). Bei dieser Betrachtungsweise wird z.B. jede der M schwarzen Kugeln als eine andere Kugel als die übrigen schwarzen Kugeln angesehen.

2. Finite multiplier (Endlichkeitskorrektur)

Die Varianz der H-Verteilung ist mit $V(X) = n\pi(1-\pi)(N-n)/(N-1) \le n\pi(1-\pi)$ kleiner (bei endlichem N) als die Varianz der B-Verteilung. Der Faktor $(N-n)/(N-1) \approx 1-n/N$ heißt Endlichkeitskorrektur und strebt mit $N \to \infty$ gegen 1. Er ist eine Funktion des Auswahlsatzes n/N und gilt als vernachlässigbar, wenn n/N < 0,05.

Bei Totalerhebung ist $V(X) = 0$ und wegen $N = n$ gilt:

$$f_H(x) = \begin{cases} 1 & \text{wenn } x = M \\ 0 & \text{sonst} \end{cases}$$

was intuitiv verständlich ist.

3. Relativierte hypergeometrische Verteilung rH(n, M, N)

Ist die Anzahl X der Erfolge hypergeometrisch verteilt, dann ist der Anteil der Erfolge p = X/n relativiert hypergeometrisch verteilt mit dem Erwartungswert

$E(p) = \pi$ und der Varianz $V(p) = \dfrac{\pi(1-\pi)}{n} \cdot \dfrac{N-n}{N-1} = \dfrac{1}{n^2} V(X)$.

> Die rH-Verteilung ist die Stichprobenverteilung für den **Anteil** der Erfolge (die H-Verteilung für die **Anzahl** der Erfolge) bei Stichproben **ohne** Zurücklegen vom Umfang n aus einer Grundgesamtheit vom Umfang N.

Die Varianz von p nimmt mit wachsendem N ab und ist bei N = 1 gleich der Varianz von X (der hypergeometrischen Verteilung) und bei n = N ist sie Null (vgl. Abb. 5.2).

Abb. 5.2: Varianzen der Binomialverteilung und der Hypergeometrischen Verteilung in Abhängigkeit von n

Rechenbeispiel: $\pi = \frac{1}{3}$ und $N = 6$, $\pi(1-\pi) = \frac{2}{9} = 0{,}222 = K$.

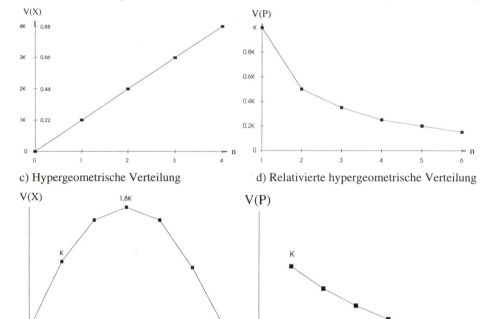

Zahlenangbaben zu Abb. c und d

n	0	1	2	3	4	5	6
V(X)	0	K	1,6K < 2K	1,8K < 3K	1,6K < 4K	K < 5K	0 < 6K
V(p)	∞		0,4 K < K/2	0,2 K < K/3	0,1 K < K/4	0,04 K < K/5	0 < K/6

Bei der hypergeometrischen Verteilung ergeben sich also jeweils kleinere Varianzen als bei der Binomialverteil.

Übersicht 5.3: **Hypergeometrische Verteilung H(n, M, N)**

Wahrscheinlichkeitsfunktion	$f_H(x) = \dfrac{\binom{M}{x} \cdot \binom{N-M}{n-x}}{\binom{N}{n}}$ für $x = 0, 1, \ldots$
Symmetrie	$f(x|n, M, N) = f(x|M, n, N)$, die Parameter M und n sind vertauschbar

noch Übers. 5.3:

Parameter	n, M, N mit $0 \leq n \leq N$ und $0 \leq M \leq N$ $\left(\pi = \dfrac{M}{N}\right)$
Zufallsvariable X	X ist die Anzahl der Erfolge bei n mal Ziehen **ohne** Zurücklegen (ZoZ) mit $\max(0, n-(N-M)) \leq x \leq \min(n, M)$
Urnenmodell	wie B(n, π) aber ZoZ statt ZmZ
Momente*)	$\mu = E(X) = n \cdot \pi$, $\sigma^2 = V(X) = n \cdot \pi(1-\pi)\dfrac{N-n}{N-1}$, $\gamma = \dfrac{[(N-2n)(1-2\pi)]}{[(N-2)\sigma]}$, $E^*(X,k) = \dfrac{M!\,n!}{N!} \cdot \dfrac{(N-k)!}{(M-k)! \cdot (n-k)!}$
andere Verteil.	relativierte Hypergeometrische Verteilung
Grenzübergang	Mit $N \to \infty$ bzw. $n \ll N$ strebt HV gegen die B(n, π)-Verteilung
Bedeutung	Stichprobenverteilung homograder Fall bei Ziehen **ohne** Zurücklegen

3. Geometrische Verteilung und negative Binomialverteilung

a) Wahrscheinlichkeiten für Versuchsfolgen

1. Folge von x Mißerfolgen
   Urnenmodell (analog: Roulette): die Wahrscheinlichkeit für eine erste schwarze Kugel (Erfolg) nach x roten Kugeln (Mißerfolg) bei konstanter Erfolgswahrscheinlichkeit π (also ZmZ) ist $(1-\pi)^x \pi = f_{GV}(x)$ (Wahrscheinlichkeitsverteilung der geometr. Verteilung GV).
   Bedeutung (Interpretation) von X: Wartezeit bis zum Eintritt des Erfolges.

2. Folge von x Mißerfolgen und r Erfolgen
   Die Wahrscheinlichkeit dafür, daß in einer Serie von m-1 Versuchen r-1 Erfolge auftreten und x Mißerfolge (so daß m=x+r) ist:

$\dbinom{m-1}{r-1} p^{r-1} q^x$, wenn $p = \pi$ die konstante Erfolgswahrscheinlichkeit ist und $q=1-\pi$.

Sollte die Serie von m Versuchen abschließen mit einem Erfolg (dem r-ten Erfolg) so ist die Wahrscheinlichkeit hierfür:

$f_{NB}(x) = \dbinom{m-1}{r-1} p^r q^x$ gemäß der NB-Verteilung (= negative Binomialverteilung).

Für r=1 erhält man wegen m=x+1 hierfür $f_{NB}(x) = \dbinom{x}{0} pq^x = f_{GV}(x)$, die Wahrscheinlichkeitsfunktion der GV als Spezialfall.

---

*)Bei übereinstimmenden n und p haben Binomial- und hypergeometrische Verteilung den gleichen Erwartungswert, die Varianzen unterscheiden sich um den Korrekturfaktor (finite multiplier, Endlichkeitskorrektur) (N-n)/(N-1), der für $N \to \infty$ gegen 1 strebt.

b) alternative Formulierung für GV und NBV

Die Wahrscheinlichkeit des ersten Erfolges nach x^*-1 Mißerfolgen, also im x^*-ten Versuch ist $f_{GV}(x^*) = \pi(1-\pi)^{x^*-1}$ (vgl. Übersicht 5.4a). X^* ist die Anzahl der **Versuche**, X dagegen die Anzahl der **Mißerfolge** und es gilt $X^*=X+1$ (Lineartransformation). Zählt man wie hier als Zufallsvariable die Anzahl der Versuche, so besteht ein Zusammenhang zwischen der (so definierten) GV und der Exponentialverteilung- und Poissonverteilung. Entsprechend ist X^* in der alternativen Formulierung der negativen Binomialverteilung (Übers. 5.5 a) definiert als Anzahl der Versuche bis zum r-ten Erfolg ausschließlich (d.h. mit dem r-ten Erfolg im X^*-ten Versuch).

Übersicht 5.4: **Geometrische Verteilung** $GV(\pi)=NB(1,\pi)$

Wahrscheinlichkeits-funktion p= π, q=1-π	$f_{GV}(x) = \pi(1-\pi)^x = pq^x$ Wahrscheinlichkeiten bilden eine geometrische Reihe
Verteilungsfunktion	$F_{GV}(x) = 1 - (1-\pi)^{x+1} = 1 - q^{x+1}$
Parameter	$\pi = p$ (Erfolgswahrscheinlichkeit)
Zufallsvariable X (Mißerfolge)	Anzahl der Mißerfolge bis zum ersten Erfolg ($X^*=X+1=$ Anzahl der Versuche), $x \in \mathbb{N}$
Urnenmodell	wie $B(n,\pi)$; Bernoulli-Experiment beliebig oft wiederholt (ZmZ)
Summe ident. vert. ZVn	$X_1+...+X_r \sim NB(r,\pi)$
Momente	$\mu = E(X) = \dfrac{(1-\pi)}{\pi} = \dfrac{q}{p}$, $\sigma^2 = V(X) = \dfrac{(1-\pi)}{\pi^2} = \dfrac{q}{p^2}$ $\gamma = \dfrac{(1+q)}{\sqrt{q}}$, $E^*(X,k) = k!\left(\dfrac{q}{p}\right)^k$
andere Verteilungen	Spezialfall von NB wenn r = 1. Für $\pi \leq 0{,}1$ ist $X^* = X+1$ näherungsweise exponentialverteilt mit $\lambda = \pi$
erzeugende Funktionen:	$W_x(t) = \dfrac{\pi}{1-(1-\pi)t} = \dfrac{p}{1-qt}$, $M_x(t) = \dfrac{\pi}{1-(1-\pi)e^t} = \dfrac{p}{1-qe^t}$ $\Psi_x(t) = \dfrac{\pi}{1-(1-\pi)e^{it}} = \dfrac{p}{1-qe^{it}}$
Bedeutung	Wartezeiten

Übersicht 5.4a: **Geometrische Verteilung** *(alternative Formulierung)* $GV^*(\pi)$

Wahrscheinlichkeitsfunktion	$f_{GV^*}(x^*) = \pi(1-\pi)^{x^*-1} = \dfrac{p}{q}q^{x^*}$
Verteilungsfunktion	$F_{GV^*}(x^*) = 1-(1-\pi)^{x^*} = 1-q^{x^*}$
Zufallsvariable $X^*=X+1$	Anzahl der Versuche bis zum ersten Erfolg
Momente	$\mu^* = E(X^*) = \dfrac{1}{\pi}$, $V(X^*) = \dfrac{(1-\pi)}{\pi^2} = V(X)$

Übersicht 5.5: **Negative Binomialverteilung** $NB(\pi,r)$ *(Pascal-Verteilung)*

Wahrscheinlichkeitsfkt.[1] ($p=\pi$, $q=1-\pi$)	$f_{NB}(x) = \binom{-r}{x} p^r (-q)^x = \binom{x+r-1}{r-1} p^r q^x$ oder mit $m = x + r$ $f_{NB}(x) = \binom{m-1}{r-1} p^r q^{m-r} = \binom{m-1}{r-1} p^r q^x$
Parameter	$\pi = p$ und r $(r = 1, 2, ...)$
Zufallsvariable X[2]	Anzahl der Mißerfolge bei $m=x+r$ Versuchen und r Erfolgen $x \in \mathbb{N}$
Urnenmodell	wie $B(n,\pi)=B(n,p)$
Reproduktivität	$X_1 \sim NB(r_1,\pi)$ und $X_2 \sim NB(r_2,\pi)$, dann $(X_1+X_2) \sim NB(r_1+r_2,\pi)$
Momente	$\mu = E(X) = \dfrac{rq}{p}$, $\sigma^2 = V(X) = \dfrac{rq}{p^2}$, $\gamma = \dfrac{(1+q)}{\sqrt{rq}}$, $E(X^2) = \dfrac{rq(1+rq)}{p^2}$
andere Verteilungen	Spezialfall von GV wenn $r = 1$. Wenn $r \to \infty$, $q \to 0$ und $rq/p = \lambda$ geht NB in Poissonverteilung $P(\lambda)$ über
erzeugende Funktionen:	$W_x(t) = \left(\dfrac{p}{1-q^t}\right)^r$, $M_x(t) = \left(\dfrac{p}{1-qe^t}\right)^r$, $\Psi_x(t) = \left(\dfrac{p}{1-qe^{it}}\right)^r$

1) Die erste Art, die Wahrscheinlichkeitsfunktion darzustellen erklärt den Namen "negative Binomialverteilung".
2) Wegen X ist auch M=X+r [mit der Realisation m] eine ZV.

Übersicht 5.5a: **Negative Binomialverteilung** *(alternative Formulierung)* $NB^*(r,\pi)$

Wahrscheinlichkeitsfunktion	$f_{NB^*}(x^*) = \binom{x^*-1}{r-1} p^r q^{x^*-r}$
Momente	$E(X^*) = \dfrac{r}{p} = E(X) + r$ $V(X^*) = V(X) = rq/p$

4. Poissonverteilung ($P(\lambda)$)

a) Eigenschaften und Bedeutung

Diskrete Verteilung (X=0, 1, 2, ...) für "seltene Ereignisse" (Erfolgswahrscheinlichkeit π gering). Gleiches Urnenmodell und gleiche Fragestellung wie $B(n,\pi)$. Nur ein Parameter λ, der zugleich μ und σ^2 darstellt. Man gewinnt die $P(\lambda)$-Verteilung als asymptotische Verteilung einer Folge von Binomialverteilungen $B_1(n_1, \pi_1)$, $B_2(n_2, \pi_2)$, ... , wenn $n_j > n_{j-1}$ und $\pi_j < \pi_{j-1}$ und $n_j \pi_j = n_{j-1} \pi_{j-1} = \lambda = $ const.. Daß sich so viele empirische Häufigkeitsverteilungen in guter Näherung durch die $P(\lambda)$-Verteilung darstellen lassen, ist mit dem Poisson-Prozeß zu erklären. Die Anzahl X der Erfolge ist naturgemäß diskret, die Wartezeit zwischen den "Erfolgen" (z.B. den Ausfällen einer Maschine) kann diskret (Anzahl der Einheitsintervalle) oder stetig gemessen werden. Ist X poissonverteilt, so ist die Wartezeit geometrisch verteilt (GV^*, Zeit diskret) bzw. exponentialverteilt ($E(\lambda)$, Zeit stetig). Die Poissonverteilung ist reproduktiv. Ferner gilt: Ist $X \sim P(\lambda)$ dann ist mit der Konstanten c $cX \sim P(c\lambda)$.

b) Herleitung

1) Als Grenzverteilung der Binomialverteilung:
Bei konstantem $\lambda = n\pi$ geht die Binomialverteilung für $n \to \infty$ (und somit $\pi \to 0$) in die Poissonverteilung über.

2) Poisson-Prozeß (zeitlich):
Die Häufigkeit des Eintretens von X Ereignissen in einem vorgegebenen Zeitintervall T ist (angenähert) poissonverteilt mit λ als mittlere Ereignishäufigkeit, wenn

- T in Intervalle der Länge $\Delta t \lambda$ zerlegt wird und in jedem Intervall ein Versuch stattfindet, wobei X = 0 oder X = 1 Erfolg möglich ist mit den Wahrscheinlichkeiten $P_0(t) = 1 - \lambda t$ und $P_1(t) = \lambda t$. Die Wahrscheinlichkeit des Auftretens eines Erfolges ist proportional zur Länge t des Intervalls und nur von der Länge, nicht von der Lage des Intervalls abhängig (Stationarität), und

- die Versuchsausgänge in den Intervallen unabhängig sind, d.h. die Wahrscheinlichkeit für 0 Erfolge im Intervall $t + \Delta t$ ist
$P_0(t + \Delta t) = P_0(t) \cdot P_0(\Delta t)$ oder bei X = 1 Erfolg erhält man:
$P_1(t + \Delta t) = P_0(t) \cdot P_1(\Delta t) + P_1(t) \cdot P_0(\Delta t)$ usw.

Mit $\Delta t \to 0$ erhält man Differentialgleichungen und für den allgemeinen Fall die Gleichung

$$P_x'(t) + \lambda P_x(t) = \lambda P_{x-1}(t) \text{ deren Lösung } P_x(t) = \frac{(\lambda t)^x e^{-\lambda t}}{x!} \text{ ist.}$$

Das ist aber beim Einheitsintervall t = 1 die Wahrscheinlichkeitsfunktion der Poissonverteilung. Im Poissonprozeß ist die Wahrscheinlichkeit des Auftretens eines Ereignisses proportional zur Länge des Zeitintervalls und λ ist der Proportionalitätsfaktor.

3) Einfache Erklärung für $f_P(x=0)$:
Für x=0 Erfolge gilt, wenn das Einheitsintervall in n sich nicht überschneidende Teilintervalle gleicher Länge 1/n aufgeteilt wird, wobei in jedem Intervall das Ereignis mit der Wahrscheinlichkeit $1 - \pi = 1 - \lambda/n$ **nicht** eintritt, so tritt das Ereignis im ganzen Zeitraum mit der Wahrscheinlichkeit $(1 - \pi)^n$ nicht auf.

Das Zahlenergebnis ist ähnlich $f_P(0) = e^{-\lambda}$, weil $\lim_{n \to \infty}(1 - \lambda/n)^n = e^{-\lambda}$, wenn n hinreichend groß ist (Aufgabe 5.4.4 bis 6)

c) Zusammenhang mit der Exponentialverteilung

Ist die Wahrscheinlichkeit für das Nichteintreten eines Erfolges in jedem Teilintervall $1 - \pi$, so ist die Wahrscheinlichkeit des Nichtauftretens in xn Intervallen der Länge 1/n also in einem Gesamtintervall der Länge x, unter den Voraussetzungen des Poissonprozesses:
$(1 - \lambda/n)^{nx} = P(X \geq x)$ nach der GV*. Wegen $\lim_{n \to \infty}(1 - \lambda/n)^{nx} = e^{-\lambda x}$ ist die Funktion

$F(x) = 1 - P(X \geq x) = 1 - e^{-\lambda x}$, was aber die Verteilungsfunktion der $E(\lambda)$-Verteilung ist.

Übersicht 5.6: **Poissonverteilung** $P(\lambda)$

Wahrscheinlichkeitsfunktion	$f_P(x) = \dfrac{\lambda^x}{x!} e^{-\lambda}$, $x \in \mathbb{N}$
Verteilungsfunktion	$F(x) = \sum_{v=0}^{x} f(v)$
Parameter	$\lambda > 0$
Urnenmodell	wie $B(n,\pi)$ (Grenzverteilung von $B(n,\pi)$ bei $n \to \infty$, $\pi \to 0$ und $\lambda = n\pi = $ const.)
Reproduktivität	Die Summe unabhängig poissonverteilter ZVn mit $\lambda_1, \lambda_2, ..., \lambda_k$ ist wieder poissonvert. mit $\lambda = \lambda_1 + \lambda_2 + ... + \lambda_k$
Momente	$\mu = E(X) = \lambda$, $E^*(X,k) = \lambda^k$, $\sigma^2 = V(X) = \lambda$, $\gamma = \dfrac{1}{\sqrt{\lambda}} > 0$
erzeugende Funktionen	$W_x(t) = \exp[\lambda(t-1)]$, $M_x(t) = \exp[\lambda(e^t-1)]$, $\psi_x(t) = \exp[\lambda(e^{it}-1)]$

Übersicht 5.7: Anpassung einer Verteilung an eine andere Verteilung (verschiedene, in der Literatur erwähnte Faustregeln) Stochastische Konvergenz von Verteilungen

Verteilung	kann approximiert werden mit der	wenn
Binomialvert. (B)	Poissonvert. (P)	$n \to \infty$, $\pi \to 0$, $n\pi = \lambda = $ const.; gute Approximation bereits für $n \geq 100$, $\pi \leq 0,05$ oder $n\pi \leq 5$, $n \geq 50$, $\pi < 0,1$
	Normalvert. (N)	$n\pi(1-\pi) \geq 9$
hypergeom. Vert.(H)	Binomialvert (B)	$N \geq 2000$, $\dfrac{n}{N} \leq 0,01$ oder $\pi,(1-\pi) < 0,05$
	Poissonvert. (P)	$\dfrac{n}{N} < 0,1$, N groß , $\pi = \dfrac{M}{N}$ klein
	Normalvert. (N)	$n\pi \geq 4$
Poissonvert. (P)	Normalvert. (N)	$\lambda \geq 9$

Übersicht 5.8: Rekursionsformeln

a) Binomialverteilung	
$X \to X+1$	$f(x+1|n,\pi) = \dfrac{n-x}{x+1} \dfrac{\pi}{1-\pi} f(x|n,\pi)$
b) Poissonverteilung	
$X \to X+1$	$f(x+1|\lambda) = \dfrac{\lambda}{x+1} f(x|\lambda)$

noch Übers. 5.8

	c) Hypergeometrische Verteilung	
$X \to X+1$	$f(x+1|n, M, N) = \dfrac{n-x}{x+1} \cdot \dfrac{M-x}{(N-n)-(M-x)+1} \cdot f(x|n, M, N)$	
$M \to M+1$	$f(x|n, M+1, N) = \dfrac{(N-M-n+x)(M+1)}{(N-M)(M+1-x)} \cdot f(x|n, M, N)$	
$N \to N+1$	$f(x|n, M, N+1) = \dfrac{(N+1-M)(N+1-n)}{(N+1-M-n+x)(N+1)} \cdot f(x|n, M, N)$	
	d) geometrische Verteilung	
$X \to X+1$	$f(x+1|\pi) = (1-\pi) \cdot f(x) = q \cdot f(x)$	
	e) negative Binomialverteilung	
$X \to X+1$	$f(x+1) = \dfrac{x+r}{x+1} \cdot q \cdot f(x)$	

Aus den Rekursionsformeln folgt, daß alle Verteilungen eingipflig sind (wenn man davon absieht, daß zwei benachbarte Werte x und x+1 Modalwerte sein können), einige Verteilungen sind stets (die GV) andere unter bestimmten Bedingungen (etwa NB: $r \leq 1$) sofort (ab X=0) monoton fallend.

Übersicht 5.9: Weitere Zusammenhänge zwischen Verteilungen diskreter eindimensionaler Zufallsvariablen

a) Größenbeziehung zwischen Erwartungswert und Varianz und Schiefe

Verteilung	es gilt	Schiefe γ
geometr. (GV) u. negat. Binom. (NB).	$V(X) > E(X)$	$\gamma > 0$ immer linkssteil[*)]
Poissonverteilung (P)	$V(X) = E(X)$	$\gamma = \sqrt{\dfrac{1}{\lambda}} > 0$ immer linkssteil
Zweipunkt (Z), Binomial (B), u. hypergeometrische Verteilung (H)	$V(X) < E(X)$	$\gamma > 0$ wenn $\pi < (1-\pi)$ $\gamma < 0$ wenn $\pi > (1-\pi)$

[*)] mit abnehmendem $p=\pi$ (zunehmendem $q=1-\pi$) und zunehmendem γ.

b) Reproduktivität (das Zeichen ~ bedeutet: ist verteilt. Die Zusammenhänge gelten auch bei der Summe von n>2 ZVn.

	X_1, X_2 sind verteilt:	X_1+X_2	reproduktiv
Z	$X_1 \sim Z(\pi), X_2 \sim Z(\pi)$	$\sim B(2,\pi)$	nein
B	$X_1 \sim B(n_1, \pi), X_2 \sim B(n_2, \pi)$	$\sim B(n_1+n_2, \pi)$	ja
H	$X_1 \sim H, X_2 \sim H$		nein
GV	$X_1 \sim GV(\pi), X_2 \sim GV(\pi)$	$\sim NB(r=2, \pi)$	nein
P	$X_1 \sim P(\lambda_1), X_2 \sim P(\lambda_2)$	$\sim P(\lambda_1+\lambda_2)$	ja

c) Welche Werte kann die Zufallsvariable X annehmen?
Alle natürlichen Zahlen X=0, 1, ... bei GV, NB und P natürl. Zahlen bis zu einem Maximalwert bei B und H.

5. Weitere Verteilungen eindimensionaler diskreter Zufallsvariablen

Die **Polya-Verteilung** PL(n,S,N,c) ist eine Verallgemeinerung der B- und H-Verteilung. Urnenmodell: S (oder M) schwarze Kugeln (Erfolg), R rote Kugeln, N = S + R. Nach Ziehung einer Kugel werden c + 1 Kugeln des gleichen Typs (schwarz oder rot) hinzugelegt.

6. Polytome Versuche (mehrdimensionale diskrete Verteilungen)

Urnenmodell: N Kugeln, davon M_1 = schwarze, M_2 = weiße, M_3 = rote Kugeln ... usw., so daß $\sum M_j = N$, $(j = 1, 2, ..., k)$ und $\pi_j = M_j / N$. Wie man sieht liegt eine k-1-dimensionale Zufallsvariable vor: $P(X_1 = x_1, X_2 = x_2, ..., X_k = x_k)$ ist die Wahrscheinlichkeit x_1 schwarze und x_2 weiße Kugeln usw. zu ziehen (k-1 Dimensionen, da die k-te Dimension durch $\pi_1 + \pi_2 + ... + \pi_k = 1$ festliegt).

1) **Multinomialverteilung (= Polynomialverteilung)**
   Ziehen **mit** Zurücklegen:
   Wahrscheinlichkeit, bei n Zügen genau $x_1, x_2, ..., x_k$ Kugeln des Typs 1, 2, ..., k zu ziehen ($n = \sum x_i$), dargestellt durch den Vektor $\mathbf{x}' = [x_1 .... x_k]$

$$f_{MV}(x) = \left(\frac{n!}{x_1! x_2! ... x_k!} \right) \pi_1^{x_1} \pi_2^{x_2} ... \pi_k^{x_k} .$$ Der Klammerausdruck ist der

Multinomialkoeffizient.
Man erhält $f_{MV}(\mathbf{x})$ durch Expansion des Multinoms $(\pi_1 + \pi_2 + ... \pi_k)^n$.

2) **Polyhypergeometrische Verteilung**
   Urnenmodell wie Multinomialverteilung, aber Ziehen **ohne** Zurücklegen

$$f(x) = \frac{\binom{M_1}{x_1} \binom{M_2}{x_2} ... \binom{M_k}{x_k}}{\binom{N}{n}}.$$

3) **Multiple Poissonverteilung**

$$f(x) = \frac{\lambda_1^{x_1} \lambda_2^{x_2} ... \lambda_k^{x_k}}{x_1! x_2! ... x_k!} \exp[-(\lambda_1 + \lambda_2 + ... + \lambda_k)]$$

als Grenzverteilung der Multinomialverteilung.

Kapitel 6: Spezielle stetige Verteilungen

1. Rechteckverteilung und andere lineare Verteilungen	6-1
2. Normalverteilung (univariat)	6-2
3. Exponentialverteilung	6-4
4. Funktionen von normalverteilten Zufallsvariablen (χ^2, t, F)	6-6
5. Modelle für Einkommensverteilungen	6-10
6. Exponentialfamilie, Zusammenhänge zwischen stetigen Vert.	6-11
7. Bivariate Normalverteilung	6-12

1. Rechteckverteilung und andere lineare Verteilungen

a) Rechteckverteilung R(a, b) (stetige Gleichverteilung)

Eine Zufallsvariable X ist gleichmäßig (gleich-) verteilt über dem Intervall [a,b], wenn $f_R(x)$ in diesem Intervall konstant $\frac{1}{b-a}$ ist. Für die zentralen Momente gilt dann

$$E\left[(X-\mu)^k\right] = \frac{1}{(k+1)(b-a)}\left[\left(\frac{b-a}{2}\right)^{k+1} - \left(\frac{a-b}{2}\right)^{k+1}\right], \text{ so daß}$$

$$E\left[(X-\mu)^k\right] = \begin{cases} \left(\frac{b-a}{2}\right)^k \frac{1}{k+1} & \text{falls k gerade} \\ 0 & \text{falls k ungerade} \end{cases}$$

Spezialfall: Rechteckverteilung im Intervall [0,1]

Dieser Spezialfall der Rechteckverteilung R(0,1), also a = 0, b = 1, ist aus folgendem Grunde von besonderem Interesse: Bildet man eine Zufallsvariable Z, so daß z = F(x), so besitzt Z eine R(0,1) Verteilung, denn $0 \leq Z \leq 1$ wegen $0 \leq F(x) \leq 1$ bei beliebiger stetiger Verteilung von X und nach Gl. (4.26) gilt: $f^*(z) = f\left[F^{-1}(z)\right]\left|\frac{dF^{-1}(z)}{dz}\right| = f\left[F^{-1}(z)\right]\left|\frac{dx}{dz}\right|$.

b) Abschnittsweise lineare Dichtefunktion; Beispiel: Dreiecksverteilung

$$f(x) = \begin{cases} -\frac{2a}{m} + \frac{2}{m}x & \text{für } a \leq x \leq c \\ \frac{2b}{k} - \frac{2}{k}x & \text{für } c \leq x \leq b \\ 0 & \text{sonst} \end{cases}$$

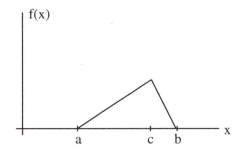

bei m = (b-a)·(c-a) und k = (b-a)·(b-c)

2. Normalverteilung

a) Allgemeine Normalverteilung $N(\mu, \sigma^2)$

Die <u>Dichtefunktion</u> hat zwei Parameter μ und σ^2

(6.1) $$f(x) = \frac{1}{\sigma\sqrt{2\pi}} e^{-\frac{1}{2}\left(\frac{x-\mu}{\sigma}\right)^2} \quad (-\infty < x < \infty)$$

Sie ist symmetrisch um $\mu = E(X)$, eingipflig (Modus: μ) und hat zwei Wendepunkte bei $x = \mu - \sigma$ und $x = \mu + \sigma$. Für die Verteilungsfunktion F(x) gilt:

(6.2) $$F(x) = \frac{1}{\sigma\sqrt{2\pi}} \int_0^x \exp\left[-\frac{1}{2}\left(\frac{v-\mu}{\sigma}\right)^2\right] dv, \quad F(\mu) = \frac{1}{2} \text{ und}$$

für jedes c: $F(\mu - c) = 1 - F(\mu + c)$, so daß es ausreicht, sie für die Werte $x \geq c$ zu tabellieren.

Reproduktivität (Additionstheorem)

Die Summe von stochastisch unabhängigen normalverteilten Zufallsvariablen $N(\mu_i, \sigma_i^2)$ ist wiederum normalverteilt mit $N(\Sigma\mu_i, \Sigma\sigma_i^2)$. Die Linearkombination $b_1x_1 + ... + b_nx_n$ ist $N(\Sigma b_i \mu_i, \Sigma b_i^2 \sigma_i^2)$ verteilt.

b) Standardnormalverteilung N(0,1)

Jede Zufallsvariable X mit endlichem Mittelwert $E(X) = \mu$ und endlicher Varianz $E(X - \mu)^2 = \sigma^2$ kann durch Transformation $Z = \frac{X - \mu}{\sigma}$ in eine Zufallsgröße Z mit $E(Z) = 0$ und $Var(Z) = E(Z^2) = 1$ überführt werden.

Wichtige Signifikanzschranken und Wahrscheinlichkeiten

a) z-Werte für gegebene Wkt. $1 - \alpha$

P=1-α	einseitig F(z)	zweiseitig Φ(z)
90%	1,2816	± 1,6449
95%	1,6449	± 1,9600
99%	2,3263	± 2,5758
99,9%	3,0902	± 3,2910

b) Wkt. für gegebenes z

z	F(z)	ϕ(z)
0	0,5000	0,0000
1	0,8413	0,6827
2	0,9772	0,9545
3	0,9987	0,9973

Übersicht 6.1: Rechteckverteilung R(a, b)

Wahrscheinlichkeits-funktion (Dichte)	$f_R(x) = \begin{cases} \dfrac{1}{b-a} & \text{für } a \leq x \leq b \\ 0 & \text{sonst} \end{cases}$
Verteilungsfunktion	$F_R(x) = \begin{cases} 0 & \text{für } x < a \\ \dfrac{x-a}{b-a} & \text{für } a \leq x \leq b \\ 1 & \text{für } x > b \end{cases}$
Parameter	$a, b \in \mathbb{R}$
Momente	$\mu = E(X) = \dfrac{b+a}{2}$, $\sigma^2 = V(X) = \dfrac{(b-a)^2}{12}$
erzeugende Funktionen	$M_x(t) = \dfrac{e^{bt} - e^{at}}{b-a}$, $\Psi_x(t) = \dfrac{e^{ibt} - e^{iat}}{(b-a)it}$
Bedeutung	Erzeugung von Zufallszahlen; eine Zufallsvariable Z=F(x) wobei X beliebig stetig verteilt sein kann ist R[0,1]-verteilt

Übersicht 6.2: Normalverteilung N(μ, σ^2)

Wahrscheinlichkeits-funktion (Dichte)	$f_N(x) = \dfrac{1}{\sigma\sqrt{2\pi}} \exp\left[-\dfrac{1}{2}\left(\dfrac{x-\mu}{\sigma}\right)^2\right]$ $-\infty < x < +\infty$
Verteilungsfunktion (Tabellierung)	wenn $X \sim N(\mu, \sigma^2)$ dann ist $Z = \dfrac{X-\mu}{\sigma} \sim N(0,1)$ (Standardnormalverteilung). Die Verteilungsfunktion der N(0,1)-Verteilung ist tabelliert (Tab. auf Seite T-2)
Parameter	μ (zugleich E(X)) und σ^2 (zugleich V(X)); $\mu \in \mathbb{R}$, $\sigma > 0$
Momente	$E(X) = \mu$ (zugl. Median, Modus), $V(X) = \sigma^2$, $\gamma = 0$
erzeugende Funktionen	$M_x(t) = \exp\left(\mu t + \dfrac{1}{2}\sigma^2 t^2\right)$, $\Psi_x(t) = \exp\left(i\mu t - \dfrac{1}{2}\sigma^2 t^2\right)$
Bedeutung	Grenzverteilung (asymptotische Verteilung) der Summe (und des Durchschnitts) von ZVn.

Dichtefunktion:

(6.3) $f(z) = \dfrac{1}{\sqrt{2\pi}} e^{-\frac{z^2}{2}}$ $(-\infty < z < \infty)$

Verteilungsfunktion $F(z) = P(Z \leq z)$ und symmetrische Intervallwahrscheinlichkeiten
$\Phi\phi(z) = P(-z \leq Z \leq z)$

Es gilt F(-z) = 1- F(z) und $\Phi(z) = \begin{cases} 2F(z)-1 & (z>0) \\ 1-2F(z) & (z<0) \end{cases}$

Die Tabelle $\Phi(z)$ ist streng genommen überflüssig. Sie kann aber eine Erleichterung der konkreten Berechnung bieten.

Approximation einer diskreten Verteilung durch N(0,1)

Die Zufallsvariable X etwa x = 0, 1, 2, ... werden Intervalle $\left[x-\frac{1}{2}; x+\frac{1}{2}\right]$ zugeordnet und für $a \leq X \leq b$ erhält man bei $E(X) = \mu$, $V(X) = \sigma^2$ die folgenden z-Werte

$$z_a = \frac{a-\mu-\frac{1}{2}}{\sigma} \quad \text{und} \quad z_b = \frac{b-\mu+\frac{1}{2}}{\sigma}$$

Momente

Aus der momenterzeugenden Funktion $M_x(t) = \exp\left(\frac{1}{2}t^2\right) = 1 + \frac{t^2}{2!} + \frac{t^4}{4 \cdot 2!} + \frac{t^6}{8 \cdot 3!} + ...$ folgt,

daß alle ungeraden Momente der Standardnormalverteilung verschwinden $E(X) = E(X^3) = E(X^5) = ... = 0$ und für die geraden Momente gilt

$E(X^k) = (k-1) E(X^{k-2})$ also $E(X^2) = 1$, $E(X^4) = 3$, $E(X^6) = 5 \cdot 3$, $E(X^8) = 7 \cdot 5 \cdot 3$ usw.

3. Exponentialverteilung E(λ) und Verallgemeinerungen der E(λ)-Verteilung

Die Exponentialverteilung E(λ) beschreibt Wartezeiten zwischen Signalen, Ausfällen von Maschinen usw., die einem Poisson-Prozeß folgen. Sie ist das stetige Analogon zur geometrischen Verteilung. Die Summe von E(λ) verteilten Zufallsvariablen ist Erlang-verteilt [EL(n, λ)]. Die Verteilungen E(λ) und EL(n,λ) kann man auch als Spezialfälle der Gamma-Verteilung betrachten (vgl. Übers. 6.4 und 6.10 für Zusammenhänge zwischen der Poissonverteilung und den Verteilungen GV und E einerseits und NB und EL andererseits). Eine andere Verallgemeinerung der E(λ)-Vert. ist die Weibull-Verteilung [W(n, λ)]. Bei bestimmten Annahmen über die Sterbewahrscheinlichkeit bzw. über die Ausfallwahrscheinlichkeit a(t) eines Werkstücks erhält man für die Wahrscheinlichkeit F(t) bis t auszufallen (und damit für die Abgangsordnung 1-F(t) einer Sterbetafel) entweder die E(λ)-Vert. (a(t) als Exponentialfunktion) oder die Weibull-Verteilung. Die W(n, λ)-Vert. sollte nicht verwechselt werden mit der Weibull-Gamma-Verteilung (WG-Vert.). Ein Sonderfall der WG-Vert. ist die Pareto-Verteilung.

Übersicht 6.3: *Exponentialverteilung E(λ)*

Wahrscheinlichkeitsfunktion Dichte	$f_E(x) = \begin{cases} \lambda e^{-\lambda x} & \text{für } x \geq 0 \\ 0 & \text{sonst} \end{cases}$
Verteilungsfunktion	$F(x) = \begin{cases} 1 - e^{-\lambda x} & \text{für } x \geq 0 \\ 0 & \text{sonst} \end{cases}$
Parameter	λ mit $\lambda > 0$
Eigenschaften	nicht reproduktiv → EL-Verteilung
Momente	$\mu = E(X) = \dfrac{1}{\lambda}$, $E(X^r) = \dfrac{r!}{\lambda^r}$, Varianz $\sigma^2 = V(X) = \dfrac{1}{\lambda^2}$ Schiefe $\gamma = 2$, Median $\tilde{\mu} = \dfrac{\ln 2}{\lambda}$
andere Verteilungen	Erlang-Verteilung EL: $E(\lambda) = EL(1,\lambda)$, Spezialfall Gamma-Verteilung $\alpha = 1$, $\beta = 1/\lambda$ Spezialfall der Weibull-Vert. $E(\lambda) = W(1,\lambda)$
erzeugende Funktionen	$M_x(t) = \dfrac{\lambda}{\lambda - t}$, $t < \lambda$, $\Psi_x(t) = \dfrac{\lambda}{\lambda - it}$
Bedeutung	Wartezeiten, Lebensdauer, Abgangsordnung (Sterbetafel)

Übersicht 6.4: *Erlangverteilung EL(n,λ)*

Wahrscheinlichkeitsfunktion (Dichte)	$f(x) = x^{n-1} \lambda^n \dfrac{e^{-\lambda}}{(n-1)!}$ für $x > 0$
Parameter	λ, n (mit $n \in \mathbb{N}$ und $\lambda > 0$)
Momente	Erwartungswert $E(X) = \dfrac{n}{\lambda}$, Varianz $V(X) = \dfrac{n}{\lambda^2}$
andere Verteilungen	Verallgemeinerung der Exponentialverteilung $E(\lambda) = EL(1, \lambda)$, Spezialfall der Gammaverteilung $EL(n,\lambda) = G\left(\alpha = n, \beta = \dfrac{1}{\lambda}\right)$
erzeugende Funktionen $\psi_x(t)$	$\Psi_x(t) = \left(\dfrac{\lambda}{\lambda - it}\right)^n$ d.h. die Summe unabhängig identisch $E(\lambda)$ verteilter Variablen X_1, .., X_n ist EL verteilt
Bedeutung	Wartezeiten, Bedienungstheorie

4. Funktionen von normalverteilten Zufallsvariablen

Eine lineare Transformation einer N(0, 1) verteilten ZV ist ebenfalls normalverteilt. Anders verhält es sich bei nichtlinearen Funktionen einer [Z→X] oder mehrerer [etwa $Z_1^2 + Z_2^2 \to X$] standardnormalverteilter Zufallsvariablen[1]. Einiger solcher Funktionen spielen für die Schätz- und Testtheorie eine große Rolle. Sie werden in diesem Abschnitt behandelt.

a) Die χ^2-Verteilung

> Sind n Zufallsvariablen $Z_1, Z_2, ..., Z_n$ unabhängig identisch standardnormalverteilt, so ist die ZV $X = Z_1^2 + Z_2^2 + ... + Z_n^2 = \sum Z_i^2$ Chi-Quadrat-verteilt mit n "Freiheitsgraden" (d.f. = degrees of freedom) $X \sim \chi_n^2$.

Die χ^2-Verteilung ist stetig, nur für x > 0 definiert, für kleines n linkssteil und sie strebt mit wachsendem n gegen die Normalverteilung mit $\mu = n$ und $\sigma^2 = 2n$. Sie ist reproduktiv (Theorem von Cochran): Sind $X_i \sim \chi_{n_i}^2$, dann ist $\sum X_i \sim \chi_n^2$ (mit $n = \sum n_i$ i = 1, 2, .., m).

Anwendungen

1. Bei Stichproben aus normalverteilter Grundgesamtheit $X_i \sim N(\mu, \sigma^2)$ (i = 1, 2, ..., n) ist

$$\sum_{i=1}^n \left(\frac{X_i - \mu}{\sigma}\right)^2 = \sum Z_i^2 = \frac{1}{\sigma^2} \sum (X_i - \mu)^2 \sim \chi_n^2 .$$

2. Wird μ durch $\bar{x}$ ersetzt, s (i = 1, 2, ..., n) so gilt $\sum \left(\frac{X_i - \bar{x}}{\sigma}\right)^2 \sim \chi_{n-1}^2$.

3. Bei einfacher linearer Regression ist die geschätzte Störgröße $\hat{u}_i = y_i - \hat{y}_i$, i = 1,...,n und $U \sim N(0, \sigma^2)$, so daß gilt, weil zwei Parameter α, β zu schätzen sind (Absolutglied α und Steigung β der Regressionsgerade): $\sum \frac{\hat{u}^2}{\sigma^2} = \frac{1}{\sigma^2} \sum \hat{u}^2 \sim \chi_{n-2}^2$;

und entsprechend bei multipler linearer Regression mit p-1 Regressoren $X_1, X_2, ..., X_{p-1}$ und einem Absolutglied (dummy regressor X_0) $\sum \frac{\hat{u}^2}{\sigma^2} = \frac{1}{\sigma^2} \sum \hat{u}^2 \sim \chi_{n-p}^2$,

während für die wahren Residuen gilt $\sum_{i=1}^n \frac{u_i^2}{\sigma^2} \sim \chi_n^2$.

b) Die t-Verteilung

> Wenn $X \sim N(0, 1)$ und $Y \sim \chi_n^2$ wobei X und Y unabhängig sind, dann ist $t = X / \sqrt{Y/n} \sim t_n$ (t-verteilt mit n Freiheitsgraden).

---

[1] Eine andere nichtlineare Transformation von z ist $x = e^z$ (also $z = \ln(x)$). Vgl. Logarithmische Normalverteilung. Oder: Wenn Z_1 und Z_2 normalverteilt sind $N(0, \sigma^2)$, dann ist $X = Z_1/Z_2$ Cauchy-verteilt $C(\sigma, 0)$.

Die t-Verteilung (Student-Verteilung) ist stetig, hat einen Parameter n (Anzahl der Freiheitsgrade) und hat eine ähnliche Gestalt wie die Normalverteilung mit um so größerer Streuung (wegen des Nenners $\sqrt{Y/n}$), je kleiner n ist. Mit n > 30, zumindest ab n ≈ 40 ist die t-Verteilung durch N(0, 1) bereits gut approximierbar.

Anwendungen

1. Wenn $Z = \dfrac{\overline{X}-\mu}{\dfrac{\sigma}{\sqrt{n}}} \sim N(0, 1)$ dann ist die "quasistandardisierte" Variable

$$Z^* = \dfrac{\overline{X}-\mu}{\dfrac{s}{\sqrt{n-1}}} = \dfrac{\overline{X}-\mu}{\dfrac{\hat{\sigma}}{\sqrt{n}}} \sim t_{n-1} \text{ mit } s^2 = \dfrac{1}{n}\sum(x_i - \overline{x})^2 \text{ und } \hat{\sigma}^2 = \dfrac{1}{n-1}\sum(x_i - \overline{x})^2 .$$

2. Eine entsprechende "Quasistandardisierung" liegt bei der Schätzung eines Regressionskoeffizienten β durch $\hat{\beta} = b$ vor (z.B. bei einfacher Regression) mit $\sigma_b^2 = \sigma^2 / \sum\limits_{i=1}^{n}(x_i - \overline{x})^2$ als Standardabweichung der Stichprobenverteilung (Kap. 7, 8) des Regressionskoeffizienten b (Steigung der Regressionsgeraden).

3. Sind $\overline{x}_1, \overline{x}_2$ und s_1^2, s_2^2 Mittelwerte und Varianzen von Stichproben des Umfangs n_1 und n_2 aus normalverteilten Grundgesamtheiten (mit identisch N(μ, σ²)), dann ist

(6.4) $\qquad t = \dfrac{\overline{x}_1 - \overline{x}_2}{\sqrt{\dfrac{n_1 s_1^2 + n_2 s_2^2}{n_1 + n_2 - 2}\left(\dfrac{1}{n_1} + \dfrac{1}{n_2}\right)}} \sim t_{n_1+n_2-2}$ (vgl. Gl. 9.16)

c) Die F-Verteilung

Sind $X \sim \chi_m^2$ und $Y \sim \chi_n^2$ unabhängig verteilt, so ist die Zufallsvariable $F = (X/m)/(Y/n)$ F-verteilt mit m und n Freiheitsgraden.

Die F-Verteilung ist eine stetige Verteilung mit zwei Parametern m und n und sie ist wichtig für den Test auf Gleichheit zweier Varianzen und zum Testen von Korrelations- und Regressionskoeffizienten sowie für die Varianzanalyse.

Anwendungen

1. Sind die Zufallsvariablen X_1 und X_2 unabhängig normalverteilt $N(\mu_i, \sigma^2)$ (i = 1, 2), so ist der Quotient der Stichprobenvarianzen (mit den Mittelwerten $\overline{x}_1$ und $\overline{x}_2$ und den Stichprobenumfängen $n_1 = m + 1$ und $n_2 = n + 1$)

$$\dfrac{\hat{\sigma}_1^2}{\hat{\sigma}_2^2} = \dfrac{n_1 s_1^2}{n_2 s_2^2} \cdot \dfrac{n_2 - 1}{n_1 - 1} \sim F_{m,n} \qquad (\text{mit } s_1^2 > s_2^2) .$$

2. In einer linearen Regression mit p Regressoren (Absolutglied mitgezählt) wenn der Regressionskoeffizient β durch b geschätzt wird, ist

$t = \dfrac{b - \beta}{\sigma_b} \sim t_{n-p}$ (mit σ_b als Standardabweichung der Stichprobenverteilung von $b = \hat{\beta}$, in Abhängigkeit von σ^2, der wahren Varianz der Störgröße), dann ist $t^2 \sim F_{p,\,n-p}$, wenn in σ_b die Varianz σ^2 ersetzt ist durch $\hat{\sigma}^2 = \sum \hat{u}^2 / (n - p)$ (Varianzschätzer).

Ist $X \sim F(m,n)$ dann ist $Z = \dfrac{\alpha X}{\beta(1-X)} \sim B_1(\alpha, \beta)$ (Beta-Verteilung 1. Art) mit $\alpha = \dfrac{m}{2}$ und $\beta = \dfrac{n}{2}$.

Übersicht 6.5: χ^2-Verteilung $\left(\chi_n^2\right)$

Wahrscheinlichkeits-funktion (Dichtefunktion) $x > 0$	$f(x) = \begin{cases} \dfrac{1}{2^m \Gamma(m)} X^{m-1} e^{-\frac{x}{2}} & \text{für } x > 0 \\ 0 & \text{für } x \leq 0 \end{cases}$ bei $m = n/2$ und $\Gamma(p)$, $p > 0$ die Gammafunktion (vgl. Kap.2)
Parameter	n = Anzahl der Freiheitsgrade, $n \in \mathbb{N}$
Momente	$E(X) = \mu = n \quad V(X) = \sigma^2 = 2n \quad \gamma = \dfrac{2\sqrt{2}}{\sqrt{n}}$ (linkssteil) $E(X^k) = 2^k \left[\dfrac{\Gamma\!\left(k + \dfrac{n}{2}\right)}{\Gamma\!\left(\dfrac{n}{2}\right)} \right]$
Modus:	n − 2 wenn n > 2
andere Verteilungen	Spezialfall: Gamma-Verteilung $G(\alpha, \beta) = G\left(\dfrac{n}{2}, 2\right)$ Grenzübergang: $N(n, 2n)$
erzeugende Funktionen	$\Psi_x(t) = (1 - 2it)^{-\frac{n}{2}}$
Bedeutung	Konfidenzintervall und Test von Varianzen, Regressions- und Korrelationsanalyse, Anpassungs- und Unabhängigkeitstests
Reproduktivität	wenn $X_1, X_2, \sim \chi^2_{n_i}$ dann $\sum X_i \sim \chi_n^2$ mit $n = \sum n_i$

Übersicht 6.6: t-Verteilung (t_n)

Wahrscheinlichkeits-funktion (Dichtefunktion) $-\infty > x < +\infty$	$f(x) = \dfrac{\Gamma\left(\dfrac{n+1}{2}\right)}{\sqrt{n\pi}\ \Gamma\left(\dfrac{n}{2}\right)} \cdot \left(1 + \dfrac{x^2}{n}\right)^{-\dfrac{(n+1)}{2}}$
Parameter	n = Anzahl der Freiheitsgrade, $n \in \mathbb{N}$
Momente	E(X) = 0 (alle ungeraden Momente: 0) wenn $n \geq 2$ $V(X) = \dfrac{n}{n-2}$ wenn $n \geq 3$; $\gamma = 0$ (symmetrisch) , wenn $n \geq 4$ $E(X^k) = \dfrac{(2k-1)!!\ (n-2k-2)!!}{(n-2)!!}$ (gerade Anfangsmomente; $2k \leq n-1$), Modus: n - 2 wenn n > 2
andere Verteilungen	bei n = 1 Cauchy-Verteilung mit $n \to \infty$ Übergang zu N (0, 1)
Bedeutung	Konfidenzintervalle und Tests bei Mittel- und Anteilswerten sowie bei Regressionskoeffizienten

Übersicht 6.7: F-Verteilung F (m, n)

Wahrscheinlichkeitsfunktion (Dichtefunktion) $x > 0$	$f(x) = \dfrac{\Gamma\left(\dfrac{m+n}{2}\right)\left(\dfrac{m}{n}\right)^{\dfrac{m}{2}} x^{\dfrac{m}{2}-1}}{\Gamma\left(\dfrac{m}{2}\right)\Gamma\left(\dfrac{n}{2}\right)\left(1 + \dfrac{m}{n}x\right)^{\dfrac{(m+n)}{2}}}$
Momente	$E(X) = \dfrac{n}{n-2}$ (wenn n > 2) $V(X) = \dfrac{2n^2(m+n-2)}{m(n-2)^2(n-4)}$ (wenn n > 4) $E(X^k) = \dfrac{\Gamma\left(\dfrac{m}{2}-k\right)\Gamma\left(\dfrac{n}{2}-k\right)}{\Gamma\left(\dfrac{m}{2}\right)\Gamma\left(\dfrac{n}{2}\right)}$
Modus	$\dfrac{n(m-2)}{m(n+2)}$ (wenn $m \geq 2$)
Grenzübergänge	$n \to \infty$ dann $F \to \chi^2_m$
Bedeutung	Vergleich von Varianzen, Linearitätstest bei Regressionsanalyse, Varianz- und Kovarianzanalyse

Übersicht 6.8: Zusammenhänge zwischen χ^2, t und F-Verteilung und Anwendungen der Verteilungen

a) Zusammenhänge

wenn	dann ist	mit den Parametern	verteilt
$F \sim F_{m,n}$	$\sqrt{F}$	m = n = 1	C (1,0)*)
		m = 1	t_n
		m = 1, n → ∞	N (0, 1)
	F	n → ∞	χ^2_m
$t \sim t_n$	t^2	m = 1	F (1, n)
	t	n → ∞	N (0, 1)

*) Cauchy-Verteilung

b) Anwendung der Verteilungen bei Konfidenzintervallen und Tests

Substitution einer Varianz σ^2 durch die Stichprobenvarianz $\hat{\sigma}^2$ bedeutet:

	wenn die ZV mit σ^2	dann ist die ZV mit $\hat{\sigma}^2$	Anwendung: Test und Konfidenzintervalle für
1.	normalverteilt ist	t-verteilt	einen Parameter
2.	C^2-verteilt ist*)	F-verteilt	mehrere Parameter**)

*) Ist $X \sim \chi^2_n$ dann ist X/n ~ C^2 verteilt (modifizierte χ^2-Verteilung).
**) Anwendung von Nr. 2 auch: Konfidenzellipse bei linearer Regression. Die Verteilungen in Spalte 1 sind Spezialfälle der Verteilungen von Spalte 2:
wenn n → ∞ dann t_n → N (0, 1); wenn n → ∞ dann $F_{m,n} \to C^2_m$

5. Modelle für Einkommensverteilungen

In diesem Abschnitt werden zwei Verteilungen für nichtnegative ZVn (also X > 0) dargestellt, die zwar formal kaum in Beziehung zueinanderstehen, aber für Ökonomen (u.a. als Modelle für die Einkommensverteilung) von Interesse sind.

a) Logarithmische Normalverteilung L(μ, σ^2)

Sie spielt für Ökonomen eine wichtige Rolle als Modell für die Einkommensverteilung. Ist die Summe von Einflußgrößen asymptotisch normalverteilt, so gilt dies bei der L-Verteilung für ein Produkt. Die L-Verteilung ist stets linkssteil und zwar um so mehr, je größer σ^2 ist. Ist X (etwa das Einkommen) L(μ,σ^2) verteilt, dann ist Ginis Dispersionsmaß die Fläche unter der Standardnormalverteilung im Intervall $\left[-\frac{\sigma}{\sqrt{2}} \leq x \leq +\frac{\sigma}{\sqrt{2}}\right]$.

b) Pareto-Verteilung

$$f(x) = \begin{cases} \frac{a}{b}\left(\frac{b}{x}\right)^{a+1} & \text{für } x \geq b \ (a > 0, 0 < b < x) \\ 0 & \text{sonst} \end{cases} \quad \text{(streng monoton fallend)}$$

$$F(x) = 1 - \left(\frac{b}{x}\right)^a, \quad \mu = E(X) = b\frac{a}{a-1}, \quad V(X) = \frac{ab^2}{(a-2)(a-1)^2}$$

Median $\tilde{\mu} = b \cdot (0,5)^{-\frac{1}{a}}$ also $\tilde{\mu} < b < \mu$.

<u>Übersicht 6.9:</u> *Logarithmische Normalverteilung L(μ, σ^2)*

Wahrscheinlichkeits-funktion, (Dichte) für x > 0	$f_L(x) = \dfrac{1}{\sqrt{2\pi}\sigma x} \exp\left[-\dfrac{1}{2}\left(\dfrac{\ln x - \mu}{\sigma}\right)^2\right]$
Parameter	$\mu \in \mathbb{R}, \sigma > 0$
(Zusammenhang mit N(μ, σ^2)-verteilung	wenn $\ln X = Y \sim N(\mu_y, \sigma_y^2)$ dann $X \sim L(\mu_x, \sigma_x^2)$
Reproduktivität	wenn $X_1 \sim L(\mu_1, \sigma_1^2)$ und $X_2 \sim L(\mu_2, \sigma_2^2)$ dann $X_1 \cdot X_2 \sim L(\mu_1 + \mu_2, \sigma_1^2 + \sigma_2^2)$ und $\dfrac{X_1}{X_2} \sim L(\mu_1 - \mu_2; \sigma_1^2 + \sigma_2^2)$
Momente	$\mu = E(X) = \exp\left(\mu + \dfrac{\sigma^2}{2}\right)$ $\quad E(X^r) = \exp\left(r\mu + \dfrac{1}{2}r^2\sigma^2\right)$ $\sigma^2 = V(X) = \exp[2\mu + \sigma^2(S-1)]$ mit $S = e^{\sigma^2}$, $\gamma = \sqrt{S-1}(S+2)$ Median $\tilde{\mu} = \exp(\mu)$, Modus $\exp(\mu - \sigma^2)$
Bedeutung	Einkommensverteilung, Disparitätsmessung, Lebensdauer, Festigkeit

6. Die Exponentialfamilie von Verteilungen und Zusammenhänge zwischen stetigen Verteilungen

Eine umfangreiche Klasse von diskreten und stetigen Verteilungen,

(6.5) $\quad f(x|\theta) = A(\theta)\, p(x)\, \exp\left[B(\theta) \cdot q(x)\right]$

die bei entsprechender Spezifizierung der Funktionen A, B, p, q wichtige Wahrscheinlichkeitsverteilungen als Spezialfälle enthält, heißt Exponentialfamilie.

Spezialfälle (Beispiele)

a) diskret

Binomialverteilung $\quad A(\theta) = (1-\pi)^n$, $\quad p(x) = \binom{n}{x}$,

$$B(\theta) = \ln\left[\dfrac{\pi}{(1-\pi)}\right], \quad q(x) = x$$

ferner: Zweipunkt-, Poisson-, geometrische-, negative Binomialverteilung

b) stetig

Exponentialverteilung $A(\theta) = \lambda$, $p(x) = 1$, $B(\theta) = -\lambda$, $q(x) = x$

ferner: $N(\mu, \sigma^2)$, $N(0, 1)$, Gamma-[$G(\alpha, \beta)$], B_1-, B_2-, χ^2-, Rayleigh- und Maxwell-Verteilung als Spezialfälle zur G-, B_1- und Cauchy-Verteilung [$C(\lambda, \mu)$].

7. Bivariate Normalverteilung $N_2(\mu, \Sigma)$

Der Zufallsvektor $\mathbf{x}' = [X_1\ X_2]$ besitzt eine N_2-Vert. wenn die Dichtefunktion lautet

(6.6) $\quad f_{N_2}(\mathbf{x}) = \left[(2\pi)|\Sigma|^{\frac{1}{2}}\right]^{-1} \exp\left[-\frac{1}{2}(\mathbf{x} - \mu)' \Sigma^{-1}(\mathbf{x} - \mu)\right]$

mit $\mu' = [\mu_1, \mu_2]$ und Σ als Varianz-Kovarianzmatrix $\Sigma = \begin{bmatrix} \sigma_1^2 & \sigma_{12} \\ \sigma_{12} & \sigma_2^2 \end{bmatrix}$. Mit standardisierten

Variablen $Z_i = \dfrac{X_i - \mu_i}{\sigma_i}$ und der Korrelationsmatrix $\mathbf{R} = \begin{bmatrix} 1 & \rho \\ \rho & 1 \end{bmatrix}$

(ρ = Korrelationskoeffizient) erhält man

(6.7) $\quad f_{N_2}(\mathbf{z}) = (2\pi)^{-1} |R|^{-\frac{1}{2}} \exp\left(-\frac{1}{2} \mathbf{z}' R^{-1} \mathbf{z}\right)$

Horizontale (parallel zur x_1, x_2- Ebene) Schnitte $f(x) = \text{const} = c$ durch die Dichte sind Ellipsen im x_1, x_2- Koordinatensystem $z_1^2 - 2\rho z_1 z_2 + z_2^2 = c$ und im Grenzfall $\rho = 0$ Kreise. Für die Regressionslinien $E(X_2 | X_1)$ in Abhängigkeit von X_1 [und $E(X_1|X_2)$ von X_2] erhält man Geraden (die Regressionsgeraden)

$E(X_2|X_1 = x_1) = \mu_2 + \rho \dfrac{\sigma_2}{\sigma_1}(x_1 - \mu_1)$ und $E(X_1|X_2 = x_2)$ analog .

Die momenterzeugende Funktion von N_2 ist

$M_\mathbf{x}(t_1, t_2) = \exp\left[\mu_1 t_1 + \mu_2 t_2 + \frac{1}{2}\left(\sigma_1^2 t_1^2 + 2\sigma_{12} t_1 t_2 + \sigma_2^2 t_2^2\right)\right]$

Wie die Gestalt von $M(0, t_2)$ und $M(t_1, 0)$ zeigt sind die Randverteilungen von N_2 wieder Normalverteilungen. Die Momente der Randverteilungen erhält man durch mehrmaliges Differenzieren nach t_1 bzw. nach t_2. Das Produktmoment $E(X_1 X_2)$ erhält man mit der Ableitung $\dfrac{\partial^2 M(t_1, t_2)}{\partial t_1 \partial t_2}$ an der Stelle $t_1 = t_2 = 0$.

Übersicht 6.10: Zusammenhänge zwischen eindimensionalen stetigen Verteilungen

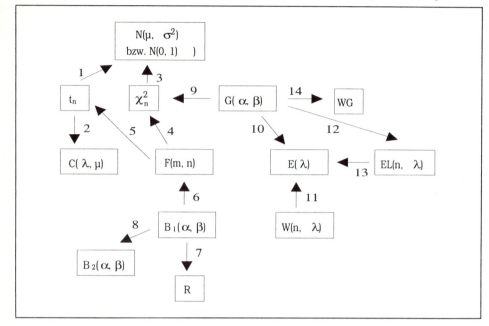

Verteilungen

$B_1(\alpha, \beta)$	Beta Verteilung 1. Art	$N(\mu, \sigma^2)$	Normalverteilung
B_2	Beta Verteilung 2.Art	R	Rechteckverteilung ($0 \le x \le 1$)
$C(\lambda, \mu)$	Cauchy Verteilung	t_n	t - Verteilung
$E(\lambda)$	Exponentialverteilung	$W(n, \lambda)$	Weibullverteilung
$EL(n, \lambda)$	Erlangverteilung	WG	Weibull-Gamma-Verteilung
$F(m, n)$	F-Verteilung	χ_n^2	χ^2-Verteilung
$G(\alpha, \beta)$	Gamma - Verteilung		

Übergänge bzw. Spezifizierung von Parameter und Transformationen ($x \to y$)

1. $n \to \infty$	8. $y = \dfrac{x}{1+x}$
2. $n = 1, \lambda = 1, \mu = 0$ also $C(1, 0) = t_1$	
3. $n = 1, Y = +\sqrt{X}$ ist $X^2 \sim \chi_1^2$ dann $Y = X \sim N(0, 1)$	9. $\alpha = \dfrac{n}{2}, \beta = 2$
4. ist $X \sim F(m, n)$ dann $Y = \dfrac{X}{m} \sim \chi_m^2$ $n \to \infty$	10. $\alpha = 1, \beta = \dfrac{1}{\lambda}$
5. wenn $t^2 \sim F(1, n)$ dann $t \sim t_n$	11. $n = 1$
6. $\alpha = \dfrac{m}{2}, \beta = \dfrac{n}{2}, y = \dfrac{x}{1-x}\dfrac{n}{m}$ $X \sim B_1(\alpha, \beta)$ dann $Y \sim F(m, n)$	12. $\alpha = n, \beta = \dfrac{1}{\lambda}$
	13. $n = 1$
7. $\alpha = \beta = 1$	14. Übergang Weibull-Gamma-Vert.; ein Spezialfall von WG ist die Pareto-Verteilung

Kapitel 7: Grenzwertsätze, Stichprobenverteilung

1.	Stochastische Konvergenz und Konvergenz von Verteilungen	7-1
2.	Stichproben und Schätzproblem, Stichprobenverteilung	7-3
3.	Abschätzungen von Wahrscheinlichkeiten	7-5
4.	Gesetze der großen Zahlen	7-6
5.	Grenzwertsätze	7-8

1. Stochastische Konvergenz und Konvergenz von Verteilungen

a) Konvergenzbegriffe und Grenzwertsätze

- *Nichtstochastische Konzepte*

    1. Man sagt eine von n abhängige <u>Zahlenfolge</u> $\{z_1, z_2, ..., z_n\}$ konvergiere gegen einen festen Wert c, wenn gilt: $\lim_{n \to \infty} z_n = c$.

    2. Eine <u>Folge von Funktionen</u> $\{f_1(x), f_2(x), ..., f_n(x)\}$ mit dem gemeinsamen Definitionsbereich D ($x \in D$) konvergiert gegen eine Grenzfunktion f(x), wenn gilt $\lim_{n \to \infty} f_n(x) = f(x)$.

       (Man unterscheidet gleichmäßige und punktweise Konvergenz).

- *Stochastische Konzepte*

    Diese Konzepte für nicht zufällige Größen bzw. Funktionen werden übertragen auf die Wahrscheinlichkeit bzw. Wahrscheinlichkeitsverteilung zufälliger Größen. Die sog. <u>Gesetze der großen Zahl</u> beziehen sich auf die stochastische Konvergenz (Def. 7.1), die man als Spezialfall der Konvergenz von Verteilungen (Def. 7.2) auffassen kann (Konvergenz gegen eine Einpunktverteilung). Konvergenz im zweiten Sinne ist Gegenstand von <u>Grenzwertsätzen</u>. In lokalen Grenzwertsätzen wird die Grenzwertverteilung f(x) von diskreten Wahrscheinlichkeitsfunktion bzw. Dichtefunktion und in <u>globalen</u> Sätzen die Konvergenz von Verteilungsfunktionen nach F(x), der Grenzwertverteilungsfunktion (asymptotische Verteilungsfunktion), untersucht.

b) Stochastische Konvergenz

Def. 7.1: Stochastische Konvergenz

Eine vom Parameter n abhängende Zufallsgröße X_n strebt für $n \to \infty$ stochastisch gegen eine Konstante c, wenn für jedes beliebige $\varepsilon > 0$ gilt [man sagt auch: X_n konvergiert "mit (oder: "in der") Wahrscheinlichkeit" gegen c]:

(7.1) $\quad \lim_{n \to \infty} P\left(|X_n - c| < \varepsilon\right) = 1$

oder: $\quad$ plim $X_n = c$ (d.h. der **"Wahrscheinlichkeitslimes"** von X_n ist c).

Bemerkungen zu Def. 7.1:

1. Gl. 7.1 besagt:
   die Wahrscheinlichkeit dafür, daß X_n in einer ε-Umgebung um c liegt strebt gegen 1,
   nicht aber:
   die Größe X_n strebt gegen den festen (nicht von n abhängigen) Wert c.

2. Man kann auch c = 0 setzen und erhält mit

   $$(7.2) \quad \lim_{n \to \infty} P\left(|X_n| \geq \varepsilon\right) = 0$$

   die Aussage: X_n konvergiert stochastisch gegen Null.

   Zwei Folgerungen:

   1) Eine Folge $\{X_n\}$ von Zufallsvariablen strebt gegen eine Grenz-Zufallsvariable X oder Konstante c (Gl. 7.1), wenn die Folge $\{X_n - X\}$ oder $\{X_n - c\}$ stochastisch gegen Null konvergiert.
   2) Gl. 7.2 gilt dann und nur dann, wenn die Folge $F_n(x)$ der Verteilungsfunktion von X_n im gewöhnlichen Sinne gegen die Verteilungsfunktion der Einpunktverteilung

   $$F(x) = \begin{cases} 0 & \text{für } x < 0 \\ 1 & \text{für } x > 0 \end{cases}$$

   in jeder Stetigkeitsstelle von F(x) (alle Werte $x \neq 0$) konvergiert.

3. Eine stärkere Forderung als die stochastische Konvergenz (Konvergenz mit Wahrscheinlichkeit) ist die Konvergenz im Mittel (vgl. Def. 7.4).

c) Konvergenz von Verteilungsfunktionen

Def. 7.2: Konvergenz von Verteilungsfunktionen

Die Folge der Verteilungsfunktionen $F_n(x)$ einer Folge von Zufallsvariablen X_n heißt konvergent, wenn eine Verteilungsfunktion F(x), die Grenzverteilungsfunktion, existiert, so daß für jede Stetigkeitsstelle von F(x) gilt:

$$(7.3) \quad \lim_{n \to \infty} F_n(x) = F(x)$$

Bemerkungen zu Def. 7.2:

1. Es kann vorkommen, daß eine Folge von Verteilungsfunktionen gegen eine Funktion konvergiert, die keine Verteilungsfunktion ist.
2. Man beachte, daß hier Konvergenz im üblichen (nichtstochastischen) Sinne (punktweise Konvergenz einer Folge von Funktionen [s. o.]) gemeint ist, nicht stochastische Konvergenz.
3. Im allgemeinen folgt aus der Konvergenz von Verteilungsfunktionen $F_n(x)$ nicht, daß auch ein lokaler Grenzwertsatz gilt, d.h. die Wahrscheinlichkeits-, bzw. Dichtefunktionen $f_n(x)$ konvergieren.
4. Konvergiert $F_n(x)$ gegen F(x) und sind a, b (a < b) zwei beliebige Stetigkeitspunkte der Grenzverteilung F(x) dann gilt

   $$(7.4) \quad \lim_{n \to \infty} P\left(a \leq X_n \leq b\right) = F(b) - F(a)$$

Übersicht 7.1: **Grenzwertsätze und Gesetz der großen Zahlen**

```
                    Übersicht zu Kapitel 7
                   /                      \
        Gesetz der großen Zahlen      Grenzwertsätze
```

Konvergenzbegriff	stochastische Konvergenz	Konvergenz von Verteilungen
vgl. Definition	Def. 7.1	Def. 7.2
Bedeutung	Punktschätzung, Konvergenz einer Schätzfunktion	(asymptotische) Stichprobenverteilung
vgl. Definition	Def. 7.4	Def. 7.5

	homograd	heterograd
Grundgesamtheit	Zweipunktverteilung $E(X_i) = \pi$, $V(X_i) = \pi(1-\pi)$ $\forall i$	X diskret oder stetig; beliebig verteilt mit $E(X_i) = \mu$, $V(X_i) = \sigma^2$ $\forall i$
Stichprobe	$X_1, X_2, ..., X_n$ also n unabhängige*) Zufallsvariablen aus identischen Grundgesamtheiten; nach Ziehung der Stichprobe Realisationen $x_1, x_2, ..., x_n$	
Kennzahlen einer Stichprobe vom Umfang n	$X = \Sigma X_i$ **Anzahl** der Erfolge $P = \frac{1}{n} X$ **Anteil** der Erfolge	$Y = \Sigma X_i$ Merkmalssumme $\overline{X} = \frac{1}{n}\Sigma X_i$ Mittelwert
(schwaches) Gesetz der großen Zahl(en)	Theorem von **Bernoulli** $\text{plim}(P) = \pi$	Satz von **Ljapunoff** $\text{plim}(\overline{X}) = \mu$
Grenzwertsätze (Aussagen über Grenzverteilungen) a) lokal $f_n(x) \to f(x)$	a) die Wahrscheinlichkeitsvert. von X (Binomialverteilung) bzw. P (relat. Binomialvert.) strebt gegen die Normalvert. **(de Moivre-Laplace)**.	a) asymptotische Verteilung von Y und $\overline{X}$ ist jeweils die Normalvert. $Y \sim N(n\mu, n\sigma^2)$ $\overline{X} \sim N\left(\mu, \frac{\sigma^2}{n}\right)$
b) global $F_n(x) \to F(x)$	b) das gilt auch für die Verteilungsfunktion F(z), F(p)	b) als globaler Grenzwertsatz: Satz von **Lindeberg-Lévy** **)

*) Diese Annahme kann auch gelockert werden (Normalverteilung auch Grenzverteilung bei abhängigen ZVn, vgl. Satz von Markoff).
) Verallgemeinerung (nicht identische Verteilungen): **Zentraler Grenzwertsatz von **Ljapunoff**

2. Stichproben und Schätzproblem, Stichprobenverteilung

Im Zusammenhang mit Stichproben (Def. 7.3) tritt das Problem auf, "Parameter" der (unbekannten) Grundgesamtheit (GG) mit Hilfe von beobachteten Werten einer Stichprobe (genauer: einer Funktion dieser Werte, der "Schätzfunktion", Def. 7.4) zu schätzen.

Def. 7.3: Stichprobe

1. Eine durch Zufallsauswahl genommene endliche Menge von Beobachtungswerten x_1, x_2, ..., x_n aus einer endlichen oder unendlichen Grundgesamtheit heißt Stichprobe. Die Zahl n ist der Stichprobenumfang. Die Grundgesamtheit hat, wenn sie endlich ist, N Elemente (den Umfang N).
2. Hat jedes Element einer endlichen Grundgesamtheit die gleiche a priori (vor Ziehung der Stichprobe) bekannte von Null verschiedene Wahrscheinlichkeit in die Stichprobe zu gelangen, so spricht man von uneingeschränkter Zufallsauswahl.
3. Erfolgen die Ziehungen der n Einheiten im Rahmen einer uneingeschränkten (reinen) Zufallsauswahl unabhängig voneinander, so spricht man von einer einfachen Stichprobe.

Bei einer einfachen Stichprobe geht man davon aus, daß jeder Stichprobenwert x_i (i = 1,2,...,) die Realisation einer Zufallsvariable X_i ist, wobei alle Zufallsvariablen X_1, X_2, ..., X_n identisch verteilt sind. In diesem Fall sind die ZVn auch unabhängig identisch verteilt (independently, identically distributed [i.i.d.]), so daß die gemeinsame Verteilungsfunktion $F_G(x_1, x_2, ..., x_n)$ als Produkt $F_1(x_1) F_2(x_2) ... F_n(x_n)$ darstellbar ist.

Def. 7.4: Schätzwert, Schätzfunktion, Mean Square Error

1. Bestimmte kennzeichnende Größen, etwa das arithmetische Mittel, die Varianz, der Anteilswert einer Grundgesamtheit werden Parameter (θ) genannt. Sie sind i.d.R. Funktionen der Zufallsvariablen X_1, X_2, ..., X_N (bei endlicher Grundgesamtheit).
2. Eine Funktion der Stichprobenwerte, wie $\hat{\theta} = g(X_1, X_2, ..., X_n)$, die **vor** Ziehung der Stichprobe eine Zufallsvariable ist, heißt Schätzfunktion (engl. estimator oder statistic) oder Stichprobenfunktion. Ein konkreter Funktionswert $\hat{\theta} = g(x_1, x_2, ..., x_n)$ (**nach** Ziehung der Stichprobe errechnet) heißt Schätzwert. $\hat{\theta}$ dient der Schätzung von θ.
3. Die Größe

$$(7.5) \quad MSE = E[(\hat{\theta} - \theta)^2]$$

heißt mean square error oder mittlerer quadratischer Fehler.

Bemerkungen zu Def. 7.4:

1. Unter den Parametern und den hierzu korrespondierenden Schätzfunktionen spielen vor allem zwei lineare Funktionen eine besondere Rolle, nämlich:
   a) bei einer metrisch skalierten Zufallsvariable $\theta_1 = \mu$, der Mittelwert (bei einer endlichen Grundgesamtheit) bzw. der Erwartungswert (bei einer Wahrscheinlichkeitsverteilung) und
   b) bei dichotomen (zweipunktverteilten) Variablen $\theta_2 = \pi$, der Anteil der Erfolge (bei endlicher Grundgesamtheit) bzw. die Wahrscheinlichkeit eines Erfolges.
   Man spricht im ersten Fall von heterograder, im zweiten von homograder Theorie (vgl. Übers. 7.1).
2. Der MSE läßt sich wie folgt zerlegen (Varianzzerlegung):

$$(7.5a) \quad MSE = E[\{\hat{\theta} - E(\hat{\theta})\}^2] + [E(\hat{\theta}) - \theta]^2 = V(\hat{\theta}) + [B(\hat{\theta})]^2$$

3. Daraus folgt: Der MSE ist genau dann Null, wenn **Varianz** $V(\hat{\theta})$ und **Bias** $B(\hat{\theta})$ Null sind. Die "Verzerrung" $B(\hat{\theta})$ ist Null, wenn $E(\hat{\theta}) = \theta$, also $\hat{\theta}$ ein <u>erwartungstreuer</u> (unverzerrter, biasfreier) Schätzer für θ ist.

4. Da $\hat{\theta}$ als Stichprobenfunktion vom Umfang n der Stichprobe abhängig ist, kann man auch $\hat{\theta} = \hat{\theta}_n$ schreiben. Mit

(7.6) $$\lim_{n\to\infty} E|\hat{\theta}_n - \theta|^2 = \lim_{n\to\infty} \{\theta - E(\hat{\theta}_n)\}^2 = 0$$

ist die <u>Konvergenz im Mittel</u> (Konvergenz im quadratischen Mittel) der Zufallsvariable $\hat{\theta}_n$ gegen die ZV oder Konstante θ definiert. Sie impliziert Konvergenz mit Wahrscheinlichkeit (stochastische Konvergenz), aber nicht umgekehrt. Es ist üblich, die Standardabweichung $\sqrt{MSE}$ als <u>Stichprobenfehler</u> zu bezeichnen (vgl. Abschn. 8.2).

Def. 7.5: Stichprobenverteilung

Die Verteilung $f(\hat{\theta})$ der Zufallsvariable $\hat{\theta}$ als Schätzfunktion $\hat{\theta}$ für θ heißt Stichprobenverteilung von $\hat{\theta}$.

<u>Erklärung zu Def. 7.5:</u>
Aus einer endlichen GG des Umfangs N sind $\binom{N}{n}$ verschiedene Stichproben des Umfangs n <u>ohne</u> Zurücklegen zu ziehen, die bei uneingeschränkter Zufallsauswahl alle gleich wahrscheinlich sind[*]. Jede dieser Stichproben liefert eine Häufigkeitsverteilung des Merkmals X und z.B. ein arithmetisches Mittel $\bar{x}$. Auch für die endliche, bzw. unendliche Grundgesamtheit gibt es eine Häufigkeits-, bzw. Wahrscheinlichkeitsverteilung von X mit dem Mittelwert bzw. Erwartungswert μ.

Die Wahrscheinlichkeitsverteilung aller $\binom{N}{n}$ Stichprobenmittelwerte $\bar{x}$, die nicht notwendig alle verschiedene Werte annehmen müssen, ist die Stichprobenverteilung des arithmetischen Mittels.

3. Abschätzungen von Wahrscheinlichkeiten

a) Ungleichung von Markoff

Bei nicht negativen Zufallsvariablen X mit einem endlichen Erwartungswert E(X) gilt für jede positive reelle Zahl c

(7.7) $$P(X \geq c) \leq \frac{E(X)}{c}$$

Daraus folgt mit $X = [Y-E(Y)]^2$, der Standardabweichung $\sigma_y = \sigma_x = \sigma$ und $c = (t\sigma)^2$

---

[*] Bei Ziehen mit Zurücklegen gibt es N^n mögliche und damit gleichwahrscheinliche Stichproben, die aber nicht alle verschieden (unterschiedliche Elemente enthaltend) sind.

$$P(X \geq c) = P\{[Y-E(Y)]^2 \geq (t\sigma)^2\} \leq \frac{\sigma^2}{t^2\sigma^2} = \frac{1}{t^2}$$, was äquivalent ist mit Gl.7.8.

b) Tschebyscheffsche Ungleichung[*]

X sei eine Zufallsgröße, c eine gegebene Konstante und $\varepsilon > 0$. Dann ist:

(7.8) $\quad P\{|X-c| \geq \varepsilon\} \leq \dfrac{1}{\varepsilon^2} E(X-c)^2$

wenn über die Verteilung f(x) nur bekannt ist, daß E(X) und die Varianz V(X) endlich sind. Setzt man $c = \mu$, dann ist $E(X-c)^2 = \sigma^2$ und

(7.9) $\quad P\{|X-\mu| \geq \varepsilon\} \leq \dfrac{\sigma^2}{\varepsilon^2}$. Wird schließlich $\varepsilon = t\sigma$ gesetzt, so erhält man

(7.9a) $\quad P\{|X-\mu| \geq t\sigma\} \leq \dfrac{1}{t^2}$ und für die Gegenwahrscheinlichkeit:

(7.10) $\quad P\{|X-\mu| < \varepsilon\} \geq 1 - \dfrac{\sigma^2}{\varepsilon^2}$ und (7.10a) $\quad P\{|X-\mu| \geq t\sigma\}\ 1 - \dfrac{1}{t^2}$

Man kann in der Klasse der Zufallsvariablen, deren Verteilung nicht bekannt ist und deren Momente zweiter Ordnung existieren, keine bessere Abschätzung erzielen.

c) weitere Ungleichungen

1. Satz von Cantelli (einseitige Tschebyscheffsche Ungleichung)

    (7.11) $\quad P(X \geq \mu + t\sigma) = P(x \leq \mu - t\sigma) \leq \dfrac{1}{1+t^2}$

2. Tschebyscheffsche Ungleichung bei zweidimensionaler Zufallsvariable
    Gegeben sei die Zufallsvariable (X,Y) mit den Erwartungswerten μ_x, μ_y und den Standardabweichungen σ_1, σ_2 sowie dem Korrelationskoeffizienten ρ, dann gilt

    (7.12) $\quad P(|X-\mu_x| \geq t\sigma_x$ oder $|Y-\mu_y| \geq t\sigma_y) \leq \dfrac{1}{t^2} - \dfrac{\sqrt{1-\rho^2}}{t^2}$.

4. Gesetze der großen Zahlen

Mehr aus historischen Gründen werden die Gesetze der großen Zahlen oft getrennt von den später gefundenen Grenzwertsätzen (Grenzverteilungssätzen) behandelt, aus denen sie als Folgerungen abgeleitet werden können. Das Gesetz der großen Zahl (oder "der großen Zahlen") in seinen verschiedenen Varianten ist eine Aussage über das Konvergenzverhalten von Summen und Durchschnitten.

a) Konvergenzverhalten von Summen

Erwartungswert und Varianz von (gewogenen) Summen und damit auch von Mittelwerten lassen sich herleiten aus den Sätzen zur Lineartransformation von Zufallsvariablen. Mit $E(X_i) = \mu_i$ und $V(X_i) = \sigma_i^2$ ($i = 1, ..., n$) erhält man für den Erwartungswert der ungewogenen Summe $Y = X_1 + X_2 + ... + X_n$
$E(Y) = \mu_1 + \mu_2 + ... + \mu_n$ und für die Varianz $V(Y) = \sum \sigma_i^2$ bei Unabhängigkeit der ZVn.

---

[*] oder Ungleichung von Bienaymé-Tschebyscheff .

Entsprechend gilt für das arithmetische Mittel $\overline{X} = \frac{1}{n} X$ erhält man $E(\overline{X}) = \frac{\sum \mu_i}{n}$ und bei Unabhängigkeit $V(\overline{X}) = \frac{\sum \sigma_i^2}{n^2}$.

Bei unabhängig <u>identisch</u> verteilten Zufallsvariablen X_i (also $\mu_i = \mu$ und $\sigma_i = \sigma$ für alle i = 1, 2, .., n) gilt dann:

(7.13) $\qquad E(\overline{X}) = \mu \quad$ und $\quad V(\overline{X}) = \frac{\sigma^2}{n}$

Die entsprechenden Formeln für den homograden Fall sind hieraus als Spezialfall zu entwikkeln (Übers. 7.1).

b) Bernoullis Gesetz der großen Zahlen (homograde Theorie)

Die Zufallsvariablen seien identisch unabhängig zweipunktverteilt mit dem Erwartungswert π und der Varianz $\pi(1-\pi)$. Dann strebt bei n wiederholten unabhängigen Versuchen die relative Häufigkeit $P = \frac{X}{n}$ der Erfolge gegen die Wahrscheinlichkeit π wegen Gl. 7.10.:

(7.14) $\qquad P\left\{\left|\frac{X}{n} - \pi\right| < \varepsilon\right\} \geq 1 - \frac{\pi(1-\pi)}{n\varepsilon^2} = 1 - \frac{\sigma^2}{n\varepsilon^2}$.

Man bezeichnet als schwaches[*] Gesetz der großen Zahl (oder <u>Theorem von Bernoulli</u>) die Folgerung

(7.15) $\qquad \lim_{n \to \infty} P\left\{\left|\frac{X}{n} - \pi\right| < \varepsilon\right\} = 1$

bzw. weil X/n die relative Häufigkeit P ist: $plim(P) = \pi$.

Voraussetzungen:

1) Unabhängige Beobachtungen
2) aus identisch verteilten Grundgesamtheiten
3) mit endlichen Momenten μ und σ^2 (in diesem Fall $\mu = \pi$ und $\sigma^2 = \pi(1-\pi)$).

Gilt 1 nicht: Satz von Markoff.
Gilt 2 nicht: Satz von Poisson (unterschiedliche Erwartungswerte $\pi_1, ..., \pi_2$) dann ist

$\qquad plim \frac{X}{n} = \frac{1}{n} \sum \pi_i \quad$ (i = 1, ..., n).

---

[*] Das starke Gesetz (Konvergenz mit Wahrscheinlichkeit 1, "fast sichere Konvergenz"), ist demgegenüber die Aussage

(7.16) $\qquad P\left\{\lim_{n \to \infty}\left(\frac{X}{n} = \pi\right)\right\} = 1$.

c) Satz von Ljapunoff (heterograde Theorie)

Sind $X_1, X_2, \ldots, X_n$ unabhängig identisch verteilte Zufallsvariablen mit $\mu_i = \mu$ und $\sigma_i^2 = \sigma^2$, dann gilt für den Mittelwert der Stichprobe (Stichprobenmittel)

$$\overline{X}_n = \frac{1}{n} \sum_{i=1}^{n} X_i \quad \text{mit } E(\overline{X}) = \mu, \ V(\overline{X}) = \frac{\sigma^2}{n} \quad \text{gem. Gl. 7.13.}$$

Aus der Tschebyscheffschen Ungleichung

(7.10*) $\quad P\{|\overline{X}_n - \mu| < \varepsilon\} \geq 1 - \dfrac{\sigma^2}{n\varepsilon^2}$

folgt dann als Satz von Ljapunoff:

(7.17) $\quad \lim_{n \to \infty} P\{|\overline{X}_n - \mu| < \varepsilon\} = 1$, also also plim($\overline{X}_n$) = μ.

Gl. 7.15 kann man als Spezialfall von 7.17 auffassen. Hinsichtlich der drei Voraussetzungen gelten die Bemerkungen unter b (Theorem von Bernoulli). Aus Gl. 7.17 folgt zwar, daß $\overline{X}$ stochastisch konvergiert gegen μ, man weiß aber nicht bei welchem Stichprobenumfang n das Stichprobenmittel $\overline{x}$ einen genügend guten Näherungswert für μ darstellt. Hierfür liefert die Tschebyscheffsche Ungleichung (Gl. 7.10*) eine großzügige Abschätzung und der Satz von Lindeberg-Lévy (Gl. 7.18) eine wesentlich bessere Abschätzung. Das gilt entsprechend im homograden Fall (Gl. 7.14 und 7.18a).

5. Grenzwertsätze

Bei hinreichend großem n (als Faustregel n > 30) ist die asymptotische Verteilung der Schätzfunktion (vgl. Übersicht 7.1, 7.2, Abb. 7.1 bis 7.3)

- im homograden Fall (Satz von de Moivre-Laplace)
  $X = \Sigma X_i$ (Anzahl der Erfolge, i = 1, 2, .., n)
  $P = Y/n$ (Anteil der Erfolge)

- im heterograden Fall (Satz von Lindeberg-Lévy)
  $Y = \Sigma X_i$ (Merkmalssumme)
  $\overline{X} = Z/n$ (Stichprobenmittelwert)

jeweils eine Normalverteilung (unter den drei Voraussetzungen des Theorems von Bernoulli und ZmZ) mit den in Übersicht 7.2 genannten Parametern. Mit der z-Transformation erhält man entsprechend jeweils eine N(0,1)-verteilte ZV.

Die Normalverteiltheit der Summe Y (auch wenn die X_i nicht normalverteilt sind) läßt sich leicht veranschaulichen am Beispiel der Augenzahl beim Würfeln (vgl. Abb. 7.1 bis 3).

Die Grundgesamtheit (Verteilung von $X_1, X_2, \ldots$ usw. allgemein X_i): ist eine (diskrete) Gleichverteilung vgl. Abb. 7.1. An der Verteilung der Augen**summe** und der durchschnittlichen Augenzahl bei unterschiedlich vielen Würfen ist die asymptotische Normalverteilung schnell zu erkennen (vgl.Abb. 7.2 und 7.3).

Abb. 7.1 bis 7.3: *Veranschaulichung des Grenzwertsatzes von Lindeberg-Lévy*

Abb. 7.1: Verteilung der Grundgesamtheit

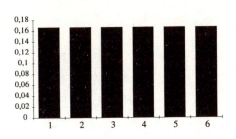

Parameter

n =1 (Grundgesamtheit)

$\mu = 3{,}5 \quad \sigma^2 = 2{,}167$

Abb. 7.2: Augen**summe** bei n = 1, 2, ... mal Würfeln (Darstellung Wahrscheinlichkeitsverteilungen als Polgonzug)

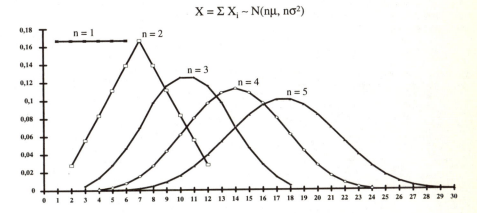

$X = \Sigma X_i \sim N(n\mu, n\sigma^2)$

Abb. 7.3: **Mittlere** Augenzahl $\overline{X}_n$ beim n maligen Werfen eines Würfels. (Wahrscheinlichkeitsverteilungen als Balkendiagramme)

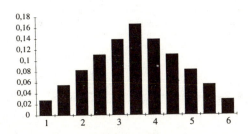

Durchschnittliche Augenzahl beim zweimaligen Werfen eines Würfels

n = 2 $\quad \sigma^2 = 2{,}167/2$

Dreiecksgestalt der Verteilung (Simpson-Verteilung)

Fortsetzung auf der nächsten Seite

noch Abb. 7.3:

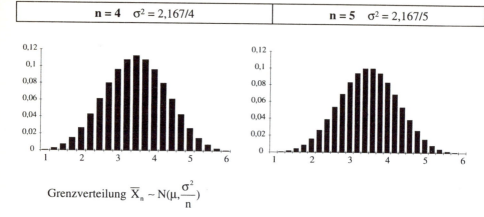

Grenzverteilung $\overline{X}_n \sim N(\mu, \frac{\sigma^2}{n})$

Der Satz von <u>Lindeberg-Lévy</u> setzt unabhängig <u>identische</u> ZV'n voraus, d.h. für alle i = 1, 2, .., n gilt, daß X_i (beliebig) verteilt ist mit Erwartungswert μ und Varianz σ^2. Die ZVn X_i müssen nicht normalverteilt sein (vgl. das Beispiel der Augensumme beim Werfen von n Würfeln [vgl. Abb. 7.1 auf der nächsten Seite]).

Übersicht 7.2: Grenzwertsätze

Problem	homograd (Anzahl X und AnteilP der "Erfolge")
Grenzwertsatz von	de Moivre-Laplace

Schätzfunktion $\hat{\theta}$	Erwartungswert $\mu_{\hat{\theta}}$	Varianz $\sigma^2_{\hat{\theta}}$	N(0,1) verteilt ist*
$X = \Sigma X_i$	$n\pi$	$n\pi(1-\pi)$	$Z = \dfrac{P - \pi}{\sqrt{\dfrac{\pi(1-\pi)}{n}}}$
$P = X/n$	π	$\pi(1-\pi)/n$	

Problem	heterograd (Mittel- und Erwartungswerte)
Grenzwertsatz von	Lindeberg-Lévy

Schätzfunktion $\hat{\theta}$	Erwartungswert $\mu_{\hat{\theta}}$	Varianz $\sigma^2_{\hat{\theta}}$	N(0,1) verteilt ist*
$Y = \Sigma X_i$	$n\mu$	$n\sigma^2$	$Z = \dfrac{\overline{X} - \mu}{\dfrac{\sigma}{\sqrt{n}}}$
$\overline{X} = X/n$	μ	σ^2/n	

* Der Grenzwertsatz bedeutet: die Standardnormalverteilung ist die asymptotische Verteilung (Grenzverteilung) von...

Sind die ZV'en normalverteilt, dann ist für <u>jedes</u> n (nicht erst für n → ∞) die Summe $Y = \Sigma X_i$ bzw. das Mittel $\overline{X}$ normalverteilt, weil die Normalverteilung reproduktiv ist.

Verallgemeinerung ohne die Voraussetzung identischer Verteilungen: **Zentraler Grenzwertsatz (von Ljapunoff)**

> Unter sehr allgemeinen, praktisch immer erfüllten Bedingungen sind Summen und Durchschnitte von unabhängigen ZVn für große n angenähert normalverteilt.

Bedeutung der Grenzwertsätze

Bei kleinem N und n kann man die exakte Stichprobenverteilung einer Schätzfunktion (wie $\overline{X}$ oder S^2 usw.) durch Auflisten aller möglichen Stichproben gewinnen. Die Anzahl möglicher Stichproben ist jedoch schnell enorm und die N Elemente der Grundgesamtheit sind i.d.R. nicht bekannt, so daß dieser Weg in der Praxis nicht gangbar ist. Durch die Grenzwertsätze ist jedoch die Gestalt der Stichprobenverteilung asymptotisch zumindest dann bekannt, wenn n hinreichend groß ist. Das rechtfertigt insbesondere die Benutzung der Normalverteilung in Kap. 8 und 9.

Kapitel 8: Schätztheorie

1. Einführung in die schließende Statistik (Induktive Statistik)	8-1
2. Punktschätzung	8-4
3. Intervallschätzung: Mittel- und Anteilswerte, eine Stichprobe	8-9
4. Intervallschätzung: andere Stichprobenfunktionen, eine Stichprobe	8-12
5. Intervallschätzung: Differenz von Mittel- und Anteilswerten, zwei Stichproben	8-13
6. Weitere Intervallschätzungsprobleme	8-14

Gegenstand der Induktiven Statistik sind Schlüsse von den mit einer Stichprobe gegebenen Daten auf die der Stichprobe zugrundeliegende Grundgesamtheit. Deshalb ist einführend die Art des Schließens und die Besonderheit der Stichprobe als Teilerhebung darzustellen. Vom praktischen Standpunkt gesehen sind die Kapitel 8 ff. das eigentliche Ziel der Beschäftigung mit Statistik II, und die Kapitel 1 bis 7 haben demgegenüber einen einführenden, theoretisch fundierenden Charakter.

1. Einführung in die schließende (induktive) Statistik

a) Schlußweisen: Terminologie

Bei dem Schluß von einer Stichprobe auf die Grundgesamtheit kann man zwei Arten von Schlußweisen unterscheiden: Schätzen und Testen (vgl. Übers. 8.1, Def. 8.1)

Übersicht 8.1:

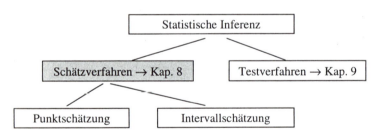

Terminologie zur Intervallschätzung

	direkter Schluß	indirekter Schluß
Name des Intervalls	Schwankungs- [a], Prognose- oder Toleranzintervall [b]	Konfidenz-, Vertrauens- oder Mutungsintervall
$1 - \alpha$	Sicherheitswahrscheinlichkeit oder Prognosewahrscheinlichkeit	Sicherheitswahrscheinl.t oder Vertrauens- oder Konfidenzniveau (oder -grad)
α	Irrtumswahrscheinlichkeit oder beim Testen: Signifikanzniveau	

[a] Der Begriff wird auch benutzt für ein Intervall auf der x-Achse (meist symmetrisch um μ) der $N(\mu,\sigma^2)$-Verteilung statt auf der $\bar{x}$-Achse bei der Stichprobenverteilung von $\bar{x}$, also der Verteilung $N(\mu,\sigma^2/n)$.

[b] Dieser Begriff wird auch anders gebraucht.

Def. 8.1: Statistische Inferenz

1. Der Schluß von der bekannten Stichprobe auf die Grundgesamtheit heißt indirekter Schluß, Rück- oder Repräsentationsschluß. Der umgekehrte Schluß von der bekannten oder hypothetisch angenommenen Grundgesamtheit auf eine zu ziehende Stichprobe heißt direkter Schluß oder Inklusionsschluß.

2. Aufgabe einer Schätzung ist die (näherungsweise) Bestimmung von Parametern der Grundgesamtheit oder der Verteilung der Variable(n) in der Grundgesamtheit. Die Bestimmung eines einzelnen Schätzwertes (vgl. Def. 7.4) nennt man Punktschätzung. Die Intervallschätzung liefert ein Intervall, in dem die zu schätzende Größe mit einer bestimmten Wahrscheinlichkeit $1 - \alpha$ erwartet wird.

   Das Konfidenzintervall (indirekter Schluß) für den unbekannten Parameter θ kann einseitig ($\theta_u \leq \theta < \infty$ oder $-\infty < \theta \leq \theta_o$) oder zweiseitig $\theta_u \leq \theta \leq \theta_o$ und dann meist symmetrisch ($\theta_o - \theta = \theta - \theta_u = e$) sein. Die Unter- ($\theta_u$) und Obergrenze ($\theta_o$) heißen Konfidenz- oder Vertrauensgrenzen. Für den direkten Schluß gilt dies entsprechend hinsichtlich $\hat{\theta}_u$ und $\hat{\theta}_o$.

3. Ein Verfahren mit dem über die Annahme oder Ablehnung einer Hypothese aufgrund der Stichprobenverteilung einer Prüfgröße entschieden wird, heißt Testverfahren. Hypothesen beziehen sich auf Parameter oder Verteilungen der Grundgesamtheit.

   Hypothesen sind Annahmen über die Wahrscheinlichkeitsverteilung, die dem Stichprobenbefund zugrundeliegt. Man unterscheidet Parameter- und Verteilungshypothesen und danach Parameter- und Anpassungstests. Beziehen sich die Hypothesen auf einen festgelegten Verteilungstyp, so spricht man von parametrischen Tests.

Übersicht 8.2:

	Grundgesamtheit [a]	Stichprobe(n) [b]
allgemeine Terminologie	Parameter θ	Kennzahl (Schätzer) $\hat{\theta}$
Beispiele 1. Mittelwert (heterograd)	Mittelwert μ (endl. GG) oder Erwartungswert $\mu = E(X)$)	$\bar{x}$ (Stichprobenmittelwert)
2. Anteilswert (homograd)	π Zweipunktverteilung $Z(\pi)$	p (Anteil in der Stichprobe)
3. Varianz	σ^2 (bzw. homogr. $\sigma^2 = \pi(1-\pi)$)	$\hat{\sigma}^2$ oder s^2
4. Mittelwertdifferenz (heterograd)	$\mu_1 - \mu_2$ (Mittel- oder Erwartungswertdifferenz der GG)	$\bar{x}_1 - \bar{x}_2$ (Mittelwerte der Stichpr., Umfänge n_1 und n_2)
5. Korrelation	ρ (Korrel. zwischen X und Y)	r (Stichprobenkorrelation)

a) endliche (Umfang N) oder unendliche Grundgesamtheit
b) **vor** Ziehung einer Stichprobe einer Zufallsvariable (Schätzfunktion vgl. Def. 7.4) $\hat{\theta} = f(X_1, X_2, ..., X_n)$; **nach** Ziehung eine Realisation dieser Zufallsvariable (ein Funktionswert der Stichprobenfunktion) $\hat{\theta} = f(x_1, x_2, ..., x_n)$ (entsprechend $\bar{X}$ und $\bar{x}$ usw.).

Übersicht 8.3:
Grundgesamtheit, Stichprobe und Stichprobenverteilung
(Stichproben vom Umfang n mit Zurücklegen)

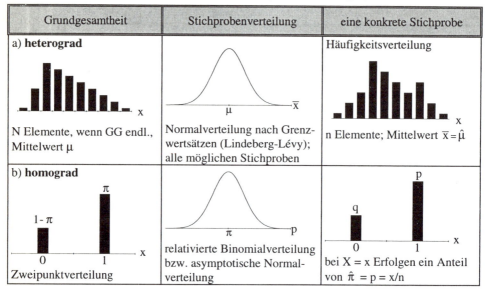

Übersicht 8.4:
Zur Interpretation der Intervallschätzung

	Schwankungsintervall	Konfidenzintervall
Intervall um	$\hat{\theta}$ (Beispiel: $\bar{x}$)	θ (Beispiel μ)
Wahrscheinlichkeit	$P(\hat{\theta}_u \leq \hat{\theta} \leq \hat{\theta}_o) = 1 - \alpha$	$P(\theta_u \leq \theta \leq \theta_o) = 1 - \alpha$
Zufallsvariable (n) ist (sind)	die Variable $\hat{\theta}$	die Grenzen θ_u und θ_o des Intervalls (abhängig von $\hat{\theta}$) [a]
feste Größen (nicht zufällig) ist (sind)	$\hat{\theta}_u$ und $\hat{\theta}_o$ (Unter- / Obergrenze als Funktionen u.a. von θ)	θ "liegt" nicht zwischen θ_u und θ_o sondern ist ein fester [b] Wert
"Mit Wahrscheinlichkeit $1 - \alpha$	liegt der in der Stichpr. zu erwartende Wert $\hat{\theta}$ zwisch. $\hat{\theta}_u$ u. $\hat{\theta}_o$"	überdeckt das Intervall $[\theta_u, \theta_o]$ den wahren Parameter θ"
$1 - \alpha$ (Sicherheitswahrscheinl.)	Wahrscheinlichkeit des Enthaltenseins von $\hat{\theta}$ im Intervall	Wahrscheinlichkeit der Überdeckungs des Parameters θ durch das Intervall

a) Das Konfidenzintervall ist ein Paar von Zufallsvariablen (die Konfidenzgrenzen) und ein (aufgrund der Stichprobenwerte) errechnetes konkretes Konfidenzintervall ist eine Realisation des Zufallsintervalls.
b) aber unbekannter

b) Stichprobenfehler und Stichprobenplan

Kennzeichnend für eine Stichprobe ist die Zufallsauswahl. Ihr ist es zu verdanken, daß die in Abschnitt a dargestellten Schlußweisen wahrscheinlichkeitstheoretisch fundiert sind. Im Mittelpunkt steht dabei die i.d.R. aus Grenzwertsätzen hergeleitete Stichprobenverteilung.

Def. 8.2: Stichprobenfehler

Die Standardabweichung $\sigma_{\hat{\theta}}$ der Stichprobenverteilung von $\hat{\theta}$ als Schätzer für θ ist der Stichprobenfehler (oder auch Standardfehler). Er ist in Verbindung mit dem von der Sicherheitswahrscheinlichkeit $1-\alpha$ abhängigen Multiplikator z_α ein Maß für die Genauigkeit von Stichproben (vgl. Kap. 10) und bestimmt die Breite eines Konfidenz- oder Schwankungsintervalls.

Def. 8.3: Stichprobenplan, einfache Stichprobe

a) Die Art der Entnahme von Elementen der Grundgesamtheit (GG) heißt Stichprobenplan.
b) Der einfachste, zunächst ausschließlich behandelte Stichprobenplan, ist die einfache (oder: reine) Zufallsauswahl (Stichprobe) bei gleicher Auswahlwahrscheinlichkeit und unabhängiger Ziehung (vgl. Bem. 3)

Bemerkungen zu Def. 8.3:

1. Die Größe der Stichprobenfehler hängt u.a. vom Stichprobenplan ab. In den Kapiteln 8 und 9 wird allein die einfache Stichprobe behandelt. Im Kap. 10 werden auch Stichprobenpläne bei Ausnutzung von Kenntnissen über die Beschaffenheit der GG behandelt (vgl. Übers. 8.5).

2. Beispiel der Abhängigkeit des Stichprobenfehlers $\sigma_{\bar{x}}$ des arithmetischen Mittels vom Stichprobenplan. Er ist bei

   a) uneingeschränkter Zufallsauswahl und

   1. Ziehen ohne Zurücklegen von $n < N$ Elementen aus einer Grundgesamtheit des Umfangs N

   $$(8.1) \quad \sigma_{\bar{x}} = \sqrt{\frac{N-n}{N-1} \cdot \frac{\sigma^2}{n}}, \text{ bzw.}$$

   2. Ziehen mit Zurücklegen oder $\frac{N-n}{N-1} \approx 1 - \frac{n}{N} \approx 1$ $\quad (8.2) \quad \sigma_{\bar{x}} = \frac{\sigma}{\sqrt{n}}$

   b) andere Stichprobenpläne:
   1. Geschichtete Stichprobe vgl. Gl. 10.12f
   2. Klumpenstichprobe vgl. Gl. 10.18 .

3. Die Ziehung eines Elements (einer Einheit) der GG stellt ein Zufallsexperiment dar. Die Ziehung der Einheit i oder der Einheit j sind die Elementarereignisse. Sind diese gleichwahrscheinlich (Laplace-Annahme), so spricht man von uneingeschränkter Zufallsauswahl. Sind darüber hinaus die Ziehungen (Wiederholungen des Zufallsexperiments) unabhängig, wie bei Ziehen mit Zurücklegen, so spricht man von einfacher Zufallsauswahl. Die Stichprobenwerte $x_1, x_2, \ldots x_n$ sind dann Realisationen von unabhängig identisch verteilten Zufallsvariablen $X_1, X_2, \ldots, X_n$.

2. Punktschätzung

a) Eigenschaften von Schätzfunktionen (Gütekriterien)

Die Schätzfunktion $\hat{\theta}$ bzw. ihre Stichprobenverteilung, die u.a. vom Stichprobenumfang n abhängig ist, hat bestimmte Eigenschaften (vgl. Übers. 8.6).

So ist z.B. die Stichprobenfunktion $\hat{\mu} = \overline{X} = \frac{1}{n}\sum X_i$ (i = 1,2,...,n) zur Schätzung des Mittelwertes μ nach dem zentralen Grenzwertsatz (asymptotisch) $N(\mu, \frac{\sigma^2}{n})$ verteilt (n > 30) so daß z.B. auch der Erwartungswert $E(\overline{X}) = \mu$, also μ durch $\overline{x}$ "erwartungstreu" geschätzt wird.

Übersicht 8.5:
Einige einfache Stichprobenpläne

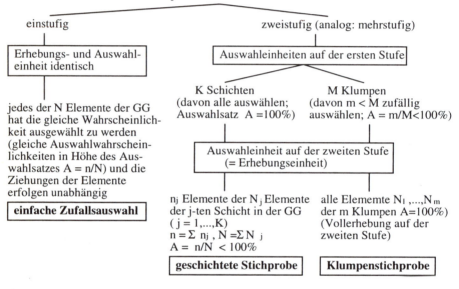

Übersicht 8.6:
Einige Eigenschaften (Gütekriterien) von Stichprobenfunktionen

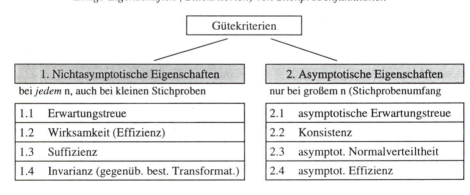

1. Nichtasymptotische Eigenschaften (bei jedem n)

1.1 Der Schätzer $\hat{\theta}$ ist **erwartungstreu** (biasfrei, unbiased, unverzerrt) für θ, falls $E(\hat{\theta}) = \theta$ auch bei kleinem n. Obgleich ein einzelner Schätzwert $\hat{\theta}$ für eine bestimmte Stichprobe durchaus von θ abweichen kann, weicht $\hat{\theta}$ "im Mittel" nicht von θ ab. Die Abweichung $E(\hat{\theta}) - \theta$ heißt Bias. Wie oben gesagt, ist z.B. das arithmetische Mittel erwartungstreu $E(\overline{X}) = \mu$, nicht aber die Stichprobenvarianz S^2, denn $E(S^2) = \frac{n-1}{n}\sigma^2$, weshalb man auch $\hat{\sigma}^2 = \frac{1}{n-1}\sum(x_i - \overline{x})^2$ als Schätzer für σ^2 verwendet: $E(\hat{\sigma}^2) = \sigma^2$.

1.2 Wirksamkeit (Effizienz)

Bei zwei erwartungstreuen Schätzfunktionen g_θ und g_θ^* (einer Klasse von Schätzfunktionen) für θ ist g_θ^* wirksamer, falls bei gleichem Stichprobenumfang n gilt $V(g_\theta^*) = E(\hat{\theta} - \theta)^2 < V(g_\theta) = E(\hat{\theta} - \theta)^2$; die wirksamste (oder "**beste**") Schätzfunktion ist die Minimum-Varianz-Schätzung (mit minimalem MSE [Def. 7.6]).

So ist z.B. das arithmetische Mittel der Stichprobe $\overline{X}$ ein besserer Schätzer als der ebenfalls erwartungstreue Median $\tilde{X}_{0,5}$ der Stichprobe weil $V(\tilde{X}_{0,5}) = \frac{\pi}{2} \cdot \frac{\sigma^2}{n} = \frac{\pi}{2}V(\overline{X}) > V(\overline{X})$.

2. asymptotische Eigenschaften (wenn $n \to \infty$)

2.1 asymptotische Erwartungstreue: $\lim_{n\to\infty} E(\hat{\theta}) = \theta$

die Stichprobenvarianz S^2 ist nicht erwartungstreu, wohl aber asymptotisch erwartungstreu, weil $\lim\left(\frac{n-1}{n}\right) = \lim\left(1 - \frac{1}{n}\right) = 1$.

2.2 Konsistenz: $\hat{\theta}$ konvergiert stochastisch gegen θ, also $\lim_{n\to\infty} P(|\hat{\theta} - \theta| \leq \varepsilon) = 1$ bzw. plim $\hat{\theta} = \theta$, d.h. die Punktschätzung gehorcht dem Gesetz der großen Zahl.

Dem entspricht die intuitiv überzeugende Forderung, daß mit einer Vergrößerung des Stichprobenumfangs auch eine zuverlässigere (weniger streuende) Schätzung zu erreichen ist. Aus der Zerlegung des MSE (vgl. Def. 7.6)

(8.3) $E(\hat{\theta} - \theta)^2 = [B(\hat{\theta})]^2 + V(\hat{\theta})$

mit $B = E(\hat{\theta}) - \theta$, der Bias

und $V(\hat{\theta}) = E[\hat{\theta} - E(\hat{\theta})]^2$

folgt, daß Konsistenz, d.h. Verschwinden des MSE, also $\lim E(\hat{\theta} - \theta)^2 = 0$ nicht gelten kann, wenn nicht wenigstens $\lim [B(\hat{\theta})]^2 = 0$ (asymptotische Erwartungstreue). Konsistenz setzt somit zwar nicht Erwartungstreue voraus, impliziert aber asymptotische Erwartungstreue.

> Eine konsistente Schätzfunktion ist stets auch mindestens asymptotisch erwartungstreu. Die Umkehrung des Satzes gilt nicht.

Zur Herleitung der Konsistenz kann auch die Tschebyscheffsche Ungleichung herangezogen werden.

2.3 Asymptotische Normalverteiltheit

Nach dem zentralen Grenzwertsatz ist z.B. der Mittelwert $\bar{x}$ asymptotisch normalverteilt. Es gibt aber auch Schätzfunktionen, bei denen selbst bei großem n die Stichprobenverteilung nicht die Normalverteilung ist, etwa bei r als Schätzer für die Korrelation ρ in der Grundgesamtheit wenn ρ ≠ 0.

2.4 Asymptotische Effizienz wenn $\lim \dfrac{E(\hat{\theta}^* - \theta)^2}{E(\hat{\theta} - \theta)^2} = 1$ und $\hat{\theta}$ die beste Schätzfunktion ist, heißt $\hat{\theta}^*$ asymptotisch effektiv.

Man beachte, daß alle Kriterien (ähnlich wie das Konzept des Stichprobenfehlers) Eigenschaften der Stichprobenverteilung, also die Gesamtheit **aller** möglichen Stichproben betreffen. Es gibt kein Kriterium um die Qualität einer Schätzfunktion bei einer einzelnen Stichprobe zu beurteilen. Es ist deshalb auch Unsinn, zu sagen, eine Stichprobe sei "repräsentativ" und die andere nicht (oder weniger)

b) Schätzmethoden

In Übersicht 8.7 sind die wichtigsten Verfahren zur Gewinnung eines Punktschätzers aufgeführt. Auf Bayes'sche Methoden soll hier nicht eingegangen werden.

Übersicht 8.7:

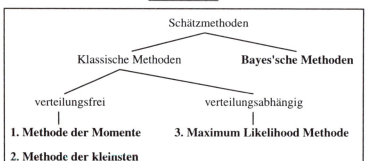

1. Methode der Momente
Bei der Momentenmethode werden Momente wie $\bar{x}$, s^2, ... der empirischen Häufigkeitsverteilung der Stichprobe herangezogen als Schätzer für die unbekannten entsprechenden Momente μ, σ^2, ... der theoretischen Verteilung (als Modell für die Verteilung der Grundgesamtheit).

2. Methode der kleinsten Quadrate (KQ)
Bei Schätzung des Mittel- oder Erwartungswertes μ der GG mit dem Kriterium der kleinsten Quadrate wird ein Schätzwert $\hat{\mu}$ so bestimmt, daß die Summe der Quadrate der Abweichungen minimal wird. Aus $\dfrac{d}{d\hat{\mu}} \Sigma(x_i - \hat{\mu})^2 = 0$ folgt $\hat{\mu} = \bar{x}$, also Identität von KQ- und Momentenschätzer. Die KQ-Methode spielt v.a. in der Regressionsanalyse eine Rolle.

3. Maximum Likelihood Methode (ML-Methode)
Die Wahrscheinlichkeit, eine bestimmte Stichprobe $x_1, x_2, ..., x_n$ zu ziehen und damit einen bestimmten Schätzwert etwa $\bar{x} = \Sigma x_i / n$ zu erhalten ist abhängig von Parametern $\theta_1, \theta_2, ...$ der Grundgesamtheit, deren Verteilung <u>dem Typ nach</u> (d.h. bis auf eine numerische Spezi-

fizierung der Parameter) als bekannt vorausgesetzt wird. Es liegt dann nahe diese Parameter $\theta_1, \theta_2, \ldots$ so zu bestimmen, daß diese Wahrscheinlichkeit maximal ist.

Die Abhängigkeit der Wahrscheinlichkeit $P(x_1, x_2, \ldots, x_n)$ von der Gestalt f(..) der Verteilung der Grundgesamtheit und ihren Parametern wird ausgedrückt durch

$$P(x_1, x_2, \ldots, x_n) = L(x_1, x_2, \ldots, x_n \mid \theta_1, \theta_2, \ldots, \theta_p) = L(\mathbf{x} \mid \boldsymbol{\theta})$$

was sich bei unabhängigen (einfachen) Stichproben zu

(8.4) $\quad L(\mathbf{x} \mid \boldsymbol{\theta}) = f(x_1 \mid \boldsymbol{\theta}) \, f(x_2 \mid \boldsymbol{\theta}) \ldots f(x_n \mid \boldsymbol{\theta})$

vereinfacht. Diese Funktion heißt **Likelihoodfunktion**.

Der Schätzer $\hat{\theta}_j$ ist eine Maximum-Likelihood-Schätzung von θ_j (j = 1,2,…,p), wenn die Likelihood-Funktion Gl. 8.4 ein Maximum annimmt bzw. die logarithmierte Likelihood-Funktion (da die ln-Transformation monoton ist, d.h. daß sich die Lage des Maximums nicht verändert). ML-Schätzer $\hat{\theta}_1, \ldots, \hat{\theta}_p$ sind diejenigen Werte für $\theta_1, \ldots, \theta_p$ in

(8.6) $\quad \ln L = \sum \ln f(x_i \mid \theta_1, \theta_2, \ldots, \theta_p)$ bei denen ln L maximal ist. Der Quotient

(8.7) $\quad \lambda = \dfrac{L^*}{L}$ heißt **Likelihood-Verhältnis** (likelihood ratio).

c) Schätzfunktionen für Mittel- und Anteilswert und die Varianz

Im folgenden soll unterschieden werden zwischen homograder und heterograder Fragestellung. Dabei interessiert u.a. die Punktschätzung des Mittel- bzw. Erwartungswerts μ der Grundgesamtheit, bzw. im Falle einer dichotomen (zweipunktverteilten) Grundgesamtheit der Anteilswert bzw. die Erfolgswahrscheinlichkeit π. In Übers. 8.8 sind die Schätzfunktionen (Stichprobenfunktionen) und ihre Eigenschaften zusammengestellt. Die Funktion PQ ist als Schätzfunktion für $\pi(1-\pi)$ ein ML-Schätzer. Offenbar sind $\hat{\sigma}^2$ und der entsprechende Wert n PQ/(n-1) keine Momentenschätzer: Die Stichprobenvarianzen wären nämlich $S^2 = \dfrac{1}{n}\sum\left(X_i - \overline{X}\right)^2$ und im homograden Fall PQ. Das sind Schätzer, die aber nicht erwartungstreu sind.

Übersicht 8.8:
Punktschätzung von Mittel- bzw. Anteilswert und Varianz

a) Mittel- bzw. Anteilswert, Stichprobe Ziehen **mit Zurücklegen (ZmZ)**

	heterograd	homograd
Schätzfunktion für μ bzw. π	$\hat{\mu} = \overline{X} = \dfrac{1}{n}\sum X_i$	$\hat{\pi} = P = \dfrac{X}{n}$ ($X = \sum X_i$)
Eigenschaften der Schätzfunktion	$E(\overline{X}) = \mu$, $V(\overline{X}) = \dfrac{\sigma^2}{n}$ $\overline{X} \sim N(\mu, \dfrac{\sigma^2}{n})$	$E(P) = \pi$, $V(P) = \dfrac{\pi(1-\pi)}{n}$ $P \sim N(\pi, \dfrac{\pi(1-\pi)}{n})$

noch Übers. 8.8

b) Varianz

Schätzfunktion für die Varianz	$\hat{\sigma}^2 = \dfrac{1}{n-1}\sum(X_i - \overline{X})^2$	$\dfrac{n}{n-1} PQ$ mit $Q = 1 - P$
Eigenschaften der Schätzfunktion	$E(\hat{\sigma}^2) = \sigma^2$, plim $\hat{\sigma}^2 = \sigma^2$	Erwartungstreue, Konsistenz wie im heterograden Fall *

c) Stichproben aus endlicher Grundgesamtheit **ohne Zurücklegen (ZoZ)**; Schätzfunktionen $\overline{X}$ und P wie unter a)

Varianz der Schätzfunktion $\overline{X}$ bzw. P für μ bzw. π	$V(\overline{X}) = \dfrac{\sigma^2}{n} \dfrac{N-n}{N-1} < \dfrac{\sigma^2}{n}$	$V(P) = \dfrac{\pi(1-\pi)}{n} \dfrac{N-n}{N-1}$

* $E(PQ) = \dfrac{n-1}{n}\pi(1-\pi)$, so daß die Schätzfunktion (Stichprobenfunktion) $\dfrac{n}{n-1} PQ$ (statt PQ) erwartungstreu ist.

3. Intervallschätzung: Mittel- und Anteilswerte, eine Stichprobe

In diesem Abschnitt werden Intervallschätzungen bei einer Stichprobe von bestimmten in der Regel normalverteilten Stichprobenfunktionen behandelt und zwar insbesondere von Mittelwerten. Zu weiteren Intervallschätzungsproblemen vgl. Abschn. 4 bis 6.

a) Allgemeine Formulierung

Die Stichprobenfunktion $\hat{\theta}$ für den Parameter θ habe die Stichprobenverteilung $N(\theta, \sigma_{\hat{\theta}}^2)$ [Normalverteilung als Stichprobenverteilung], dann gilt für ein (zweiseitiges) zentrales Schwankungsintervall (direkter Schluß):

(8.8) $P(\theta - z\,\sigma_{\hat{\theta}} \leq \hat{\theta} \leq \theta + z\,\sigma_{\hat{\theta}}) = 1 - \alpha$ Schwankungsintervall

Hierbei ist $\sigma_{\hat{\theta}}$ die Standardabweichung der Stichprobenverteilung: (Standardfehler der Schätzung von $\hat{\theta}$) und z ist ein der Sicherheitswahrscheinlichkeit von $1 - \alpha$ zugeordneter Abzissenwert der Standardnormalverteilung. Entsprechend erhält man für ein zweiseitiges symmetrisches Konfidenzintervall

(8.9) $P(\hat{\theta} - z\,\sigma_{\hat{\theta}} \leq \theta \leq \hat{\theta} + z\,\sigma_{\hat{\theta}}) = 1 - \alpha$ Konfidenzintervall

Analog erhält man für ein einseitiges nur unten (z_u) oder nur oben (z_o) begrenztes Konfidenzintervall

$$P(\hat{\theta} - z_u\,\sigma_{\hat{\theta}} \leq \theta < \infty) = P(\theta > \hat{\theta} - z_u\,\sigma_{\hat{\theta}}) = 1 - \alpha \quad \text{oder}$$

$$P(-\infty < \theta \leq \hat{\theta} + z_o\,\sigma_{\hat{\theta}}) = P(\theta < \hat{\theta} + z_o\,\sigma_{\hat{\theta}}) = 1 - \alpha$$

Dies folgt aus $\hat{\theta} \sim N(\theta, \sigma_{\hat{\theta}}^2)$, weshalb die standardisierte Variable $Z \sim N(0,1)$ also

(8.10) $P\left(z_u \leq \dfrac{\hat{\theta} - \theta}{\sigma_{\hat{\theta}}} \leq z_o\right) = 1 - \alpha$.

Aus einer Umformung dieser beiden Ungleichungen ergibt sich Gl. 8.8 und 8.9. Zur Veranschaulichung nebenstehende Abbildung:

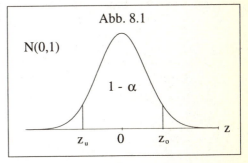

Abb. 8.1

Im konkreten Fall von Mittel- und Anteilswerten ist der Stichprobenfehler mit einem Abfrageschema (Übers. 8.9) festzustellen und anstelle von $\sigma_{\hat{\theta}}$ die in Übers. 8.9 Teil b angegebene Größe einzusetzen.

Beispiel: Schwankungsintervall für $\bar{x}$ (heterograd) σ bekannt, N sehr groß bzw. ZmZ (Fall 1 in Übers. 8.8), dann ist $\sigma_{\hat{\theta}} = \sigma_{\bar{x}}$ nach Gl. 8.2 in Gl. 8.8 einzusetzen und man erhält

$$P\left(\mu - z_u \dfrac{\sigma}{\sqrt{n}} \leq \bar{x} \leq \mu + z_o \dfrac{\sigma}{\sqrt{n}}\right) = 1 - \alpha.$$

Häufig ist der Stichprobenfehler $\sigma_{\hat{\theta}}$ aus Stichprobenwerten zu schätzen, etwa in $\sigma_{\bar{x}} = \dfrac{\sigma}{\sqrt{n}}$ die unbekannte Größe σ der Verteilung der Grundgesamtheit durch eine Stichprobenfunktion (etwa $\hat{\sigma}$) zu ersetzen und mit dem geschätzten Stichprobenfehler $\hat{\sigma}_{\hat{\theta}}$ zu rechnen. Damit ist i.d.R. verbunden, daß die Stichprobenverteilung keine Normalverteilung mehr ist.

b) Intervallschätzung von Mittel- und Anteilswerten

Auch in diesem Teil ist wie für die Punktschätzung (Übers. 8.8) zwischen unabhängigen Stichproben aus unendlicher Grundgesamtheit bzw. bei Ziehen mit Zurücklegen (ZmZ) und dem Ziehen ohne Zurücklegen (ZoZ) zu unterscheiden. Die dabei auftretende Endlichkeitskorrektur (finite multiplier) $\dfrac{N-n}{N-1} \approx 1 - \dfrac{n}{N}$ wird i.d.R. bei Auswahlsätzen $\dfrac{n}{N} < 0{,}05$ vernachlässigt. Die Korrektur führt wegen $\dfrac{N-n}{N-1} \leq 1$ zu schmaleren Intervallen (besseren Abschätzungen).

Übersicht 8.9:

Abfrageschema für Intervallschätzungen von Mittelwerten (heterograd) und Anteilswerten (homograd)

a) Fallunterscheidung

Grundgesamtheit: heterograd $X \sim N(\mu, \sigma^2)$
homograd $X \sim Z(\pi)$ (Zweipunktvert. mit Varianz $V(X)=\pi(1-\pi)\leq 1/4$)

Stichprobe: Umfang n; Ergebnis heterograd $\bar{x}, \hat{\sigma}^2$; homograd p, q = 1-p, im heterograden Fall ist Varianz der GG bekannt

Stich- probe	direkter Schluß		indirekter Schluß	
	heterograd $\hat{\theta} = \bar{x}$	homograd $\hat{\theta} = p$	heterograd $\theta = \mu$	homograd $\theta = \pi$
ZmZ	1	2	3	(4)*⁾
ZoZ	5	6	7	(8)

wenn Varianz der GG nicht bekannt, dann ist $\sigma_{\hat{\theta}}$ durch $\hat{\sigma}_{\hat{\theta}}$ zu schätzen

	indirekter Schluß	
ZmZ	9	10
ZoZ	11	12

*) weniger relevante Fälle sind eingeklammert

b) Stichprobenfehler $\sigma_{\hat{\theta}}$, Fälle nach Teil a

Stichprobenverteilung *⁾: Normalverteilung mit der folgenden Standardabweichung

1	$\dfrac{\sigma}{\sqrt{n}}$	5	$\dfrac{\sigma}{\sqrt{n}} \cdot \sqrt{\dfrac{N-n}{N-1}}$
2	$\sqrt{\dfrac{\pi(1-\pi)}{n}}$	6	$\sqrt{\dfrac{\pi(1-\pi)}{n} \cdot \dfrac{N-n}{N-1}}$
3	wie 1	7	wie 5
4	wie 2	8	wie 6

geschätzter Stichprobenfehler $\hat{\sigma}_{\hat{\theta}}$, Fälle nach Teil a (Stichprobenvert.: t_{n-1}-Verteilung)

9	$\dfrac{\hat{\sigma}}{\sqrt{n}}$	11	$\dfrac{\hat{\sigma}}{\sqrt{n}} \cdot \sqrt{\dfrac{N-n}{N}}$
10	$\sqrt{\dfrac{pq}{n-1}} \leq \dfrac{1}{2\sqrt{n-1}}$	12	$\sqrt{\dfrac{pq}{n-1} \cdot \dfrac{N-n}{N}}$

*) Abkürzungen: N = Normalverteilung, t_m = t-Verteilung mit m Freiheitsgraden. Bei n > 30 kann von N(0,1) ausgegangen werden.

4. Intervallschätzung: andere Stichprobenfunktionen, eine Stichprobe

Auf weitere Intervallschätzungsprobleme wird auch in Kap. 9 im Zusammenhang mit dem entsprechenden Parameter-Test hingewiesen. Einige wichtige Schätzungen im Ein- und Zwei-Stichprobenfall sowie Ergänzungen zur Betrachtung von Abschn. 3 werden bereits hier behandelt[1].

a) Varianz

Die Stichprobenfunktion (Schätzfunktion)

(8.11) $$\frac{(n-1)\hat{\sigma}^2}{\sigma^2} = \frac{nS^2}{\sigma^2} = \sum \left(\frac{x_i - \bar{x}}{\sigma}\right)^2 = c$$

ist χ^2 verteilt mit n − 1 Freiheitsgraden (mit n Freiheitsgraden, wenn μ bekannt wäre und nicht durch $\bar{x}$ zu ersetzen wäre). Dem Intervall $c_u \leq c \leq c_o$ entspricht eine Sicherheitswahrscheinlichkeit von 1 − α und da $c_u < c_o$ ist, erhält man eine untere und eine obere Grenze des Konfidenzintervalls für σ^2 durch Umformung der Ungleichung $c_u \leq \frac{nS^2}{\sigma^2} \leq c_o$ zu $\frac{nS^2}{c_o} \leq \sigma^2 \leq \frac{nS^2}{c_u}$ bzw.

(8.11a) $$\frac{(n-1)\hat{\sigma}^2}{c_o} \leq \sigma^2 \leq \frac{(n-1)\hat{\sigma}^2}{c_u}$$

Das Konfidenzintervall ist nicht symmetrisch um S^2 (bzw. $\hat{\sigma}^2$) weil die χ^2-Verteilung nicht symmetrisch ist, also $c - c_u \neq c_o - c$.

b) Merkmalssummen und absolute Häufigkeiten

Bei endlicher Grundgesamtheit (Umfang N) ist im heterograden Fall die **Merkmalssumme** (Gesamtmerkmalsbetrag) gegeben mit
  N·μ in der Grundgesamtheit und
  n$\bar{x}$ in der Stichprobe.
Entsprechend erhält man die **Anzahl** (absolute Häufigkeiten oder Bestand) im homograden Fall aus dem Anteil mit
  Nπ in der Grundgesamtheit und
  np in der Stichprobe.
Es handelt sich mithin um Lineartransformationen von $\bar{x}$ bzw. p.
Im Falle einer Punktschätzung spricht man auch von **Hochrechnung**[2] (vgl. Kap. 10); das ist der Schluß $\bar{x} \to \mu \to N\cdot\mu$ bzw. $p \to \pi \to N\pi$. Für die Intervallschätzung dabei gilt:
Die Grenzen des Intervalls sind
• bei Schwankungsintervallen mit n
• bei Konfidenzintervallen mit N
zu multiplizieren.

---

[1] Im folgenden werden nur einige ausgewählte Schätzfunktionen behandelt. Eine vertieftere Betrachtung sollte z.B. auch den Median als Schätzfunktion umfassen.
[2] Der Begriff ist an sich überflüssig und er exisitiert auch nicht in der englischen Fachliteratur, weil es sich im Prinzip nur um eine Variante der Punktschätzung handelt.

5. Intervallschätzung: Differenz von Mittel- und Anteilswerten, zwei unabhängige Stichproben

a) heterograder Fall

GG: $X_1 \sim N(\mu_1, \sigma_1^2)$ und $X_2 \sim N(\mu_2, \sigma_2^2)$.

Stichproben vom Umfang n_1 und n_2 ergeben die Mittelwerte $\bar{x}_1$ und $\bar{x}_2$. Die Stichprobenfunktion $\hat{\Delta} = \bar{x}_1 - \bar{x}_2$ als Schätzer für $\Delta = \mu_1 - \mu_2$ ist normalverteilt $N(\Delta, \sigma_{\hat{\Delta}})$, wobei für den Fall mit Zurücklegen gilt:

(8.17) $$\sigma_{\hat{\Delta}}^2 = \frac{\sigma_1^2}{n_1} + \frac{\sigma_2^2}{n_2}$$

Weitere Fallunterscheidung

σ_1 und σ_2 sind	X_1 und X_2 sind unabhängig verteilt mit μ_1 und μ_2 sowie σ_1^2 und σ_2^2 und zwar	
	normalverteilt	nicht normalverteilt
bekannt	Fall A	Fall C
unbekannt[*]	Fall B	Fall D

[*] und $n_1 > 30$ und $n_2 > 30$.

Fall A

1. ungleiche Varianzen:

$\hat{\Delta}$ ist normalverteilt mit $E(\hat{\Delta}) = \Delta$ und Varianz $\sigma_1^2/n_1 + \sigma_2^2/n_2$. Folglich ist

(8.18) $$z = \frac{\hat{\Delta} - \Delta}{\sqrt{\frac{\sigma_1^2}{n_1} + \frac{\sigma_2^2}{n_2}}} \sim N(0,1) \quad \text{und das Konfidenzintervall lautet}$$

(8.19) $$P\left(\hat{\Delta} - z_\alpha \sqrt{\frac{\sigma_1^2}{n_1} + \frac{\sigma_2^2}{n_2}} \leq \Delta \leq \hat{\Delta} + z_\alpha \sqrt{\frac{\sigma_1^2}{n_1} + \frac{\sigma_2^2}{n_2}}\right) = 1 - \alpha$$

2. gleiche Varianzen (homogene Varianzen)

Die Varianz der Stichprobenvert. von $\hat{\Delta}$ vereinfacht sich zu $\sigma_{\hat{\Delta}}^2 = \sigma^2 \left(\frac{1}{n_1} + \frac{1}{n_2}\right)$. Folglich ist

(8.20) $$z = \frac{\hat{\Delta} - \Delta}{\sigma \sqrt{\frac{1}{n_1} + \frac{1}{n_2}}} \sim N(0,1), \text{ so daß}$$

(8.21) $$P\left(\hat{\Delta} - z_\alpha \sigma \sqrt{\frac{1}{n_1} + \frac{1}{n_2}} \leq \Delta \leq \hat{\Delta} + z_\alpha \sigma \sqrt{\frac{1}{n_1} + \frac{1}{n_2}}\right) = 1 - \alpha$$

das gesuchte Konfidenzintervall ist.

Fall B

σ_1^2 und σ_2^2 sind in Gl. 8.18 durch die Stichproben-Varianzschätzer $\hat{\sigma}_1^2$ und $\hat{\sigma}_2^2$ zu ersetzen und bei homogenen Varianzen $\sigma_1^2 = \sigma_2^2 = \sigma^2$ (zu überprüfen mit F-Test) ist zu bestimmen

(8.22) $\hat{\sigma}^2 = \dfrac{n_1 \cdot s_1^2 + n_2 \cdot s_2^2}{n-2}$ ($n = n_1 + n_2$) [pooled sample variance], so daß

(8.23) $t = \dfrac{\hat{\Delta} - \Delta}{\hat{\sigma}} \cdot \sqrt{\dfrac{n_1 n_2}{n_1 + n_2}} = \dfrac{\hat{\Delta} - \Delta}{\hat{\sigma}\sqrt{\dfrac{1}{n_1} + \dfrac{1}{n_2}}} \sim t_{n-2}$

bzw. die Größe t^2 ist F-verteilt mit 1 und $n - 2$ Freiheitsgraden ($t^2 \sim F_{1, n-2}$).

Fälle C und D: Die Aussagen über den Verteilungstyp der Stichprobenverteilung von z bzw. t gelten nicht mehr bei kleinem n.

b) Homograder Fall

Die Stichprobenverteilung der Schätzfunktion $\hat{\Delta} = P_1 - P_2$ für $\Delta = \pi_1 - \pi_2$ ist asymptotisch normalverteilt (wenn $n_j \pi_j (1 - \pi_j) \geq 9$ bei $j = 1,2$) mit $E(\hat{\Delta}) = \Delta$ und

(8.24) $\quad \sigma_{\hat{\Delta}}^2 = \dfrac{\pi_1(1-\pi_1)}{n_1} + \dfrac{\pi_2(1-\pi_2)}{n_2}$

wobei π_j durch p_j ($j = 1,2$) geschätzt werden kann (dann t-Verteilung mit $n - 2$ Freiheitsgraden)

6. Weitere Intervallschätzungsprobleme

Für das Varianzverhältnis bi zwei unabhängigen Stichproben gilt

(8.25) $\quad P\left(z_o \dfrac{\hat{\sigma}_2^2}{\hat{\sigma}_1^2} \leq \dfrac{\sigma_2^2}{\sigma_1^2} \leq z_u \dfrac{\hat{\sigma}_2^2}{\hat{\sigma}_1^2}\right) = 1 - \alpha$, wobei z_u und z_o das $\alpha/2$ und $1 - \alpha/2$ Quantil

(Fraktil) der F_{n_1-1, n_2-1} Verteilung sind. Äquivalent ist mit $F = \dfrac{\hat{\sigma}_2^2}{\hat{\sigma}_1^2}$

(8.25a) $\quad P\left(\dfrac{1}{z_u^*} F \leq \dfrac{\sigma_1^2}{\sigma_2^2} \leq \dfrac{1}{z_o^*} F\right) = 1 - \alpha$, wenn z_u^* (bzw. z_o^*) das $\alpha/2$- (bzw. $1 - \alpha/2$) Fraktil

der F_{n_2-1, n_1-1} Verteilung ist.

Gl. 7.10a liefert eine Abschätzung für das Schwankungsintervall eines einzelnen Stichprobenwerts X mit $P(\mu - t\sigma < X < \mu + t\sigma) \geq 1 - \dfrac{1}{t^2}$. Entsprechend erhält man aus Gl. 7.10*

$P\{|\overline{X}_n - \mu| < \varepsilon\} \geq 1 - \dfrac{\sigma^2}{n\varepsilon^2}$ mit $\varepsilon = t\sigma$ das folgende Konfidenzintervall (Schwankungsintervall und Intervalle für Anteilswerte analog)

(8.26) $\quad P(\overline{X} - t\sigma < \mu < \overline{X} + t\sigma) \geq 1 - \dfrac{1}{nt^2}$.

Kapitel 9: Statistische Testverfahren

1.	Allgemeine Einführung	9-1
2.	Ein-Stichproben-Test	9-5
3.	Zwei-Stichproben-Test	9-7
4.	Varianten des χ^2-Tests	9-10
5.	Mehr als zwei Stichproben	9-12

Nach einer allgemein gehaltenen Einführung werden Ein- und Zwei-Stichprobentests für Mittel- (heterograd) und Anteilswerte (homograd) sowie Varianzen behandelt. Die Abschnitte 4 und 5 behandeln auch bivariate Daten mit zwei und mehr Stichproben.

1. Allgemeine Einführung

Def. 9.1: Hypothese, Test

a) Eine (statistische) Hypothese ist eine Annahme/Vermutung über die Verteilung der Grundgesamtheit. Als Modell für diese Verteilung dient i.d.R. eine Wahrscheinlichkeitsverteilung $f(x \mid \theta_1,..., \theta_p)$ mit den Parametern $\theta_1,..., \theta_p$.

b) Ein (statistischer) Test (Hypothesentest) ist ein Verfahren, mit dem auf der Basis einer Prüfgröße (Testgröße) T, die eine Stichprobenfunktion (vgl. Def. 7.4) ist, mit einer vorgegebenen Irrtumswahrscheinlichkeit α (Signifikanzniveau) über die Verwerfung (Ablehnung) oder Annahme (besser: Nichtverwerfung) einer Hypothese entschieden werden kann. Grundlage der Entscheidung ist die bedingte (bei Geltung der Hypothese H_0) Stichprobenverteilung $g(t \mid H_0)$ der Prüfgröße T, deren Realisationen t genannt werden.

Bemerkungen zu Def. 9.1

1. Nach Art der Hypothese werden verschiedene Testarten unterschieden (Übers. 9.1)
2. Logik eines Tests:

> Man tut so, als ob H_0 richtig ist und prüft, ob dann der Stichprobenbefund noch "im Rahmen der Wahrscheinlichkeit" (der mit Stichproben verbundenen Zufälligkeit) ist oder so wenig wahrscheinlich (weniger wahrscheinlich als α) oder "überzufällig" (oder "signifikant") ist, daß H_0 abgelehnt werden sollte.

Man beachte, daß wegen der Abhängigkeit der Stichprobenverteilung $g(t \mid H_0)$ von n die Verwerfung, also ein "signifikantes Ergebnis", auch mit entsprechend vergrößertem Stichprobenumfang zu erzielen ist.

3. Eine Testgröße T ist eine speziell für die Entscheidung geeignete Stichprobenfunktion und damit eine ZV (meist eine standardisierte ZV, die direkt mit den Quantilen einer Wahrscheinlichkeitsverteilung verglichen werden kann).

4. Die möglichst zu verwerfende Hypothese wird Nullhypothese H_0 genannt (Begründung vgl. Gl. 9.2), eine ihr entgegenstehende Hypothese Alternativhypothese H_1. Die Funktion $g(t \mid H_0)$ ist die Stichprobenverteilung der Prüfstatistik T bei Geltung von H_0.

5. Der Annahme (bzw. Ablehnung) von H_0 äquivalent ist die Situation, daß der Wert (die Realisation) der Stichprobenfunktion $\hat{\theta}$ innerhalb (bzw. außerhalb) eines bei Geltung von H_0 (also im Sinne eines hypothetischen direkten Schlusses) konstruierten Schwankungsintervalls liegt. Während jedoch $\hat{\theta}$ von der Maßeinheit von X abhängt, gilt für dies die spezielle Stichprobenfunktion T nicht.

Übersicht 9.1: *Arten von statistischen Tests*

1. nach der Art der Hypothese [1]

Parametertests   **Anpassungstests** [2]
Annahme über die
Verteilungsklasse
(z.B. $H_0: X \sim N(\mu, \sigma^2)$)

- konkreter Zahlenwert (z.B. $H_0 : \mu = \mu_0$)
  (einfache Hypothese: Alternativtest)
- Intervall (z.B. $H_0 : \mu \leq \mu_0$)
  (zusammengesetzte Hypothese: Signifikanztest [3])

2. nach der Art und Anzahl der Stichproben

- eine Stichprobe (Ein-Stichproben-Test)
- k = 2 Stichproben
  - unabhängige Stichproben (UT)[4]
  - abhängige (verbundene) Stichproben (AT)[4]
- k > 2 Stichproben
  - UT
  - AT

3. nach der Herleitung der Stichprobenverteilung

hierbei sind die Annahmen über die Verteilung der Grundgesamtheit

- notwendig:
  verteilungsgebundene Tests
  = **parametrische** [5] Tests
- weniger notwendig:
  verteilungsfreie Tests
  = **nicht parametrische** [5] Tests

4. nach der Skaleneigenschaft der Untersuchungsmerkmale

- metrische Skalen:
  parametrische [5] Tests
- nicht metrische Skalen:
  nichtparametrische [5] Tests

---

1) In der Literatur werden auch Homogenitäts- (H) und Unabhängigkeitstests (U) unterschieden. Man kann H (stammen mehrere Verteilungen aus der gleichen GG?) und U (statistische Unabhängigkeit?) auch als spezielle Anpassungstests auffassen (Anpassung an Modelle der GG der folgenden Art: $F_1(x) = F_2(x) = ... = F(x)$ oder $f(x,y) = f_1(x) f_2(y)$ [f_i = Randverteilung]).
2) Auch goodness of fit Test.
3) Der Begriff wird auch im allgemeinen Sinne für alle Arten von Tests gebraucht oder auch im Gegensatz zu "Gegenhypothesentests".
4) Zur Unterscheidung zwischen abhängigen und unabhängigen Stichproben vgl. Def. 9.4.
5) Terminologie ist nicht einheitlich.

Def. 9.2: Kritischer Bereich, Entscheidungsregel

a) Mit der Vorgabe des Signifikanzniveaus α und der Stichprobenverteilung $g(t \mid H_0)$ ist eine <u>kritische Region</u> (Ablehnungsbereich, Verwerfungsbereich) K_α gegeben mit

(9.1) $P(t \in K_\alpha \mid H_0) \leq \alpha$.

Das Komplement von K_α heißt <u>Annahmebereich</u> (oder Verträglichkeitsbereich, besser: Nicht-Ablehnungsbereich). Das Intervall K_α ist je nach Art von H_1 einseitig oder zweiseitig eingeschränkt. Die Grenzen c_1 und/oder c_2 von K_α heißen <u>kritische Werte</u>.

b) Mit t_α als das dem vorgegebenen α entsprechende Quantil der Stichprobenverteilung und t als dem mit den Stichprobenwerten errechneten Zahlenwert der Prüfgröße gilt als Entscheidungsregel:

wenn $t \in K_\alpha$, dann H_0 verwerfen,

wenn $t \notin K_\alpha$ (also im Annahmebereich), dann H_0 annehmen.

c) Mit der Annahme von H_0 ist nicht deren Richtigkeit bewiesen. Bei der Testentscheidung können Fehler auftreten (vergl. Übers. 9.2).

<u>Bemerkungen zu Def. 9.2</u>

1. Der kritische Bereich K_α ist so konstruiert, daß die Realisation t der Prüfgröße T unter H_0 mit einer Wahrscheinlichkeit von höchstens α in diesen Bereich fällt. "Höchstens" gilt, weil bei einer diskreten Stichprobenverteilung $g(t|H_0)$, etwa der Binominalverteilung als Stichprobenverteilung der Wert von genau α evtl. nicht eingehalten werden kann.

2. Ist die Alternativhypothese zu H_0: $\mu = \mu_0$
H_1: $\mu \neq \mu_0$ (also $\mu > \mu_0$ oder $\mu < \mu_0$) so liegt ein **zweiseitiger** Test vor mit zwei kritischen Bereichen $t < c_1 = t_{\alpha/2}$ und

$t > c_2 = t_{1-\alpha/2}$ (Abb. 9.1)

H_1: $\mu < \mu_0$ **einseitig** "nach unten" (linksseitig) $t < c_1 = t_\alpha$

H_1: $\mu > \mu_0$ **einseitig** "nach oben" (rechtsseitig) $t > c_2 = t_{1-\alpha}$.

Abb. 9.1: Ein- und zweiseitiger Tests

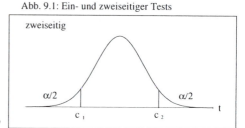

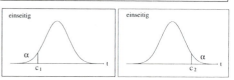

3. Der Wert von t_α hängt von der Gestalt der Stichprobenverteilung $g(t|H_0)$ ab. Ist diese die Standard-NV, so ist $t_\alpha = z_\alpha$. Sie kann auch die t-,χ^2, F- oder Binomialverteilung sein. Dann ist t_α aus der entsprechenden Tabelle zu bestimmen.

4. *Fehlerarten* (vgl. Übers. 9.2, nächste Seite)

5. *Zwei-Stichproben-Test*
Zu prüfen ist i.d.R., bei zwei Stichproben, ob die beiden Stichproben $x_{11}, x_{12},...,x_{1n_1}$ und $x_{21}, x_{22},...,x_{2n_2}$ aus der gleichen GG stammen. Im heterograden Fall ist die Frage, ob $\bar{x}_1 - \bar{x}_2 \neq 0$ verträglich ist mit der Hypothese "kein Unterschied", also mit

(9.2) H_0: $\mu_1 - \mu_2 = \Delta = 0$ oder $\mu_1 = \mu_2$

oder ob H_0 zugunsten einer Alternativhypothese

(9.3) $H_1: \mu_1 - \mu_2 = \Delta_i$ zu verwerfen ist.

Annahme (Ablehnung) von H_0 ist übrigens äquivalent der Überschneidung (Nichtüberschneidung) von Schwankungsintervallen für $\overline{X}_1$ und $\overline{X}_2$ bzw. der Überdeckung (Nichtüberdeckung) des Wertes 0 durch das Schwankungsintervall für $\overline{X}_1 - \overline{X}_2$.

Übersicht 9.2: Fehlerarten beim Hypothesentest

Testentscheidung (action)	wirklicher Zustand (state of nature)	
	H_0 ist wahr	H_0 ist falsch
H_0 ablehnen	**Fehler 1. Art** $P(t \notin K_\alpha | H_0) \leq \alpha$	kein Fehler $P(t \in K_\alpha | H_1) \geq 1 - \beta$
H_0 annehmen	kein Fehler $P(t \notin K_\alpha | H_0) \geq 1 - \alpha$	**Fehler 2. Art** $P(t \notin K_\alpha | H_1) \leq \beta$

Fehler 1.Art: H_0 wird verworfen, obwohl die Hypothese richtig ist. Die Wahrscheinlichkeit des Fehlers ist höchstens α.

Fehler 2.Art: H_0 wird nicht verworfen, obgleich H_0 falsch ist. Die Wahrscheinlichkeit dieses Fehlers kann nur bestimmt werden, wenn eine Alternativhypothese (H_1) spezifiziert ist (Gegenhypothesen- oder Alternativtest statt Signifikanztest).
In der Statistischen Entscheidungstheorie werden die Wahrscheinlichkeiten α und β aufgrund der Konsequenzen der entsprechenden Fehlentscheidungen festgelegt.

Def. 9.3: Macht, Gütefunktion

a) Die Wahrscheinlichkeit $1 - \beta$ mit der ein tatsächlich bestehender Unterschied $\theta_1 - \theta_2 = \Delta_1$ (oder z. B. bei Mittelwerten $\mu_1 - \mu_2$) auch erkannt wird, d.h. daß die richtige Hypothese H_1 angenommen wird, heißt Macht (Trennschärfe, power, power efficiency, Güte) eines Tests.

b) Der Zahlenwert für die Wahrscheinlichkeit $1 - \beta$ ist abhängig vom konkreten Wert θ_1
$H_1: \theta = \theta_1$ (Ein-Stichproben-Problem)
bzw. von Δ_1
$H_1: \theta_1 - \theta_2 = \Delta_1$ (Zwei-Stichproben-Problem)
bei gegebenem α sowie n, bzw. n_1 und n_2 und evtl. von weiteren Grundgesamtheitsparametern.
Der Graph der Funktion

(9.4) $1 - \beta = f_G(H_1) = P(t \in K_\alpha | H_0)$

heißt Gütefunktion.

Für die gleiche Fragestellung (das gleiche Auswertungsproblem) und für die gleichen Daten können verschiedene Tests geeignet sein. Es sollte dann der mächtigste Test angewandt werden.

Entscheidend für β und damit für $1 - \beta$ ist es, welchen Wert man für μ_1 annimmt, weil die Stichprobenverteilung von T (bzw. Z) wenn H_1 gilt $g(t | H_1)$, also die rechte Kurve in Abb. 9.2, von μ_1 (und anderen Parametern wie z.B. hier σ_1^2) abhängt (vgl. hierzu Abb. 9.2).

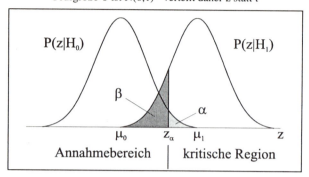

Abb. 9.2: Veranschaulichung von α und β

Beispiel: einseitiger Test über den Mittelwert μ (eine Stichprobe)
$H_0: \mu = \mu_0;\ H_1: \mu = \mu_1 > \mu_0$
Prüfgröße T ist N(0,1) - verteilt daher z statt t

2. Ein-Stichproben-Tests (Übers. 9.3)

Übers. 9.3 (nächste Seite) enthält die relevanten Informationen über die Prüfgrößen (jeweils T genannt) und deren Stichprobenverteilung bei Geltung von H_0 zur Durchführung von Tests über

- a) den Mittelwert μ (heterograd)
- b) den Anteilswert π (homograd)
- c) die Varianz σ^2 (heterograd)

der GG aufgrund einer Stichprobe. In diesem Abschnitt werden ausschließlich univariate Ein-Stichproben-Tests behandelt. Tests über Regressions- und Korrelationskoeffizienten (bivariate Daten) können aus Platzgründennicht behandelt werden. Ein bivariater Datensatz (eine Stichprobe) liegt auch vor bei einem Test auf Unabhängigkeit (Abschn. 4).

3. Zwei-Stichproben-Tests (Übers. 9.4)

Def. 9.4: unabhängige Stichproben

a) Wird über die Zugehörigkeit eines Elements der Grundgesamtheit zur Stichprobe 1 oder 2 nach dem Zufallsprinzip entschieden, so liegen <u>unabhängige</u> Stichproben vor.
b) Zwei Stichproben gleichen Umfanges $n_1 = n_2$ heißen <u>abhängig,</u> wenn sie die gleichen Elemente enthalten oder strukturell gleich zusammengesetzt sind.

Bedeutung der Zwei-Stichprobenfragestellung
1. Für eindeutige Kausalaussagen (z.B. Wirksamkeit eines Medikaments) sind Kontrollgruppenexperimente nötig. Man kann z.B. durch Münzwurf entscheiden, ob eine Einheit in die Experimentgruppe E oder in die Kontrollgruppe K gelangt. E und K sollen sich allein dadurch unterscheiden, daß z.B. die Einheiten von E das zu testende Medikament erhalten, diejenigen von K aber nicht. Die Stichprobenumfänge $n_1 = n_E$ und $n_2 = n_K$ sind i.d.R. nicht gleich.
2. Abhängigkeit liegt vor, wenn je ein Element von Stichprobe 1 (E) und von Stichprobe 2 (K) hinsichtlich der für das Experiment relevanten Eigenschaften gleich sind (matched pairs), bzw. (schwächer) wenn die Verteilungen dieser Eigenschaften in E und K gleich sind. Individuelles matching liegt z.B. bei "repeated observations" der gleichen Einheit vor.

Übers. 9.3: Prüfgrößen im Ein-Stichproben-Fall

a) Heterograd (Test über Mittelwert/Erwartungswert)

$H_0: \mu = \mu_0$, $X_i \sim N(\mu_0, \sigma^2)$ sonst $n \geq 100$

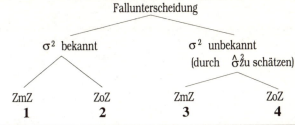

Fallunterscheidung

- σ^2 bekannt
  - ZmZ **1**
  - ZoZ **2**
- σ^2 unbekannt (durch $\hat{\sigma}^2$ zu schätzen)
  - ZmZ **3**
  - ZoZ **4**

Fall		Prüfgröße T	Stichprobenverteilung von T
1	(9.5)	$\dfrac{\overline{X}-\mu_0}{\frac{\sigma}{\sqrt{n}}} = \dfrac{\overline{X}-\mu_0}{\sigma}\sqrt{n}$	$N(0,1)$
2	(9.6)	$\dfrac{\overline{X}-\mu_0}{\frac{\sigma}{\sqrt{n}}\sqrt{\frac{N-n}{N-1}}}$	wie 1
3	(9.7)	$\dfrac{\overline{X}-\mu_0}{\frac{\hat{\sigma}}{\sqrt{n}}}$	t_{n-1} asymptot. $N(0,1)$ wenn $n > 30$
4	(9.8)	$\dfrac{\overline{X}-\mu_0}{\frac{\hat{\sigma}}{\sqrt{n}}\sqrt{\frac{N-n}{N}}}$	t_{n-1} asymptot. $N(0,1)$ wenn $n > 50$

b) Homograd (Test über Anteilswert/Wahrscheinlichkeit)

$H_0: \pi = \pi_0$, $X_i \sim Z(\pi)$, Anteilswert $P = X/n$, $X = \sum X_i$ mit π_0 ist auch die Varianz der zweipunktverteilten GG hypothetisch angenommen $V(X) = \pi_0(1-\pi_0)$

Fallunterscheidung: nur Fälle 3 und 4 oben [σ^2 hypothetisch angenommen]

Fall		Prüfgröße T	Stichprobenverteilung von T
ZmZ (3)	(9.9)	$\dfrac{P-\pi_0}{\sqrt{\frac{\pi_0(1-\pi_0)}{n}}} = \dfrac{p-\pi_0}{\sigma_P}$	asymptotisch $N(0,1)$ wenn $npq > 9$; sonst Binomialtest[*)]
ZoZ (4)	(9.10)	$\dfrac{P-\pi_0}{\sqrt{\frac{\pi_0(1-\pi_0)}{n}\cdot\frac{N-n}{N-1}}}$	$t_{n-1} \to N(0,1)$ sonst hypergeometrisch verteilt

[*)] Ist die Stichprobenverteilung die Binomialverteilung (diskret) so empfiehlt sich die Kontinuitätskorrektur. Die errechneten Prüfgrößen sind dann $t_{1/2} = (p - \pi_0 \pm \frac{1}{2}n)/\sigma_p$ wobei + gilt für den unteren (linken) und − für den oberen (rechten) kritischen Bereich, also + für den Vergleich mit $z_{\alpha/2}$ und − mit $z_{1-\alpha/2}$p.

noch Übersicht 9.3:

c) Test über die Varianz
der GG $H_0: \sigma^2 = \sigma_0^2$, $X_i \sim N(\mu, \sigma^2)$

Prüfgröße T	Verteilung
(9.11) $T = \dfrac{(n-1)\hat{\sigma}^2}{\sigma_0^2} = \dfrac{ns^2}{\sigma_0^2}$	χ^2_{n-1} (Normalverteiltheit sehr wichtig)

Zwei-Stichprobenproblem: Stichprobenverteilung

Stammen die Zufallsvariablen $X_{11}, X_{12},..., X_{1n_1}$ und $X_{21}, X_{22},..., X_{2n_2}$ aus Grundgesamtheiten mit μ_1, σ_1^2 und μ_2, σ_2^2, so ist die Varianz der Linearkombination

$$\hat{\Delta} = \overline{X}_1 - \overline{X}_2 = \frac{1}{n_1}\sum_i X_{1i} + \left(-\frac{1}{n_2}\right)\sum_j X_{2j} \quad (i = 1,2,...,n_1 \text{ und } j = 1,2,...,n_2):$$

$$(9.12) \quad V(\hat{\Delta}) = V(\overline{X}_1) + V(\overline{X}_2) = \frac{\sigma_1^2}{n_1} + \frac{\sigma_2^2}{n_2}$$

wenn zwei **unabhängige** Stichproben vorliegen. Bei zwei abhängigen Stichproben ($n_1 = n_2 = n$) ist dagegen auch die Kovarianz $C(\overline{X}_1, \overline{X}_2)$ zwischen $\overline{X}_1$ und $\overline{X}_2$ zu berücksichtigen.[1] Es gilt

$$(9.13) \quad V(\hat{\Delta}) = V(\overline{X}_1) + V(\overline{X}_2) - 2C(\overline{X}_1, \overline{X}_2) = \frac{\sigma_1^2}{n} + \frac{\sigma_2^2}{n} - \left(1 - \frac{1}{n}\right)\sigma_{12}$$

Durchführung der Tests

Übers. 9.4 enthält alle Informationen zur Durchführung der Tests auf Unterschiedlichkeit von

- Mittel- bzw. Erwartungswerten, beurteilt aufgrund von Mittelwertdifferenzen (heterograd, Teil a der Übersicht)
- Anteilswerten bzw. Wahrscheinlichkeiten, beurteilt aufgrund der Differenz zwischen Anteilswerten der Stichproben (homograd, Teil b der Übersicht), und
- der Unterschiedlichkeit der Varianzen zweier unabhängiger Stichproben, beurteilt aufgrund des Quotienten der beiden Varianzen (Teil c der Übersicht 9.4)

In Übers. 9.5 stellt die entsprechenden Tests bei zwei <u>abhängigen</u> Stichproben dar.

---

[1] Das ist die Kovarianz der zweidimensionalen (gemeinsamen) Stichprobenverteilung von $\overline{x}_1$ und $\overline{x}_2$. Sie beträgt $\dfrac{1}{n^2}\binom{n}{2} E(X_1 X_2)$ mit $E(X_1 X_2) = \sigma_{12}$

Übersicht 9.4: Prüfgrößen im Zwei-Stichproben-Fall (zwei unabhängige Stichproben)

a) Heterograd (Test über Mittel- bzw. Erwartungswertdifferenz) auch Sigma-Differenz-Verfahren genannt, große Stichproben

$H_0: \mu_1 - \mu_2 = 0$, $X_1 \sim N(\mu_1, \sigma_1^2)$ und $X_2 \sim N(\mu_2, \sigma_2^2)$, Stichprobenwerte: $\overline{x}_1, \overline{x}_2, n_1, n_2$

Auf die Fälle ZoZ soll hier verzichtet werden. Ist $H_0: \mu_1 - \mu_2 = \Delta \neq 0$, so ist in den Formeln $\hat{\Delta}$ durch $\hat{\Delta} - \Delta$ zu ersetzen.

Fall	Prüfgröße T	Verteilung von T
1	homogene Varianzen $\sigma_1^2 = \sigma_2^2 = \sigma^2$ $\Delta = \mu_1 - \mu_2 = 0$, $\hat{\Delta} = \overline{X}_1 - \overline{X}_2$ (9.14) $T = \dfrac{\hat{\Delta}}{\sigma\sqrt{\dfrac{1}{n_1}+\dfrac{1}{n_2}}} = \dfrac{\hat{\Delta}}{\sigma}\sqrt{\dfrac{n_1 n_2}{n_1+n_2}}$	$N(0,1)$
2	(9.15) $T = \dfrac{\hat{\Delta}}{\sqrt{\dfrac{\sigma_1^2}{n_1}+\dfrac{\sigma_2^2}{n_2}}}$	$N(0,1)$
3	$\sigma_1^2 = \sigma_2^2$ aber unbekannt a) zuerst $\hat{\sigma}^2 = \dfrac{n_1 s_1^2 + n_2 s_2^2}{n-2}$ bestimmen (pooled variance), dann analog Fall 1 b) (9.16) $T = \dfrac{\hat{\Delta}}{\hat{\sigma}}\sqrt{\dfrac{n_1 n_2}{n_1+n_2}}$	t_{n-2} ($n = n_1+n_2$) approximativ $N(0,1)$, wenn $n_1 > 30$ und $n_2 > 30$
4	σ_1^2 und σ_2^2 ungleich und unbekannt (9.17) $T = \dfrac{\hat{\Delta}}{\sqrt{\dfrac{\hat{\sigma}_1^2}{n_1}+\dfrac{\hat{\sigma}_2^2}{n_2}}} = \dfrac{\hat{\Delta}}{\sqrt{N}} = \dfrac{\hat{\Delta}}{\sqrt{K_1 + K_2}}$	angenähert t-verteilt mit υ Freiheitsgr.[c)], bzw. $N(0,1)$ wenn $n_1 > 30$ und $n_2 > 30$

a) Damit ist durchaus $\hat{\sigma}_1^2 \neq \hat{\sigma}_2^2$ oder $s_1^2 \neq s_2^2$ verträglich. Die Homogenität der Varianzen $\sigma_1^2 = \sigma_2^2$ wird mit dem F-Test (Gl. 9.19) getestet.

b) die Wurzel nimmt ihren maximalen Wert $\sqrt{n/2}$ an, wenn $n_1 = n_2$ ist.

c) Bestimmung der Anzahl υ der Freiheitsgrade

$\upsilon = \dfrac{N^2}{\dfrac{K_1^2}{n_1 - 1} + \dfrac{K_2^2}{n_2 - 1}}$ Wenn υ nicht ganzzahlig, nehme man die nächste ganze Zahl.

b) Homograd: zwei gleiche Anteilswerte/Wahrscheinlichkeiten

$H_0: \pi_1 = \pi_2$, X_1 und X_2 identisch zweipunktverteilt mit π

Prüfgröße T	Verteilung
Zuerst bestimmen $P = \dfrac{n_1 P_1 + n_2 P_2}{n_1 + n_2}$ dann $(P_1 - P_2 = \hat{\Delta})$, dann (9.18) $T = \dfrac{P_1 - P_2}{\sqrt{P(1-P)\left(\dfrac{1}{n_1} + \dfrac{1}{n_2}\right)}}$	$n\pi(1-\pi) \geq 9$ dann $N(0,1)$ Test ist identisch mit χ^2-Test einer Vierfeldertafel $\rightarrow$ Gl. 9.21

Ist die Hypothese $\pi_1 - \pi_2 = \Delta \neq 0$ zu testen, dann ist mit $\hat{\Delta} = P_1 - P_2$ die Prüfgröße

(9.18b) $T = \dfrac{\hat{\Delta} - \Delta}{\sqrt{\dfrac{P_1 Q_1}{n_1} + \dfrac{P_2 Q_2}{n_2}}} = \sim N(0,1)$ $(Q_i = 1 - P_i,\ i = 1,2)$.

c) Test über die Gleichheit zweier Varianzen

$H_0: \sigma_1^2 = \sigma_2^2$ oder $\sigma_1^2/\sigma_2^2 = 1$, Bedingung $X_1 \sim N(\mu_1, \sigma_1^2)$ und $X_2 \sim N(\mu_2, \sigma_2^2)$

Prüfgröße F	Verteilung
(9.19) $F = \dfrac{\hat{\sigma}_1^2}{\hat{\sigma}_2^2} = \dfrac{\dfrac{n_1 S_1^2}{n_1 - 1}}{\dfrac{n_2 S_2^2}{n_2 - 1}}$ mit $\hat{\sigma}_1^2 > \hat{\sigma}_2^2$	$F_{n_1 - 1, n_2 - 1}$

Statt des Quotienten zweier Varianzen könnte man auch die Differenz zweier Standardabweichungen testen, wobei die Statistik $S_1 - S_2$ bei großen Stichproben normalverteilt ist mit Erwartungswert 0 und Varianz $S_1^2/2n_1 + S_2^2/2n_2$.

Übersicht 9.5: Tests bei zwei abhängigen (verbundenen) Stichproben

Hypothese	Prüfgröße	Verteilung
$H_0: \mu_1 - \mu_2 = 0$ (t-Test für Paardifferenzen) $n_1 = n_2 = n$ (heterograd)	$\Delta_i = X_{1i} - X_{2i}$ oder $D_i = X_i - Y_i$ $(i = 1,2,\ldots,n)$ (9.19) $T = \dfrac{\overline{D}}{\hat{\sigma}_{\overline{D}}}$ mit $\hat{\sigma}_{\overline{D}}^2 = \dfrac{\hat{\sigma}_D^2}{n}$ und $\hat{\sigma}_D^2 = \dfrac{1}{n-1}\sum(D_i - \overline{D})^2 \approx s_D^2 = \dfrac{1}{n}\sum D_i^2 - \overline{D}^2$	$T \sim t_{n-1}$
$H_0: \pi_1 = \pi_2$ (homograd)	vgl. McNemar - Test (Gl. 9.22)	
$H_0: \sigma_1^2 = \sigma_2^2$	(9.20) $T = \dfrac{(\hat{\sigma}_1^2 - \hat{\sigma}_2^2)\sqrt{n-2}}{2\hat{\sigma}_1 \hat{\sigma}_2 \sqrt{1 - r_{12}^2}}$ r_{12} = Korrelation von x_{1i} mit x_{2i} in der Stichprobe	$T \sim t_{n-2}$

Bemerkung zu t-Test für Paardifferenzen im heterograden Fall:

Für eine "verkürzte" Version (leichter rechenbar) ist die Verteilung der Prüfgröße $A = \sum D_i^2 / \left(\sum D_i\right)^2$ tabelliert (A-Test). Da offensichtlich $\overline{D} = \overline{X}_1 - \overline{X}_2$, kann der Zähler von T in Gl. 9.19 auch lauten $(\overline{X}_1 - \overline{X}_2) - (\mu_1 - \mu_2)$, vorausgesetzt $X_{1i} \sim N(\mu_1, \sigma_1^2)$ und $X_{2i} \sim N(\mu_2, \sigma_2^2)$. Bei unabhängigen Stichproben stellt T eine standardisierte Differenz zweier Mittelwerte dar, bei abhängigen Stichproben ist T ein (mit $\hat{\sigma}_{\overline{D}}$) standardisierter Mittelwert von Differenzen.

4. Varianten des χ^2-Tests

Die Prüfgröße χ^2 ist i.d.R. konstruiert aufgrund beobachteter absoluter Häufigkeiten n_i (i = 1,2,...,r) bzw. bei einer zweidimensionalen Häufigkeitstabelle n_{ij} (j = 1,2,...,s) und "theoretischer", d.h. bei Geltung von H_0 zu erwartender absoluter Häufigkeiten in der Stichprobe e_i bzw. e_{ij}.

$$(9.20) \qquad \chi^2 = \sum_{i=1}^{r} \frac{(n_i - e_i)^2}{e_i} = \sum_{i=1}^{r} \frac{n_i^2}{e_i} - n \qquad \text{bzw. (9.20a)} \qquad \chi^2 = \sum_{i=1}^{r} \sum_{j=1}^{s} \frac{(n_{ij} - e_{ij})^2}{e_{ij}}$$

Die je nach Art des Tests unterschiedliche H_0 wird verworfen, wenn der stets nicht-negative nach Gl. 9.20 bzw. 9.20a errechnete Wert der Prüfgröße χ^2 größer ist als der α entsprechende Wert der χ^2-Verteilung. Die theoretischen Häufigkeiten e_i bzw. e_{ij} sollten für alle i = 1,2,...,r und j = 1,2,...,s nicht kleiner als 5 sein.

<u>Übersicht 9.6:</u> *Varianten des χ^2 Tests*

a) Fragestellung und Daten

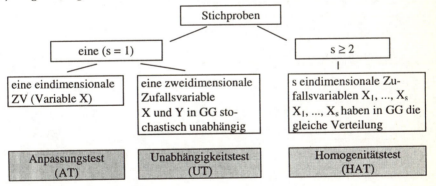

b) Hypothesen und Prüfgrößen

Test	Hypothese	e_i bzw. e_{ij} in Gl. 9.20/9.20a	Verteilung
AT	Verteilung von X in der GG hat eine durch H_0 spezifizierte Gestalt mit p Parametern H_0: $f(x) = f_0(x|\theta_1...\theta_p)$ [a] etwa $f_0(x|\theta_1,\theta_2) = N(\mu,\sigma^2)$	wenn X diskret [b] $e_i = np_i = n\,f_0(x_i)$ (die diskrete Variable kann auch nur nominalskaliert sein)	$\chi^2 \sim \chi^2_\upsilon$ $\upsilon = r-p-1$ Freiheitsgrade

UT	H_0: $f(x,y) = f_x(x) f_v(y)$ $f_x(x)$ und $f_v(y)$ sind die Randverteilungen	$e_{ij} = \dfrac{n_i . n_{.j}}{n}$, St.pr.konting.tafel bei Unabhängigkeit	χ^2_υ mit $\upsilon = (r-1)(s-1)$
HT c)	H_0: $f_1(x) = ... = f_s(x) = f_0(x)$ s Stichproben aus homogenen Grundgesamtheiten, $j = 1,2,...,s$ $(n_{.j} = \sum_{i=1}^{r} n_{ij}$ Umfang der j- ten Stichprobe)	$p_i = \dfrac{\sum_{j=1}^{s} n_{ij}}{\sum_{j=1}^{s}\sum_{i=1}^{r} n_{ij}} = \dfrac{n_{i.}}{n}$; $e_{ij} = n_j p_i$	χ^2_υ mit $\upsilon = (r-1)(s-1)$

a) mit p aus der Stichprobe zu schätzenden Parametern.

b) wenn anstelle von x_i die i-te Klasse mit der Untergrenze x_{iu} und der Obergrenze x_{io} tritt (stetiger Fall), gilt: $p_i = F_0(x_{io}) - F_0(x_{iu})$. Für diesen Fall stehen jedoch bessere Tests zur Verfügung.

c) Wie an der Konstruktion der Prüfgröße erkennbar ist, sind UT und HT **formal** identische Tests. Die Forderung $f_j(x) = f_0(x)$ für alle $j = 1,2,...,s$ kann als Gleichheit der bedingten Verteilungen (und damit Unabhängigkeit) aufgefaßt werden.

Vierfeldertafel (UT/HT mit r = s = 2)
Häufigkeiten

Stichprobe* (Variable Y)

	1	2
x = 1 (+)	$n_{11} = a$	$n_{12} = b$
x = 0 (−)	$n_{21} = c$	$n_{22} = d$
Summe	n_1	n_2

*) Zwei unabhängige Stichproben bei HT, bzw. die zweite dichotome Variable Y (mit Y = 1 und Y = 0) bei UT:

$$P_1 = \dfrac{a}{a+c} = \dfrac{a}{n_1} \\ P_2 = \dfrac{b}{b+d} = \dfrac{b}{n_2}$$ $\Bigg\}$ $P = \dfrac{a+b}{n}$ mit $n = n_1 + n_2$

$PQ = \dfrac{a+b}{n} \cdot \dfrac{c+d}{n}$

Prüfgröße nach Gl. 9.18: $T = \sqrt{n}(ad - bc)/\sqrt{(a+b)(c+d)(a+c)(b+d)}$ und beim χ^2-Test:

(9.21) $\chi^2 = \dfrac{n(ad-bc)^2}{(a+b)(c+d)(a+c)(b+d)} = T^2$

Wenn $T \sim N(0,1)$, dann ist $\chi^2 = T^2 \sim \chi^2_1$. Der χ^2-Test ist also äquivalent dem t-Test (Gl.9.18).

Zwei abhängige Stichproben (Mc Nemar-Test)

typische vorher (1) - nachher (2) - Befragung der gleichen Personen $n = a + b + c + d$, $n^* = b + c$. Für den Test interessiert nur die reduzierte Zahl n^* der Beobachtungen.

Stich- probe 1	Stichprobe 2	
	y = 1	y = 0
x = 1	a	b
x = 0	c	d

H_0: $P(x = 1, y = 0) = P(x = 0, y = 1) = \pi = 0{,}5$. Die Prüfgröße ist dann

$$T = \frac{b - n^* \cdot \pi}{\sqrt{n^* \cdot \pi(1-\pi)}} = \frac{-(c - n^* \cdot \pi)}{\sqrt{n^* \cdot \pi(1-\pi)}} = \frac{b-c}{\sqrt{b+c}} \sim t_{n-1} \; [\text{bzw. } N(0,1)]$$

für den Test bei $n^* > 20$ (bei $n^* \leq 20$ Binomialtest)

Zusammenhang mit χ^2-(Ein-Stichproben)-AT: Die zu erwartenden Häufigkeiten sind bei H_0 jeweils $e_i = \frac{1}{2} n^* = \frac{1}{2}(b+c)$.

	Häufigkeiten	
empirisch (n_i)	b	c
theoretisch (e_i)	½ n^*	½ n^*

(9.22) $\quad \chi^2 = \frac{1}{n^*}(2b^2 + 2c^2) - n^* = \frac{(b-c)^2}{b+c} ; = T^2 \sim \chi_1^2$.

Bei kleinen n sind in Gl. 9.21 und 9.22 auch Kontinuitäts (Stetigkeits)-Korrekturen üblich. Es gilt dann im zweiseitigen Test:

(9.21a) $\quad \chi^2 = \dfrac{n\left(|ad-bc| - \dfrac{n}{2}\right)^2}{(a+b)(c+d)(a+c)(b+d)}$ und (9.22a) $\quad \chi^2 = \dfrac{(|b-c|-1)^2}{b+c}$.

5. Mehr als zwei Stichproben

Die Verallgemeinerung des t-Tests für zwei unabhängige Stichproben im heterograden Fall bei Varianzhomogenität (Gl. 9.16) für k > 2 Stichproben heißt auch **Varianzanalyse** (genauer: einfache univariate Varianzanalyse [ANOVA]; "einfach" weil nach nur einem [evtl. nur nominalskalierten] Merkmal k Klassen [k Stichproben] gebildet werden und "univariat" weil Mittelwerte und Streuungen hinsichtlich nur einer Variable X betrachtet werden). Man kann die Varianzanalyse als Homogenitätstest begreifen (in diesem Sinne: Verallgemeinerung des t-Tests) oder aber auch im Sinne eines Unabhängigkeitstests, wenn die Daten statt k unabhängige Stichproben k Ausprägungen (oder Klassen) eines (nicht notwendig mehr als nur nominalskalierten) Merkmals Y sind. Die Varianzanalyse zeigt, ob eine Abhängigkeit der metrisch skalierten Variable X von der Variable Y besteht.

Y (unab- hängig)	X (abhängig)	
	nominalskaliert N	metrisch skaliert M
N (nominal)	χ^2-Test *)	Varianzanalyse
M (metrisch)	-	Regressionsanalyse

*) auf Unabhängigkeit (UT)

Übers. 9.7: Tests bei k ≥ 2 unabhängige Stichproben

Test (Hypothese)	Prüfgröße T	Verteilung
Test auf Gleichheit von k Mittelwerten $H_0: \mu_1 = \mu_2 = ... = \mu_k = \mu$ bei Normalverteiltheit und Streuungsgleichheit [a] $\sigma_1^2 = \sigma_2^2 = ... = \sigma_k^2$ F-Test, Varianzanalyse	$\overline{X}_i$ = Mittelwert der i-ten Stichprobe $i = 1,2,...,k$ $\overline{X} = (\sum \overline{X}_i n_i)/n$ Gesamtmittelwert erklärte SAQ [b]: $SAQ_E = \sum_{i=1}^{k} n_i (\overline{x}_i - \overline{x})^2$ Residual SAQ: $SAQ_R = \sum_{i=1}^{k}\sum_{j=1}^{n_i}(x_{ij} - \overline{x})^2$ Prüfgröße (9.23) $\quad T = \dfrac{\dfrac{SAQ_E}{k-1}}{\dfrac{SAQ_R}{n-k}}$	$T \sim F_{\upsilon_1,\upsilon_2}$ mit $\upsilon_1 = k-1$ $\upsilon_2 = n-k$ Freiheitsgraden
auf Gleichheit von k Anteilswerten $\pi_1 = \pi_2 = ... = \pi_k = \pi$	χ^2-Homogenitätstest: gleiche Zweipunktverteilung $Z(\pi)$ bei k Stichproben	χ^2_{k-1}
auf Gleichheit von k Varianzen $H_0: \sigma_1^2 = ... = \sigma_k^2 = \sigma^2$ $H_1: \sigma_i^2 \neq \sigma^2$ für bestimmte i (Bartlett-Test)	Mit $\hat{\sigma}_i^2 = \sum_i (x_{ij} - \overline{x}_i)^2 \Big/ (n_i - 1), j = 1,...n_i$ und $\hat{\sigma}^2 = \sum (n_i - 1)\hat{\sigma}_i^2 \Big/ (n-k), i = 1,...,k$ erhält man (9.24) $\quad T = -\dfrac{\sum_i (n_i - 1)\ln \dfrac{\hat{\sigma}_i^2}{\hat{\sigma}^2}}{N}$ wobei $N = 1 - \dfrac{\sum_i \dfrac{1}{n_i - 1} - \dfrac{1}{n-k}}{3(k-1)}$	$T \sim \chi^2_{k-1}$

[a] Varianzhomogenität; Kenntnis der Varianzen ist aber nicht erforderlich.
[b] Summe der Abweichungsquadrate SAQ_E ist ein Maß der externen und SAQ_R der internen Streuung.

Kapitel 10: Stichprobentheorie

1. Durchführung von Stichprobenerhebungen	10-1
2. Geschichtete Stichprobe	10-4
3. Klumpenstichprobe und zweistufige Auswahl	10-7
4. Weitere Stichprobenpläne	10-9

1. Durchführung von Stichprobenerhebungen

a) Techniken der Zufallsauswahl und Stichprobenpläne

Übersicht 10.1: Techniken der Zufallsauswahl

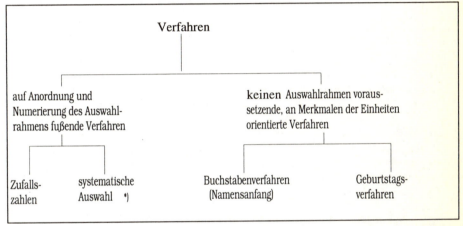

*) Jede k-te Karteikarte nach der i-ten (Zufallsstart i). Der Abstand k (als Anzahl der Karteikarten oder als Breite des Kartenstapels) wird durch den Auswahlsatz n/N definiert. Oder: Karteikarten deren fortlaufende Nummer auf i lautet (Schlußziffernverfahren).

b) Notwendiger Stichprobenumfang

Der für eine Stichprobe von geforderter Genauigkeit und Sicherheit mindestens erforderliche Stichprobenumfang n^* ergibt sich aus einer Umformung der Formeln für das Konfidenzintervall. Die Größe n^* hängt ab von:

- Genauigkeit
- Sicherheit
- Homogenität der GG.

1. **Genauigkeit** ist definiert als **absoluter Fehler** e die halbe Länge des (symmetrischen zweiseitigen) Schwankungsintervalls (direkter Schluß) gem. Übers. 8.8 also:

- im Fall 1 (heterograd): $\quad e = z_\alpha \dfrac{\sigma}{\sqrt{n}} \quad$ und

- im Fall 2 (homograd): $\quad e = z_\alpha \sqrt{\dfrac{\pi(1-\pi)}{n}}$.

Auflösung dieser Gleichungen nach n liefert die in Übers. 10.2 zusammengestellten Formeln für den notwendigen Stichprobenumfang.

relativer Fehler: $e^* = \dfrac{e}{\mu}$, bzw. $\dfrac{e}{\pi}$, allgemein $\dfrac{e}{\theta}$, also e in Einheiten von θ.

2. **Sicherheit** ist die Wahrscheinlichkeit 1 - α, der ein bestimmter Wert z_α zugeordnet ist. Genauigkeit und Sicherheit sind konkurrierende Forderungen.

3. **Homogenität der Grundgesamtheit** σ^2 bzw. $\pi(1-\pi)$. Der Stichprobenfehler $\sigma_{\bar{x}}$ bzw. σ_p ist direkt proportional zu σ bzw. $\sqrt{\pi(1-\pi)}$. Häufig ist die Varianz der GG nicht bekannt. Mit σ^{*2} bzw. $\pi^*(1-\pi^*)$ soll angedeutet werden, daß diese Größen geschätzt sind. Eine konservative Schätzung des notwendigen Stichprobenumfangs erhält man im homograden Fall mit $\pi^*(1-\pi^*) = 1/4$.

Übers. 10.2 enthält die Abschätzungen des bei gewünschter Sicherheit erforderlichen Stichprobenumfangs aufgrund der Formeln für die Intervallschätzung (Übers. 8.8) und damit aufgrund der **Grenzwertsätze**.

Würde man demgegenüber den für die Intervallschätzung von μ für eine Sicherheit von $1-\alpha$ erforderlichen Stichprobenumfang bei einem absoluten Fehler in Höhe von $e = \varepsilon$ mit der **Tschebyscheffschen Ungleichung** (Gl. 7.10*) abschätzen, so erhielte man:

$$(10.1) \quad n^* \geq \frac{\sigma^{*2}}{e^2 \alpha},$$

was natürlich erheblich größer ist als n* gem. Übers. 10.2 weil $1/\alpha > z^2$.

1 - α	z	z²	$\dfrac{1}{\alpha}$	$\dfrac{1}{\alpha} : z^2$
0,9	1,6449	2,7057	10	3,696
0,95	1,9600	3,8416	20	5,206
0,99	3,2910	10,8307	100	9,233

Bei einer geforderten Sicherheit von 90% (99%) wäre der danach erforderliche Stichprobenumfang 3,7 - mal (9,2 - mal) so groß wie gem. Übers. 10.2.

Es gibt auch Formeln für den erforderlichen Stichprobenumfang um z.B.
- eine vorgegebene Genauigkeit in bestimmten Teilgesamtheiten (z.B. Bundesländern) zu garantieren (das ist v.a. in der amtlichen Statistik ein wichtiges Kriterium),
- eine Varianz mit vorgegebener Genauigkeit und Sicherheit abschätzen zu können oder
- um im Zwei-Stichproben-Fall einen hypothetischen Unterschied (etwa $\mu_1 - \mu_2 = \Delta$) mit einer bestimmten Irrtumswahrscheinlichkeit in den Stichproben zu erkennen.

Übersicht 10.2: Notwendiger Stichprobenumfang bei einfacher Zufallsauswahl[a)]
(Fallunterscheidung wie in Übers. 8.8)

	heterograd	homograd
	Fall 1	**Fall 2**
ohne Endlichkeits-korrektur	$n^* \geq \dfrac{z^2 \sigma^{*2}}{e^2} = \dfrac{z^2 V^2}{e^{*2}}$ (mit $V = \sigma^*/\mu$ Variationskoeffizient)	$n^* \geq \dfrac{z^2 \pi^*(1-\pi^*)}{e^2} = \dfrac{z^2 (1-\pi^*)}{e^{*2} \pi^*}$ $n^*_{max} = \dfrac{z^2}{4e^2}$
	Fall 5 [b)]	**Fall 6** [c)]
mit Endlichkeits-korrektur	$n^* \geq \dfrac{K}{e^2 + \dfrac{K}{N}}$ mit $K = z^2 \sigma^{*2}$ und mit entsprechender Formel unter Verwendung von e^*	$n^* \geq \dfrac{K'}{e^2 + \dfrac{K'}{N}}$ mit $K' = z^2 \pi^*(1-\pi^*)$ [d)]

a) Zur geschichteten Stichprobe vgl. Gl. 10.14

b) Wenn $N - 1 \approx N$ sonst, $n^* \geq NK/[e^2(N-1)+K]$

c) Wenn $N - 1 \approx N$ sonst, $n^* \geq NK'/[e^2(N-1)+K']$

d) Maximaler Wert $n^*_{max} = \dfrac{z^2}{4e^2 + \dfrac{z^2}{N}}$.

c) Hochrechnung

In Kap. 8, Abschn. 4b wurde als Hochrechnung[*)] das Problem bezeichnet, von einem Punktschätzer $\bar{x} = \hat{\mu}$ bzw. $p = \hat{\pi}$, also von einem Mittelwert bzw. Anteilswert auf eine Merkmalssumme $N\mu$ oder eine Gesamthäufigkeit (einen Bestand) $N\pi$ zu schließen. Es ist plausibel anzunehmen, daß im heterograden Fall gilt (und im homograden Fall entsprechend):

$$\frac{\bar{x}}{\mu} = \frac{N\bar{x}}{N\mu},$$

daß also die Merkmalssumme evtl. im gleichen Maße über- oder unterschätzt wird wie der Mittelwert. Man kann dann mit dem reziproken Auswahlsatz hochrechnen (**freie Hochrechnung**):

(10.2a) $\quad N\mu \cong \dfrac{N}{n}(n\bar{x}) = N\bar{x}$

(10.2b) $\quad N\pi \cong \dfrac{N}{n}(np) = Np$

($\cong$ soll heißen: wird geschätzt mit)

[*)] In der "Alltagssprache", z.B. bei Fernsehsendungen am Wahlabend wird "Hochrechnung" im Sinne der "Punktschätzung" gebraucht, nicht in den oben definierten Sinne einer "Rückvergrößerung" eines Bildes von den kleineren Dimensionen einer Stichprobe auf die größeren Dimensionen der Grundgesamtheit.

Es gibt Fälle, in denen der Rückgriff auf andere Stichprobeninformationen (z.B. über andere Merkmale y, z neben x) zu bessern Ergebnissen führt als die freie Hochrechnung. Man nennt solche Verfahren auch **gebundene Hochrechnung**.

2. Geschichtete Stichprobe (stratified sample)

Notation

Aufteilung der Grundgesamtheit in K Schichten mit den Umfängen N_k mit

(10.3) $\quad N = N_1 + N_2 + \ldots + N_K = \sum_{k=1}^{K} N_k$

und Aufteilung der Stichprobe des Umfangs n auf K Stichproben

(10.4) $\quad n = n_1 + n_2 + \ldots + n_K = \sum_{k=1}^{K} n_k$.

Schichtenbildung aufgrund eines Schichtungsmerkmals oder einer Kombination von Schichtungsmerkmalen.

Mittel- und Anteilswertschätzung

Bei Schätzfunktionen $\hat{\theta}$ für θ, wie etwa P für π (homograder Fall) oder $\overline{X}$ für μ (heterograder Fall) gilt die Aggregationsformel

(10.5) $\quad \hat{\theta} = \sum_{k=1}^{K} \frac{N_k}{N} \hat{\theta}_k$ mit

$$(10.6) \quad E(\hat{\theta}) = \sum_{k=1}^{K} \frac{N_k}{N} E(\hat{\theta}_k) \quad \text{und} \quad (10.7) \quad V(\hat{\theta}) = \sum_{k=1}^{K} \left(\frac{N_k}{N}\right)^2 V(\hat{\theta}_k),$$

denn eine geschichtete Stichprobe bedeutet K unabhängige Stichproben aus K Schichten zu ziehen. Je nach Art der Stichprobenfunktion $\hat{\theta}$ und der Stichprobenziehung erhält man anstelle von Gl. 10.5 bis 10.7 spezielle Formeln. Etwa im **heterograden Fall** (Mittelwert):

	Gl. (10.6): $E(\hat{\theta})$		Gl. (10.7): $V(\hat{\theta})$
ZmZ	$E(\overline{X}) = \sum \frac{N_k}{N} E(\overline{X}_k) = \mu$	(10.8)	$V(\overline{X}) = \sum \frac{N_k^2}{N^2} \frac{\sigma_k^2}{n_k}$
ZoZ	wie ZmZ	(10.9)	$V(\overline{X}) = \sum \frac{N_k^2}{N^2} \frac{\sigma_k^2}{n_k} \frac{N_k - n_k}{N_k - 1}$

und **im homograden Fall** analoge Formeln mit $\sigma_k^2 = \pi_k(1 - \pi_k)$ [*]. Damit sind Intervallschätzungen und Tests (bezüglich μ bzw. π) durchführbar.

---

[*] Wird z.B. der Parameter π durch p geschätzt, so ist bei ZoZ $V(P) = \sum \frac{N_k^2}{N^2} \frac{p_k q_k}{n_k - 1} \frac{N_k - n_k}{N_k}$.

Mit $\hat{\sigma}_k^2$ anstelle von σ_k^2 in Gl. 10.9 lauten die K finite multipliers $(N_k - n_k)/N_k$.

Aus Gl. 10.9 folgt, daß der Standardfehler $\sigma_{\overline{x}} = \sqrt{V(\overline{X})}$ um so kleiner ist und damit die Schätzung um so besser ist, je homogener die K Schichten (je kleiner die K Varianzen σ_k^2) sind.

Aufteilung (Allokation) der Stichprobe

a) Proportionale Aufteilung:

$$(10.10) \quad \frac{n_k}{n} = \frac{N_k}{N}, \quad \text{für alle } k = 1, 2, ..., K$$

Konsequenz: $\frac{n_1}{N_1} = \frac{n_2}{N_2} = ... = \frac{n_k}{N_k}$ (gleiche Auswahlsätze) und $\overline{x} = \frac{1}{n} \sum n_k \overline{x}_k$.

b) Nichtproportionale Aufteilung

Darunter eine Möglichkeit: **optimale Aufteilung**. (J. Neyman). Minimierung von $V(\hat{\theta})$, etwa $V(\overline{X})$ nach Gl. 10.8 unter der Nebenbedingung $n = \sum n_k$ liefert:

$$(10.11) \quad \frac{n_k}{n} = \frac{N_k \sigma_k}{\sum N_k \sigma_k}$$

Man kann eine optimale Aufteilung auch so bestimmen, daß die Varianz unter Einhaltung vorgegebener Kosten der Erhebung minimiert wird. Die Kosten müssen dabei linear abhängen von c_k einem (innerhalb der k-tenSchicht gleichen) konstanten Kostenbetrag je Einheit.
Sind alle σ_k gleich ist wegen $\sum N_k = N$ die proportionale Aufteilung zugleich die optimale.
Gl. 10.10 und 10.11 eingesetzt in Gl. 10.8 ergibt:

$$(10.12) \quad V(\overline{X})_{opt} = \frac{1}{n}\left(\sum \frac{N_k}{N} \sigma_k\right)^2 = \frac{1}{n}\left[\sum \frac{n_k}{n}\left(\frac{\sum N_k \sigma_k}{N}\right)\right]^2,$$

was offenbar nicht größer ist als[1]

$$(10.13) \quad V(\overline{X})_{prop} = \frac{1}{n} \sum \frac{N_k}{N} \sigma_k^2 = \frac{1}{n} \sum \frac{n_k}{n} \sigma_k^2.$$

Der Klammerausdruck in Gl. 10.12 (zweiter Teil, runde Klammer) kann als mittlere Schicht-Standardabweichung $\overline{\sigma}$ gedeutet werden, so daß gilt:

$$V(\overline{X})_{prop} - V(\overline{X})_{opt} = \frac{1}{n}\sum \frac{N_k}{N} - \frac{1}{n}\overline{\sigma}^2 = \frac{1}{n}\sum \frac{N_k}{N}(\sigma_k - \overline{\sigma})^2 \geq 0.$$

---

[1] Gleichheit wenn alle K Standardabweichungen σ_k gleich sind. Bei den behaupteten Größenvergleich liegt der gleiche Zusammenhang vor wie bei $E(X^2) > [E(X)]^2$

Auf die entsprechenden Formeln im Fall ZoZ soll hier verzichtet werden. Eine andere i.d.R. nicht proportionale Aufteilung von n in n_k^* $\left(n = \sum n_k^*\right)$ wäre die Aufteilung mit vorgegebener (gewünschter) Genauigkeit e_k in jeder Schicht (Gl. 10.14a).

Schichtungseffekt

Bekanntlich gilt bei einfacher Stichprobe (ZmZ)

$$\sigma_{\overline{X}}^2 = V(\overline{X})_{einf} = \frac{\sigma^2}{n},$$

wobei für die Varianz σ^2 der Grundgesamtheit die Varianz wie folgt in externe und interne Varianz

$$\sigma^2 = \sum_{k=1}^{K} \frac{N_k}{N} (\mu_k - \mu)^2 + \sum_{k=1}^{K} \frac{N_k}{N} \sigma_k^2 = V_{ext} + V_{int} = nV(\overline{X})_{einfach}.$$

zu zerlegen ist. Im Falle einer geschichteten Stichprobe mit proportionaler Aufteilung gilt demgegenüber wegen Gl. 10.13:

$$nV(\overline{X})_{prop} = \sum \frac{N_k}{N} \sigma_k^2 = V_{int} \leq \sigma^2 = V_{ext} + V_{int}$$

> Sobald eine externe Varianz auftritt (zwischen den Schichten große Unterschiede sind) ist der Standardfehler der Schätzung bei Schichtung kleiner als bei einfacher Stichprobe. Der Schichtungseffekt ist um so größer je homogener (je kleiner V_{int} ist) die Schichten sind.

Schichtung ist auch eine Möglichkeit zu verhindern, daß zufällig kein Element einer bestimmten Schicht in einer Stichprobe vertreten ist.

Notwendiger Stichprobenumfang

Für den absoluten Fehler e im heterograden Fall ZmZ und bei proportionaler Aufteilung gilt nach Gl. 10.8 $e^2 = z^2 V(\overline{X})_{prop}$, was nach Gl. 10.13 und aufgelöst nach n den folgenden Mindeststichprobenumfang n^* ergibt:

$$(10.14) \quad n^* \geq \frac{z^2}{e^2} \cdot V_{int} = \frac{z^2}{e^2} \sum \frac{N_k}{N} \sigma_k^2,$$

im Unterschied zur einfachen Stichprobe (Übers. 10.2):

$$n^* \geq \frac{z^2}{e^2} \cdot \sigma^2 = \frac{z^2}{e^2} \left(V_{int} + V_{ext}\right)$$

Entsprechende Formeln erhält man im Fall ZoZ und bei optimaler Aufteilung.

Es ist auch eine i.d.R. nicht-proportionale Aufteilung der Stichprobe in der Weise möglich, daß <u>für jede Schicht</u> eine vorgegebene Genauigkeit (gemessen am absoluten Fehler e_k) eingehalten wird, was bei:

$$(10.14a) \quad n_k^* \geq \frac{z^2}{e_k^2} \sigma_k^2 \quad \forall k \text{ gewährleistet ist.}$$

3. Klumpenstichprobe (cluster sample) und zweistufige Auswahl

Notation, Stichprobenpläne

Aufteilung der GG in M Klumpen (cluster) mit den Umfängen N_i (i = 1, 2, ..., M) in der GG. Von den M Klumpen werden m zufällig ausgewählt und jeweils mit
- **allen** ihren Einheiten (**einstufiges** Auswahlverfahren*)) ausgezählt, also mit N_j Einheiten, wenn der j-te Klumpen in die Auswahl gelangt (j = 1, 2, ..., m),
- einer Zufallsauswahl von n_j Einheiten beim ausgewählten j-ten Klumpen (Auswahlsätze $(n_j/N_j) 100 \leq 100\%$) untersucht (**zweistufige** Klumpenauswahl).

Ein Klumpen ist eine natürliche (vorgefundene) Ansammlung von Untersuchungseinheiten, die in sich möglichst heterogen sein sollte (eine verkleinerte GG) und die Klumpen sollten untereinander möglichst homogen sein. Hinsichtlich Klumpen und Schichten werden also gegensätzliche Forderungen aufgestellt. Der in der Praxis wichtigste und aus Kostengründen besonders beliebte spezielle Fall einer Klumpenstichprobe ist die **Flächenstichprobe (area sample)** mit Regionen (z.B. Gemeinden) als Klumpen.

Mittelwertschätzung bei einstufiger Klumpenauswahl und $N_i = \overline{N}$

a) Punktschätzung $\overline{x}$

(10.15) $\overline{x} = \hat{\mu} = \dfrac{\sum N_j \mu_j}{\sum N_j} = \dfrac{\sum_j \sum_k X_{jk}}{m\overline{N}} = \dfrac{\sum \mu_j}{m}$,

(j = 1, 2, ..., m; Stichprobenumfang n = m $\overline{N}$, i = 1,...,M und k = 1, 2, ..., $N_i = \overline{N}$)

Wegen der Vollerhebung innerhalb eines Klumpens ist das Klumpenmittel μ_j ohne Stichprobenfehler zu schätzen (allerdings nur bei den Klumpen, die in die Auswahl gelangen, j = 1, 2, ..., m). Der Schätzwert $\hat{\mu}$ beruht auf den m ausgewählten Klumpen im Unterschied zum wahren Mittelwert μ der endlichen GG $\mu = \dfrac{\sum N_i \mu_i}{\sum N_i}$ (j=1,2,...,m, i = 1, 2, ..., M und mit $N = \sum N_i = M \cdot \overline{N}$).

b) Varianz von $\overline{X}$

Die Varianz von $\overline{X}$ bei einer Auswahl von m aus M Klumpen (ZoZ) ist

(10.16) $V(\overline{X}) = \sigma_{\overline{x}}^2 = \dfrac{\sigma_b^2}{m} \dfrac{M-m}{M-1}$

mit σ_b^2 = Varianz zwischen (between) den Klumpen. Nach Definition ist das

---

*) Klumpenauswahl im engeren Sinne, in der Art, wie in Übers. 8.5. In Gegenüberstellung zur geschichteten Stichprobe beschrieben; Auswahlsatz auf der zweiten Stufe 100%. Der Stichprobenumfang n liegt dann mit der Anzahl m der ausgewählten Klumpen fest mit n = $\sum N_j$ (j = 1, 2, ..., m).

$$\sigma_b^2 = \frac{1}{N}\sum N_i(\mu_i - \mu)^2 = \frac{1}{M}\sum(\mu_i - \mu)^2 = \frac{1}{M}\sum_{i=1}^{M}\left(\frac{1}{\overline{N}}\sum_{k=1}^{\overline{N}} x_{ik} - \mu\right)^2$$

$$= \frac{1}{M\overline{N}^2}\sum_{i=1}^{M}\left(\sum_{k=1}^{\overline{N}} x_{ik} - \overline{N}\mu\right)^2 = \frac{1}{M\overline{N}^2}\sum_{i}\left[\sum_{k}(x_{ik} - \mu)\right]^2$$

Diese Summe der quadrierten Summen läßt sich zerlegen in

- $M\overline{N} = N$ Größen $(x_{ik} - \mu)^2$, die in ihrer Summe die N-fache ($M\overline{N}$-fache) Gesamtvarianz (σ^2) der Variable X in der (endlichen) Grundgesamtheit ergeben und
- $M\overline{N}(\overline{N}-1)$ Glieder der Art $(x_{ik} - \mu)(x_{il} - \mu)$ mit $k \neq l$, und $k,l = 1,2,...,N_i = \overline{N}$.

Das Mittel dieser Produkte $\dfrac{1}{M\overline{N}(\overline{N}-1)}\sum_{i=1}^{M}\left[\sum_{k=1}^{\overline{N}}\sum_{l=1}^{\overline{N}}(x_{ik}-\mu)(x_{il}-\mu)\right] = \sigma_{kl} = \rho\sigma^2$

(die Doppelsumme in den eckigen Klammern hat $\overline{N}(\overline{N}-1)$ Summanden) ist die durchschnittliche Kovarianz der Betrachtungen innerhalb der Klumpen und ρ heißt **Intraklasskorrelationskoeffizient**. Er ist ein Maß der Homogenität der Klumpen.

Offenbar ist $M\overline{N}^2 = M\overline{N} + M\overline{N}(\overline{N}-1)$, so daß gilt:

(10.17) $\sigma_b^2 = \dfrac{\sigma^2}{\overline{N}} + \dfrac{M\overline{N}(\overline{N}-1)}{M\overline{N}^2}\rho\sigma^2 = \dfrac{\sigma^2}{\overline{N}}[1+(\overline{N}-1)\rho] = \dfrac{\sigma^2}{\overline{N}}V_{BL}$.

Der Faktor in den eckigen Klammern wird auch **Varianzaufblähungsfaktor** (V_{BL}) genannt. Ist (was die Regel ist) $V_{BL} > 1$, so ist die Klumpenstichprobe nicht so wirksam wie die einfache Stichprobe, denn Gl. 10.17 eingesetzt in Gl. 10.16 liefert:

(10.18) $V(\overline{X}) = \sigma_{\overline{X}}^2 = \dfrac{\sigma^2}{n}\dfrac{M-m}{M-1}[1+(\overline{N}-1)\rho] \approx \dfrac{\sigma^2}{n}\left(1 - \dfrac{m}{M}\right)V_{BL}$.

(wegen $n = m\overline{N}$) im Vergleich zur Varianz der Stichprobenverteilung

(10.19) $\dfrac{\sigma^2}{n} \cdot \dfrac{N-n}{N-1} = \dfrac{\sigma^2}{n} \cdot \dfrac{M\overline{N}-m\overline{N}}{M\overline{N}-1} = \dfrac{\sigma^2}{n} \cdot \dfrac{M-m}{M-1/\overline{N}} \approx \dfrac{\sigma^2}{n}\left(1 - \dfrac{m}{M}\right)$

bei einfacher Zufallsauswahl[*].

Zweistufige (Klumpen-)Auswahl

Die Varianz $V(\overline{X})$ läßt sich zerlegen in eine von σ_b^2 und eine von σ_w^2 (Varianz innerhalb [within] der Klumpen) abhängige Komponente. Anders als in Gl. 10.15 sind die Klumpenmittelwerte μ_i durch $\overline{x}_j$ zu schätzen. Man erhält wieder mit $N_j = \overline{N}$ als Punktschätzer für μ: $\overline{x} = \sum x_j / m$.

---

[*] Wird in Gl. 10.18 und 10.19 jeweils σ^2 durch $\hat\sigma^2$ geschätzt, so ist im Nenner der Endlichkeitskorrektur M (bzw. N) statt M-1 (bzw. N-1) zu schreiben.

Der Stichprobenumfang ist jetzt $n = \sum n_j \leq \sum N_j = m\overline{N}$, weil auf der zweiten Stufe ausgewählt wird $n_j / N_j \leq 1$. Für die Varianz von $\overline{x}$ erhält man mit $\hat{\sigma}_b^2$ und $\hat{\sigma}_w^2$

(10.20) $\quad V(\overline{X}) = \dfrac{1}{N^2}\left[M^2\left(\dfrac{1}{m}-\dfrac{1}{M}\right)\hat{\sigma}_b^2 + \dfrac{M}{m}\sum N_i^2\left(\dfrac{1}{n_i}-\dfrac{1}{N_i}\right)\hat{\sigma}_w^2\right]$

4. Weitere Stichprobenpläne

a) Ungleiche Auswahlwahrscheinlichkeiten: PPS-Verfahren

Prinzip: Berücksichtigung der Größe (des Merkmalsbetrags x_i) der Einheiten (i = 1,2,...,N) einer endlichen GG bei Auswahl und Hochrechnung (Auswahl mit der Wahrscheinlichkeit w_i proportional zur Größe x_i der Einheit i [probability proportional to size PPS] statt mit $w_i = 1/N$ für alle i bei einfacher Stichprobe).

Die Schätzfunktion für μ lautet mit w_i gem. Gl. 10.22:

(10.21) $\quad \overline{X} = \dfrac{1}{n}\sum\limits_{j=1}^{n}\dfrac{x_j}{Nw_j} \quad (j=1,2,...,n)$

(10.22) $\quad w_i = \dfrac{x_i}{\sum x_i} = \dfrac{x_i}{N\mu} \quad (i=1,2...,N)$

Sie erlaubt eine exakte "Schätzung" von μ (sogar mit n=1) **wenn** $w_i = p_i$, also w_i identisch ist mit dem Anteil von x_i am Gesamtmerkmalsbetrag $\sum x_i$. Meist wird w_i jedoch mit einem anderen Merkmal Y (etwa Y: Fläche bei der Schätzung von X: Ernteertrag) geschätzt:

(10.23) $\quad w_i^* = \dfrac{y_i}{\sum y_i}$.

Es gilt bei Stichproben ZmZ

(10.24) $\quad \sigma_{\overline{x}}^2 = V(\overline{X}) = V\left(\dfrac{1}{n}\sum\limits_{j=1}^{n}\dfrac{X_j}{Nw_j}\right) = \left(\dfrac{1}{n}\right)^2\sum\limits_{j=1}^{n}\sum\limits_{i=1}^{N}p_i\left(\dfrac{x_i}{Nw_i}-\mu\right)^2 = \dfrac{1}{n}\left[\dfrac{1}{N^2}\sum\limits_{i=1}^{N}\dfrac{x_i^2}{w_i^2}p_i - \mu^2\right]$.

Für $w_i = 1/N$ erhält man die bekannten Ergebnisse für die einfache Stichprobe $E(\overline{X}) = \mu$ und $V(\overline{X}) = \sigma^2/n$. $V(\overline{X})$ nach Gleichung 10.24 ist erwartungstreu zu schätzen mit:

$$\hat{\sigma}_{\overline{x}}^2 = \dfrac{1}{n}\sum\limits_{j=1}^{n}\left(\dfrac{x_j}{Nw_j} - \overline{x}\right)^2 w_j\left[1 - (n-1)w_j\right]$$

Die Differenz zwischen der Varianz der Stichprobenverteilung von $\overline{X}$ bei einfacher Stichprobe und bei PPS ist:

$$\Delta V = \frac{1}{n}\left[\sum_{i=1}^{N}\left(x_i^2 - \frac{x_i^2}{N^2 w_i^2}\right)p_i\right].$$

Mit $w_i = 1/N$ gibt es keinen Genauigkeitsgewinn ($\Delta V = 0$) und die Varianz $V(\overline{X})$ bei PPS ist dann kleiner ($\Delta V > 0$) als bei einfacher Stichprobe, wenn der Ausdruck in den eckigen Klammern positiv ist. Das ist z.B. der Fall, wenn für w_i Gl. 10.22 gilt, denn dann ist dieser Ausdruck $\overline{x^2} - \sum \mu^2 p_i = \overline{x^2} - \mu^2 > 0$, wobei $\overline{x^2}$ das zweite und μ das erste Anfangsmoment der endlichen GG ist.

b) Mehrphasige Stichproben

Eine zweiphasige Stichprobe (auch double sampling genannt) liegt vor, wenn aus einer Stichprobe von n aus N Elementen der GG (z.B. eine einfache Stichprobe) erneut eine Stichprobe von m aus (diesen) n Elementen gezogen wird.[*] Das Verfahren ist i.d.R. nur sinnvoll, wenn der Vorteil einer Schichtung (nach dem Merkmal y) oder einer gebundenen Hochrechnung (bei Benutzung der Information über y) den Nachteil der Reduktion des Umfangs von n auf m überkompensiert und z.B. die Variable y (anders als das Untersuchungsmerkmal x) leicht aus einer Kartei zu entnehmen ist. Die erste Stichprobe dient der Beschaffung von Informationen über y, mit der eine zweite, kleinere (m<n) Unterstichprobe gezogen und untersucht werden kann.

---

[*] Der Begriff zweiphasig wird auch im Sinne von zweistufig benutzt. So z.B. im Buch von E. P. Billeter-Frey und V. Vlach, Grundlagen der statistischen Methodenlehre, UTB Bd. 1163, S. 192 ff.

Tabellenanhang

Tabelle 1: Binomialverteilung x~B(n,π); n-x~B(n,1-π)

n	x	π = 0,1 f(x)	π = 0,1 F(x)	π = 0,2 f(x)	π = 0,2 F(x)	π = 0,3 f(x)	π = 0,3 F(x)	π = 0,4 f(x)	π = 0,4 F(x)	π = 0,5 f(x)	π = 0,5 F(x)
1	0	0,9000	0,9000	0,8000	0,8000	0,7000	0,7000	0,6000	0,6000	0,5000	0,5000
	1	1000	1,0000	2000	1,0000	3000	1,0000	4000	1,0000	5000	1,0000
2	0	8100	0,8100	6400	0,6400	4900	0,4900	3600	0,3600	2500	0,2500
	1	1800	0,9900	3200	0,9600	4200	0,9100	4800	0,8400	5000	0,7500
	2	0100	1,0000	0400	1,0000	0900	1,0000	1600	1,0000	2500	1,0000
3	0	7290	0,7290	5120	0,5120	3430	0,3430	2160	0,2160	1250	0,1250
	1	2430	0,9720	3840	0,8960	4410	0,7840	4320	0,6480	3750	0,5000
	2	0270	0,9990	0960	0,9920	1890	0,9730	2880	0,9360	3750	0,8750
	3	0010	1,0000	0080	1,0000	0270	1,0000	0640	1,0000	1250	1,0000
4	0	6561	0,6561	4096	0,4096	2401	0,2401	1296	0,1296	0625	0,0625
	1	2916	0,9477	4096	0,8192	4116	0,6517	3456	0,4752	2500	0,3125
	2	0486	0,9963	1536	0,9728	2646	0,9163	3456	0,8208	3750	0,6875
	3	0036	0,9999	0256	0,9984	0756	0,9919	1536	0,9744	2500	0,9375
	4	0001	1,0000	0016	1,0000	0081	1,0000	0256	1,0000	0625	1,0000
5	0	5905	0,5905	3277	0,3277	1681	0,1681	0778	0,0778	0313	0,0313
	1	3281	0,9185	4096	0,7373	3602	0,5282	2592	0,3370	1563	0,1875
	2	0729	0,9914	2048	0,9421	3087	0,8369	3456	0,6826	3125	0,5000
	3	0081	0,9995	0512	0,9933	1323	0,9692	2304	0,9130	3125	0,8125
	4	0005	1,0000	0064	0,9997	0284	0,9976	0768	0,9898	1563	0,9688
	5	0000	1,0000	0003	1,0000	0024	1,0000	0102	1,0000	0313	1,0000
6	0	5314	0,5314	2621	0,2621	1176	0,1176	0467	0,0467	0156	0,0156
	1	3543	0,8857	3932	0,6554	3025	0,4202	1866	0,2333	0938	0,1094
	2	0984	0,9841	2458	0,9011	3241	0,7443	3110	0,5443	2344	0,3438
	3	0146	0,9987	0819	0,9830	1852	0,9295	2765	0,8208	3125	0,6563
	4	0012	0,9999	0154	0,9984	0595	0,9891	1382	0,9590	2344	0,8906
	5	0001	1,0000	0015	0,9999	0102	0,9993	0369	0,9959	0938	0,9844
	6	0000	1,0000	0001	1,0000	0007	1,0000	0041	1,0000	0156	1,0000
7	0	4783	0,4783	2097	0,2097	0824	0,0824	0280	0,0280	0078	0,0078
	1	3720	0,8503	3670	0,5767	2471	0,3294	1306	0,1586	0547	0,0625
	2	1240	0,9743	2753	0,8520	3177	0,6471	2613	0,4199	1641	0,2266
	3	0230	0,9973	1147	0,9667	2269	0,8740	2903	0,7102	2734	0,5000
	4	0026	0,9998	0287	0,9953	0972	0,9712	1935	0,9037	2734	0,7734
	5	0002	1,0000	0043	0,9996	0250	0,9962	0774	0,9812	1641	0,9375
	6	0000	1,0000	0004	1,0000	0036	0,9998	0172	0,9984	0547	0,9922
	7	0000	1,0000	0000	1,0000	0002	1,0000	0016	1,0000	0078	1,0000
8	0	4305	0,4305	1678	0,1678	0576	0,0576	0168	0,0168	0039	0,0039
	1	3826	0,8131	3355	0,5033	1977	0,2553	0896	0,1064	0313	0,0352
	2	1488	0,9619	2936	0,7969	2965	0,5518	2090	0,3154	1094	0,1445
	3	0331	0,9950	1468	0,9437	2541	0,8059	2787	0,5941	2188	0,3633
	4	0046	0,9996	0459	0,9896	1361	0,9420	2322	0,8263	2734	0,6367
	5	0004	1,0000	0092	0,9988	0467	0,9887	1239	0,9502	2188	0,8555
	6	0000	1,0000	0011	0,9999	0100	0,9987	0413	0,9915	1094	0,9648
	7	0000	1,0000	0001	1,0000	0012	0,9999	0079	0,9993	0313	0,9961
	8	0000	1,0000	0000	1,0000	0001	1,0000	0007	1,0000	0039	1,0000

Tabelle 2: Wahrscheinlichkeitsfunktion f(x) und Verteilungsfunktion F(x) der Poisson-Verteilung

x	$\lambda=0.1$		$\lambda=0.2$		$\lambda=0.3$		$\lambda=0.4$		$\lambda=0.5$	
	f(x)	F(x)	f(x)	F(x)	f(x)	F(x)	f(x)	F(x)	f(x)	F(x)
0	0.9048	0.9048	0.8187	0.8187	0.7408	0.7408	0.6703	0.6703	0.6065	0.6065
1	0.0905	0.9953	0.1637	0.9825	0.2222	0.9631	0.2681	0.9384	0.3033	0.9098
2	0.0045	0.9998	0.0164	0.9989	0.0333	0.9964	0.0536	0.9921	0.0758	0.9856
3	0.0002	1.0000	0.0011	0.9999	0.0033	0.9997	0.0072	0.9992	0.0126	0.9982
4	0.0000	1.0000	0.0001	1.0000	0.0003	1.0000	0.0007	0.9999	0.0016	0.9998
5							0.0001	1.0000	0.0002	1.0000

x	$\lambda=0.6$		$\lambda=0.7$		$\lambda=0.8$		$\lambda=0.9$		$\lambda=1$	
	f(x)	F(x)	f(x)	F(x)	f(x)	F(x)	f(x)	F(x)	f(x)	F(x)
0	0.5488	0.5488	0.4966	0.4966	0.4493	0.4493	0.4066	0.4066	0.3679	0.3679
1	0.3293	0.8781	0.3476	0.8442	0.3595	0.8088	0.3659	0.7725	0.3679	0.7358
2	0.0988	0.9767	0.1217	0.9659	0.1438	0.9526	0.1647	0.9371	0.1839	0.9197
3	0.0198	0.9966	0.0284	0.9942	0.0383	0.9909	0.0494	0.9865	0.0613	0.9810
4	0.0030	0.9996	0.0050	0.9992	0.0077	0.9986	0.0111	0.9977	0.0153	0.9963
5	0.0004	1.0000	0.0007	0.9999	0.0012	0.9998	0.0020	0.9997	0.0031	0.9994
6			0.0001	1.0000	0.0002	1.0000	0.0003	1.0000	0.0005	0.9999
7									0.0001	1.0000

x	$\lambda=1.5$		$\lambda=2$		$\lambda=3$		$\lambda=4$		$\lambda=5$	
	f(x)	F(x)	f(x)	F(x)	f(x)	F(x)	f(x)	F(x)	f(x)	F(x)
0	0.2231	0.2231	0.1353	0.1353	0.0498	0.0498	0.0183	0.0183	0.0067	0.0067
1	0.3347	0.5578	0.2707	0.4060	0.1494	0.1991	0.0733	0.0916	0.0337	0.0404
2	0.2510	0.8088	0.2707	0.6767	0.2240	0.4232	0.1465	0.2381	0.0842	0.1247
3	0.1255	0.9344	0.1804	0.8571	0.2240	0.6472	0.1954	0.4335	0.1404	0.2650
4	0.0471	0.9814	0.0902	0.9473	0.1680	0.8153	0.1954	0.6288	0.1755	0.4405
5	0.141	0.9955	0.0361	0.9834	0.1008	0.9161	0.1563	0.7851	0.1755	0.6160
6	0.0035	0.9991	0.0120	0.9955	0.0504	0.9665	0.1042	0.8893	0.1462	0.7622
7	0.0008	0.9998	0.0034	0.9989	0.0216	0.9881	0.095	0.9489	0.1044	0.8666
8	0.0001	1.0000	0.0009	0.9998	0.0081	0.9962	0.0298	0.9786	0.0653	0.9319
9			0.0002	1.0000	0.0027	0.9989	0.0132	0.9919	0.0363	0.9682
10					0.0008	0.9997	0.0053	0.9972	0.0181	0.9863
11					0.0002	0.9999	0.0019	0.9991	0.0082	0.9945
12					0.0001	1.0000	0.0006	0.9997	0.0034	0.9980
13							0.0002	0.9999	0.0013	0.9993
14							0.0001	1.0000	0.0005	0.9998
15									0.0002	0.9999
16									0.0000	1.0000

Tabelle 3: Standardnormalverteilung $N(0,1)$

Zur Erklärung der Funktionen $F(z)$ und $\Phi(z)$ vgl. Seite 6.4:

z	Dichtefunktion $f(z) = \frac{1}{\sqrt{2\pi}} e^{-\frac{z^2}{2}}$	Verteilungsfunktion $F(z) = \frac{1}{\sqrt{2\pi}} \int_{-\infty}^{z} e^{-\frac{u^2}{2}} du$	Symmetrische Intervallwahrscheinlichkeit $\Phi(z) = \frac{1}{\sqrt{2\pi}} \int_{-z}^{z} e^{-\frac{u^2}{2}} du$
0	0.3989	0.5000	0.0000
0.1	0.3970	0.5398	0.0797
0.2	0.3910	0.5793	0.1585
0.3	0.3814	0.6179	0.2358
0.4	0.3683	0.6554	0.3108
0.5	0.3521	0.6915	0.3829
0.6	0.3332	0.7257	0.4515
0.7	0.3122	0.7580	0.5161
0.8	0.2897	0.7881	0.5763
0.9	0.2661	0.8159	0.6319
1.0	0.2420	0.8413	0.6827
1.1	0.2178	0.8649	0.7287
1.2	0.1942	0.8849	0.7699
1.3	0.1714	0.9032	0.8064
1.4	0.1497	0.9192	0.8385
1.5	0.1295	0.9332	0.8664
1.6	0.1109	0.9452	0.8904
1.7	0.0940	0.9594	0.9109
1.8	0.0790	0.9641	0.9281
1.9	0.0656	0.9713	0.9426
2.0	0.0540	0.9772	0.9545
2.1	0.0440	0.9821	0.9643
2.2	0.0355	0.9861	0.9722
2.3	0.0283	0.9893	0.9786
2.4	0.0224	0.9918	0.9836
2.5	0.0175	0.9938	0.9876
2.6	0.0136	0.9953	0.9907
2.7	0.0104	0.9963	0.9931
2.8	0.0079	0.9974	0.9949
2.9	0.0060	0.9981	0.9963
3.0	0.0044	0.9987	0.9973

<u>Wichtige Signifikanzschranken und Wahrscheinlichkeiten</u>

a) z-Werte für gegebene Wkt. $1 - \alpha$

$P = 1 - \alpha$	einseitig $F(z)$	zweiseitig $\phi(z)$
90%	1,2816	± 1,6449
95%	1,6449	± 1,9600
99%	2,3263	± 2,5758
99,9%	3,0902	± 3,2910

b) Wkt. für gegebenes z

z	$F(z)$	$\phi(z)$
0	0,5000	0,0000
1	0,8413	0,6827
2	0,9772	0,9545
3	0,9987	0,9973

Tabelle 4: Die t-Verteilung (Student-Verteilung) für r Freiheitsgrade
linksseitige Konfidenzintervalle $t_r < t_{r,p}$ ($p = 1-\alpha$), Werte für $t_{r,p}$

r \ p	.90	.95	.975	.99	.995
1	3.08	6.31	12.71	31.82	63.66
2	1.89	2.92	4.30	6.96	9.92
3	1.64	2.35	3.18	4.54	5.84
4	1.53	2.13	2.78	3.75	4.60
5	1.48	2.02	2.57	3.36	4.03
6	1.44	1.94	2.45	3.14	3.71
7	1.41	1.89	2.36	3.00	3.50
8	1.40	1.86	2.31	2.90	3.36
9	1.38	1.83	2.26	2.82	3.25
10	1.37	1.81	2.23	2.76	3.17
11	1.36	1.80	2.20	2.72	3.11
12	1.36	1.78	2.18	2.68	3.05
13	1.35	1.77	2.16	2.65	3.01
14	1.35	1.76	2.14	2.62	2.98
15	1.34	1.75	2.13	2.60	2.95
16	1.34	1.75	2.12	2.58	2.92
17	1.33	1.74	2.11	2.57	2.90
18	1.33	1.73	2.10	2.55	2.88
19	1.33	1.73	2.09	2.54	2.86
20	1.33	1.72	2.09	2.53	2.85
21	1.32	1.72	2.08	2.52	2.83
22	1.32	1.72	2.07	2.51	2.82
23	1.32	1.71	2.07	2.50	2.81
24	1.32	1.71	2.06	2.49	2.80
25	1.32	1.71	2.06	2.49	2.79
26	1.32	1.71	2.06	2.48	2.78
27	1.31	1.70	2.05	2.47	2.77
28	1.31	1.70	2.05	2.47	2.76
29	1.31	1.70	2.05	2.46	2.76
30	1.31	1.70	2.04	2.46	2.75
40	1.30	1.68	2.02	2.42	2.70
60	1.30	1.67	2.00	2.39	2.66
80	1.29	1.66	1.99	2.37	2.64
100	1.29	1.66	1.98	2.36	2.63
200	1.29	1.65	1.97	2.35	2.60
500	1.28	1.65	1.96	2.33	2.59
∞	1.282	1.645	1.960	2.326	2.576

Ablesebeispiel für symmetrisches, zweiseitiges Intervall bei r = 5, $p = 1-\alpha = 0.9 \Rightarrow t_{r,p} = 2.02$.

Tabelle 5: χ^2*-Verteilung*

p \ r	0.005	0.01	.025	.05	.95	.975	.99	.995
1	.00	.00	.00	.00	3.84	5.02	6.63	7.88
2	.01	.02	.05	.10	5.99	7.38	9.21	10.60
3	.07	.11	.22	.35	7.81	9.35	11.34	12.84
4	.21	.30	.48	.71	9.49	11.14	13.28	14.86
5	.41	.55	.83	1.15	11.07	12.83	15.09	16.75
6	.68	.87	1.24	1.64	12.59	14.45	16.81	18.55
7	.99	1.24	1.69	2.17	14.07	16.01	18.48	20.28
8	1.34	1.65	2.18	2.73	15.51	17.53	20.09	21.96
9	1.73	2.09	2.70	3.33	16.92	19.02	21.67	23.59
10	2.16	2.56	3.25	3.94	18.31	20.48	23.21	25.19
11	2.60	3.05	3.82	4.57	19.68	21.92	24.73	26.76
12	3.07	3.57	4.40	5.23	21.03	23.34	26.22	28.30
13	3.57	4.11	5.01	5.89	22.36	24.74	27.69	29.82
14	4.07	4.66	5.63	6.57	23.68	26.12	29.14	31.32
15	4.60	5.23	6.26	7.26	25.00	27.49	30.58	32.80
16	5.14	5.81	6.91	7.96	26.30	28.85	32.00	34.27
17	5.70	6.41	7.56	8.67	27.59	30.19	33.41	35.72
18	6.26	7.01	8.23	9.39	28.87	31.53	34.81	37.16
19	6.84	7.63	8.91	10.12	30.14	32.85	36.19	38.58
20	7.43	8.26	9.59	10.85	31.41	34.17	37.57	40.00
21	8.03	8.90	10.28	11.59	32.67	35.48	38.93	41.40
22	8.64	9.54	10.98	12.34	33.92	36.78	40.29	42.80
23	9.26	10.20	11.69	13.09	35.17	38.08	41.64	44.18
24	9.89	10.86	12.40	13.85	36.42	39.36	42.98	45.56
25	10.52	11.52	13.12	14.61	37.65	40.65	44.31	46.93
26	11.16	12.20	13.84	15.38	38.89	41.92	45.64	48.29
27	11.81	12.88	14.57	16.15	40.11	43.19	46.96	49.64
28	12.46	13.56	15.31	16.93	41.34	44.46	48.28	50.99
29	13.12	14.26	16.05	17.71	42.56	45.72	49.59	52.34
30	16.79	14.95	16.79	18.49	43.77	46.98	50.89	53.67
40	20.71	22.16	24.43	26.51	55.76	59.34	63.69	66.77
50	27.99	29.71	32.36	34.76	67.50	71.42	76.15	79.49
60	35.53	37.48	40.48	43.19	79.08	83.30	88.38	91.95
70	43.28	45.44	48.76	51.74	90.53	95.02	100.43	104.22
80	51.17	53.54	57.15	60.39	101.88	106.63	112.33	116.32
90	59.20	61.75	65.65	69.13	113.15	118.14	124.12	128.30
100	67.33	70.06	74.22	77.93	124.34	129.56	135.81	140.17

Teil II

Übungsaufgaben

Gliederung von Teil II

Kap.1:	Einführung, Stichprobenraum
Kap.2:	Kombinatorik
Kap.3:	Ereignisalgebra, Wahrscheinlichkeit

    3.1. Mengenoperationen mit Ereignissen
    3.2. Wahrscheinlichkeitsbegriff
    3.3. Additionssätze
    3.4. Multiplikationssätze, bedingte Wahrscheinlichkeiten, Unabhängigkeit
    3.5. Totale Wahrscheinlichkeit, Theorem von Bayes

Kap.4: Zufallsvariablen, Wahrscheinlichkeitsverteilung
    4.1. Eindimensionale Zufallsvariable
    4.2. Zweidimensionale Zufallsvariable
    4.3. Linearkombination und -transformation
    4.4. Erzeugende Funktionen

Kap.5: Spezielle diskrete Wahrscheinlichkeitsverteilungen
    5.1. Zweipunktverteilung
    5.2. Geometrische Verteilung, Binomialverteilung
    5.3. Hypergeometrische Verteilung
    5.4. Poissonverteilung

Kap.6: Spezielle stetige Verteilungen
    6.1. lineare Verteilungen, Gleichverteilung (stetig)
    6.2. Normalverteilung

Kap.7: Grenzwertsätze, Stichprobenverteilung
    7.1. Tschebyscheffsche Ungleichung, Grenzwertsätze, stochastische Konvergenz
    7.2. Stichprobenverteilungen

Kap.8: Schätztheorie
    8.1. Maximum-Likelihood-Methode
    8.2. Punktschätzung
    8.3. Intervallschätzung (Mittel- und Anteilswert)
    8.4. Konfidenzintervallschätzung für die Differenz von zwei Mittel- bzw. Anteilswerten

Kap.9: Testtheorie
    9.1. Test für Mittel- und Anteilswerte (Ein-Stichproben-Fall)
    9.2. Signifikanztests für Mittel- und Anteilswertdifferenzen (zwei unabhängige Stichproben)

Kap.10: Stichprobentheorie
    10.1. Notwendiger Stichprobenumfang
    10.2. Hochrechnung
    10.3. Geschichtete Stichproben

Aufgaben zu Kapitel 1 und 2

Aufgabe 1.1

Drei Personen spielen zwei Runden eines Glücksspiels. Wie groß ist die Wahrscheinlichkeit, daß die Person A zweimal gewinnt?

Aufgabe 1.2

In der Mensa X kann man aus drei Beilagen (A,B,C) zwei auswählen (auch dieselbe Beilage zweimal). Wie wahrscheinlich wählt man die Kombination AA (wenn alle Beilagen als gleich gut oder gleich schlecht empfunden werden)?

Aufgabe 2.1

Vier Freunde schreiben sich gegenseitig Weihnachtsgrüße (Postkarten). Wieviele Postkarten muß die Post befördern?

Aufgabe 2.2

In wievielen verschiedenen Reihenfolgen kann man 4 Flaschen Pils, 3 Flaschen Alt, 2 Wodka und 1 Doppelkorn trinken?

Aufgabe 2.3

a) Wieviele Möglichkeiten gibt es beim Zahlenlotto 6 aus 49?
b) Wieviele dieser Möglichkeiten enthalten die Zahl 17?

Aufgabe 2.4

Im Morsealphabet sind Buchstaben Kombinationen von Punkt und Strich. Wievielstellig müssen die Kombinationen sein, damit hierdurch 26 Buchstaben gebildet werden Können?

Aufgabe 2.5

Die Condesa (Gräfin) Alma de Rano aus Amphibien glaubte fest an das Märchen vom Froschkönig aus dem fernen Deutschland. In den 20 Teichen, 8 Seen und 2 Flüssen von Amphibien lebten ... Frösche (F), ... Spitzkrokodile (K) und ... Fische (piscis P). Es war das Lebenswerk des schrulligen Statistikers Pedro de las Tablas, diese Zahlen festzustellen.

a) Eines Tages beschließt die Gräfin, sich einer Stichprobe von 5 Teichen, 3 Seen und einem Fluß küssend zu nähern, um dort eben den Frosch zu finden, der sich beim Kuß in einen Prinzen verwandelt.
Wieviele Stichproben aus den entsprechenden Gewässern Amphibiens sind dabei möglich?

b) Ein Untertan belehrte die Gräfin, daß es weniger wahrscheinlich sei, den besagten Frosch in einem Fluß zu finden als in einem Teich oder See. Am ehesten sei der "Froschkönig" in den Teichen T_1, T_2 oder T_3 zu erwarten, vielleicht auch in den Seen S_1 oder S_2.

Alma entschließt sich, wieder 3 Seen und 5 Teiche aufzusuchen, wobei jedoch T_1, T_2, T_3, S_1 und S_2 in jedem Fall in die Stichprobe fallen sollen. Wieviel Möglichkeiten gibt es jetzt?

Aufgabe 2.6

Diplom-Kaufmann K aus E schickte vor der Wende sieben mit viel Liebe selbstgebastelte Geschenke an fünf Verwandte in der DDR, um ihnen drüben zu Weihnachten eine Freude zu machen. In dem beigefügten Brief war genau beschrieben, wie die 7 Geschenke auf die 5 Verwandten aufgeteilt werden sollten. Leider ging jedoch der Brief verloren, nachdem er von den Geheimdiensten hüben und drüben gelesen worden war.

a) Angenommen, die 7 Geschenke seien durchaus sehr unterschiedlich, gleichwohl ist aber aus der Art des Geschenks noch nicht erkennbar, wem (z.B. Onkel, Tante, Vetter etc.) es gewidmet sein könnte. Wenn die Verwandten in der DDR alle Möglichkeiten, die Geschenke aufzuteilen, ausprobieren wollten, hätten sie viel zu tun! Wieviele Möglichkeiten gibt es?

b) Diplom-Kaufmann K aus E ist aus ökonomischen Gründen bei seiner Bastelarbeit zur preisgünstigeren Serienproduktion übergegangen und hatte sieben gleiche Geschenke gebastelt. Wieviele Möglichkeiten gibt es jetzt die Geschenke für die 5 Verwandten zu verteilen? Auch hier ist wieder der Fall zu berücksichtigen, daß sich auf eine Person mehrere Geschenke, bis zu 7, kumulieren können.

Aufgabe 2.7

Auf einem Parkplatz stehen n Fahrzeuge in einer Reihe nebeneinander. Auf Platz i (mit i $\neq$ 1, n) steht die Luxuskarosse von Direktor D. Wie groß ist die Wahrscheinlichkeit, daß nach einigen Stunden bei völlig zufälligem Kommen und Gehen die Plätze unmittelbar neben D beide leer sind, wenn am Schluß noch r Fahrzeuge (r < n) auf dem Parkplatz verbleiben?

Aufgabe 2.8

Wieviele Möglichkeiten gibt es, fünf Personen

a) in einer Reihe

b) an einem runden Tisch anzuordnen?

Aufgabe 2.9

Fünf Personen wollen ein Taxi nehmen, das jedoch nur zwei Personen aufnehmen kann. Von den 5 Personen sind 2 Engländer und 3 Franzosen. Unter den Engländern spricht einer nur Englisch, der andere auch Französisch. Von den Franzosen spricht einer nur Französisch, die beiden anderen auch Englisch.

Wie groß ist die Wahrscheinlichkeit, daß

a) die beiden Passagiere der gleichen Nationalität sind

b) die gleiche Sprache sprechen

c) von verschiedener Nationalität sind und trotzdem die gleiche Sprache sprechen?

Aufgabe 2.10

Wie groß ist die Wahrscheinlichkeit, daß von 10 beliebig ausgewählten Personen mindestens zwei am selben Tag Geburtstag haben?

Aufgaben zu Kapitel 3

Aufgabe 3.1.1

Man untersuche, ob die folgenden Aussagen allgemeingültig sind oder nur unter bestimmten Bedingungen (welchen?) gelten (bitte ankreuzen bzw. Bedingungen angeben).

	Aussage	gilt stets	gilt nur, wenn ...	gilt nie
1	wenn $AB \subset AC$, dann $B \subset C$			
2	wenn $ABC = AB$ dann $B \subset C$			
3	$(A \cup B) - A = B$			
4	$\Omega - (A \cup C) = \overline{A} \cap \overline{B}$			
5	$(A-B) \cup (A-C) = A - BC$			
6	$\overline{AB - AC} = BC$			
7	$AB - AC = AB - ABC$			
8	$A - B = B - A$			

Aufgabe 3.1.2

In den folgenden Venn-Diagrammen

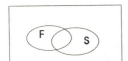  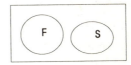

sind die Ereignisse   a) $F \setminus S$ b) $\overline{F} \cup S$ c) $F \cap \overline{S}$ d) $\overline{F} \setminus \overline{S}$

durch Schattierungen hervorzuheben!

Aufgabe 3.1.3

Nach langjähriger intensiver Forschungstätigkeit gelangte ein namhafter Experte der Allgemeinen Betriebswirtschaftslehre zur fundamentalen Erkenntnis, daß ein Beitrieb ein System sei, welches mit seiner Umwelt in einen Leistungsaustausch tritt.

Im Falle eines Straßenhändlers der Schreibwarenbranche habe man es aber mit einem Potential- und nicht einem Permanenzbetrieb zu tun, da sich die Umwelt in Gestalt von Kunden nur von Zeit zu Zeit dem Einwirkungsbereich des Systems nähere.

Hinzukommt, daß es einige Potentialbetriebe (Ereignis P) gäbe, die ohne Gewerbeschein betrieben werden (sog. Kryptobetriebe [Ereignis K]), während es andererseits auch Kryptobetriebe gäbe, die keine Permanenzbetriebe seien.

Symbolisieren Sie im Venn-Diagramm die folgenden Ereignisse und beschreiben Sie diese in Worten:

Ereignis	Venn-Diagramm
$P \cap K$	
$\overline{P} \cap K$	
$\overline{K}$	
$\overline{K} \cup P$	
$\overline{K} \cup \overline{P}$	

Aufgabe 3.2.1

Die Menge Ω werde durch vier Ereignisse A, B, C und D vollständig zerlegt. Für die Wahrscheinlichkeiten gelte P(A)=1/3, P(B)=1/4, P(C)=0, P(D)=3/12, P(A$\cup$B)=7/12, P(A$\cup$D)=1/2. Sind die Axiome von Kolmogoroff erfüllt?

Aufgabe 3.2.2

Karl Meier, statistisch vorgebildeter Angestellter einer Sterbekasse, hat folgende Berufskrankheit: beim Anblick eines PKW erkennt er blitzschnell, welche möglichen Todesfälle auftreten können und schreibt eine entsprechende Liste auf, die man als Statistiker .... nennt.

Eines Tages sieht er in einem Auto Vater (V), Mutter (M), Schwiegermutter (S) und Kind (K) sitzen. Wie lautet Meiers Liste?

Man zeige an einem Beispiel, daß für beliebige Teilmengen aus dieser Liste gilt, daß Vereinigung, Durchschnitt, Differenz und Komplement selbst wieder Elemente dieser Liste darstellen!

Aufgabe 3.2.3

In einem Straßencafé sitzen drei Männer und machen sich Gedanken darüber ob die vorbeiziehende Passantin P eine "Klassefrau" sei (Ereignis K). Kann man die Wahrscheinlichkeit P(K) bestimmen nach dem

a) klassischen ...
b) statistischen ...
c) subjektiven Wahrscheinlichkeitsbegriff?

Aufgabe 3.2.4

Kann man eine Wahrscheinlichkeit P über einen Stichprobenraum Ω dergestalt definieren, daß für zwei Elemente A und B von Ω gilt:

a) $P(A) = 0{,}9$, $P(B) = 0{,}05$ und $P(A \cap B) = 0{,}3$

b) $P(A) = 0{,}9$, $P(B) = 0{,}3$ und $P(A \cap B) = 0{,}05$

c) $P(A) = \frac{1}{2}\sqrt{2}$, $P(B) = \frac{1}{2}\sqrt{2}$, $P(A \cap B) = 0{,}5$ und $P(A \cup B) = \sqrt{2} - 1/2$?

Aufgabe 3.2.5

Bekanntlich treten in Märchen Ereignisse auf, die im Alltagsleben so gut wie nie auftreten, z.B. die Verwandlung eines Frosches in einen Prinzen (Ereignis V).

a) Gleichwohl ist auch im Alltagsleben das Ereignis V nicht im logisch-wissenschaftlichen Sinne unmöglich, wenngleich P(V) praktisch Null sein dürfte.

Ein Statistiker habe eine Millionen Frosch-Küsse von Prinzessinnen beobachtet, aber trotzdem keinen Fall erlebt, in dem sich ein Frosch in einen Prinzen verwandelt hat. Er kann daraus folgern:

O $P(V) = 0$

O $0 \leq P(V) \leq 1/1.000.000$

O   er kann keine derartigen Folgerungen ziehen

Angenommen, es sei $P(V) = p = 1/5.000.000$. Wie groß ist dann die <u>exakte</u> Wahrscheinlichkeit des obigen Stichprobenbefundes?

b) Welcher Wahrscheinlichkeitsbegriff liegt hier zugrunde?

O klassisch   O statistisch

O geometrisch   O ....

c) Die folgenden Ereignisse mögen eine vollständige Zerlegung Ω bilden:

G: Verwandlung in einen Grafen
K: Verwandlung in (leider nur) einen Diplom-Kaufmann
$\overline{V}$: keine Verwandlung

Wie lautet das sichere Ereignis? Nennen Sie ein Beispiel für ein unmögliches Ereignis! Warum ist { Ω, K, K$\cup$G } <u>keine</u> σ-Algebra?

Aufgabe 3.3.1

Die Kunden eines Kaufhauses kaufen im 1.Stock (nicht: nur im ersten Stock) mit einer Wahrscheinlichkeit von $P(A)=0{,}25$, im 2.Stock mit $P(B)=0{,}3$ und sowohl im ersten als auch im zweiten Stock mit $P(A\cap B)=0{,}05$. Wie groß ist die Wahrscheinlichkeit $P(A\cup B)$, daß ein Kunde entweder im ersten oder im zweiten Stock einkauft? Kann man aus den Zahlen erkennen, daß das Kaufhaus noch mehr Stockwerke haben muß, z.B. einen dritten Stock oder einen Keller?

Aufgabe 3.3.2

Für die Ereignisse A, B, C aus einem Ereignissystem gilt

$P(A) = 0{,}5$ $\quad P(A\cup B) = 0{,}6$ $\quad P(A\cap B\cap C) = 0{,}02$
$P(B) = 0{,}2$ $\quad P(A\cup C) = 0{,}6$
$P(C) = 0{,}3$ $\quad P(B\cap C) = 0{,}1$

Man berechne die Wahrscheinlichkeiten für:

$P(B\cup C) = \qquad P(A\cap C) = \qquad P(A\cap B) = \qquad P(A\cup B\cup C) =$

Aufgabe 3.4.1

Bei einem Kartenspiel mit 32 Karten darf ein Spieler zweimal ziehen. Wie groß ist die Wahrscheinlichkeit, daß er entweder im ersten oder im zweiten Zug einen Buben zieht

a) bei Ziehen ohne Zurücklegen?

b) bei Ziehen mit Zurücklegen?

(Wie lauten die Wahrscheinlichkeiten, wenn es heißt: entweder im ersten oder im zweiten Zug oder in beiden Zügen?)

Aufgabe 3.4.2

Von einem dreimotorigen Fluggerät älterer Bauart ist anzunehmen, daß jeder Motor während eines geplanten Fluges von 10 Stunden mit einer konstanten Wahrscheinlichkeit von 0,9 ungestört laufen wird.

a) Wie wahrscheinlich ist es, daß x=0, x=1, x=2 bzw. x=3 Motoren während des Fluges ausfallen werden?

b) Es ist zu erwarten, daß im Durchschnitt ... Motoren ausfallen werden.

c) Geben Sie das zu dieser Aufgabe passende Urnenmodell an.

Aufgabe 3.4.3

Graf Sigismund von Rieselkalk sorgt sich um den Fortbestand seines uralten vornehmen Geschlechts, denn erfahrungsgemäß setzt dies in einer Generation mindestens zwei Söhne voraus. Auf wieviele Kinder sollten sich die Rieselkalks einrichten, um mit einer Wahrscheinlichkeit von 11/16 (also 68,75%) mindestens zwei Söhne zu haben?

Aufgabe 3.4.4

Für die Firma X bemühen sich drei Vertreter (A,B,C) unabhängig voneinander den Großkonzern G von den Vorzügen der Produkte von X zu überzeugen. Die Wahrscheinlichkeit, daß es A gelingt G vom Kauf zu überzeugen sei 1/8. Bei B sei diese Wahrscheinlichkeit 1/6 und bei C sei sie 1/5. Es bestehe stochastische Unabhängigkeit.

Wie wahrscheinlich ist es, daß G

- von keinem der drei Vertreter (sei es A, B oder C) zum Kauf überredet wird?

- von einem der drei Vertreter (sei es A, B oder C) zum Kauf überredet wird?

Aufgabe 3.4.5

Auf einer einsamen Insel sitzt der schiffbrüchige Diplom-Kaufmann K aus E. Dank seiner vorzüglichen Statistikausbildung ist er in der Lage, die Wahrscheinlichkeit dafür zu berechnen, daß er im Verlaufe des nächsten Jahres gerettet wird (Ereignis R), was jedoch voraussetzt, daß ein Schiff in Sichtweite vorbeifährt (S), was K an jedem Tag des Jahres für gleich wahrscheinlich hält. Für die Ereignisse R und S gilt dann: R ist ...

[ ] abhängig von S

[ ] ein Teilereignis von S

[ ] unverträglich mit S

[ ] ein sicheres Ereignis

[ ] kein Zufallsereignis

[ ] $P(R) < P(S)$

[ ] $P(RS) = P(R)\,P(S)$

[ ] $P(R) = P(RS)$

Aufgabe 3.4.6

Der Chevalier de Méré, ein Freund Blaise Pascals, gewann ein Vermögen, indem er darauf setzte, mit 4 Würfeln mindestens eine 6 zu erhalten. Méré hat intuitiv darauf vertraut, daß bei 4 Würfeln eine 6 zu erreichen sein müßte. Eine ähnlich hohe Gewinnchance vermutete er daraufhin in folgender Wette: eine Doppelsechs (Pasch) bei 24 Würfen mit zwei Würfeln. Er machte hiermit jedoch bankrott. Mit welchem Argument hätten Sie dem Chevalier von seinem zweiten Spiel abgeraten?

Aufgabe 3.4.7

Der eifersüchtigen Hausfrau H gelingt es trotz verfeinerter Techniken der Befragung und Beeinflussung ihres Ehemannes E nicht, sich Klarheit über gewisse Vorgänge auf einer Geschäftsreise des E zu verschaffen. Bei den allabendlichen Verhören schläft E mit einer Wahrscheinlichkeit von 0,75 frühzeitig und stumm ein, ohne daß es zu einem klärenden Gespräch kommt.
Sofern E nicht einschläft, besteht auch nur eine geringe Wahrscheinlichkeit von 0,2 dafür, daß es zu einem Gespräch kommt. Wie wahrscheinlich ist es, daß E einem Verhör seiner eifersüchtigen Gattin nicht ausweicht?

Aufgabe 3.4.8

Ein Zufallsexperiment besteht aus dem Werfen dreier idealer Würfel. Es wird behauptet, die Augensummen 9 und 10 erscheinen nicht gleich häufig, obwohl beide Summen auf 6 Arten eintreten können (man spricht auch von Partitionen der Summe 9 bzw. 10):

```
"9"  = 1+2+6 = 1+3+5 = 1+4+4 = 2+2+5 = 2+3+4 = 3+3+3
"10" = 1+3+6 = 1+4+5 = 2+2+6 = 2+4+4 = 2+3+5 = 3+3+4
```

Man erkläre den Sachverhalt!

Aufgabe 3.4.9

Wie groß ist die Wahrscheinlichkeit dafür, daß mindestens einer von zwei Würfeln die Augenzahl 2 zeigt (Ereignis A), wenn zugleich die Summe der Augenzahlen beider Würfel 6 ist (Ereignis B). Man zeige, daß A und B nicht stochastisch unabhängig sind.

Aufgabe 3.4.10

Wie groß ist die Summe der bedingten Wahrscheinlichkeiten

$$P(A|B) + P(\bar{A}|B) \quad \text{und} \quad P(A|B) + P(A|\bar{B})$$

wenn a) beide Ereignisse stochastisch unabhängig sind,
b) beide Ereignisse nicht stochastisch unabhängig sind?

Aufgabe 3.4.11

Auf einen Regentag (R) folge mit $P(S|R) = 0{,}3$ ein Sonnentag (S) und auf einen Sonnentag mit $P(R|S) = 0{,}25$ ein Regentag.

a) Wie wahrscheinlich ist es, daß (heute sei ein Regentag und ein Tag ist stets entweder ein Sonnentag oder Regentag)
- übermorgen wieder ein Regentag ist?
- nach sieben Regentagen am achten Tag nach heute erstmals wieder die Sonne scheint? (Ansatz genügt)
- ab morgen eine ganze Woche lang, insgesamt sieben Tage das gleiche Wetter herrscht?

b) Sind die Ereignisse R und S stochastisch unabhängig oder nicht? (Begründung erforderlich)

Aufgabe 3.4.12

Diplom-Kaufmann K aus E hatte für die Gasfirma R in E, bei welcher er beschäftigt ist, 20 Erdgaslieferanten im Nahen Osten zu besuchen.

Auf dem Weg zum Lieferanten L hat er sich leider in der Wüste verirrt (vgl. Bild).

An jeder Verzweigung des Weges von W (Standort) nach L (Ziel) setzt K seinen Weg ganz nach dem Prinzip des Zufalls fort. Er kann an der Stelle C auch über B zurückkehren und sich so evtl. mehrmals im Kreis bewegen.

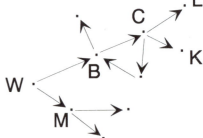

Wie wahrscheinlich ist es, daß K unter diesen Umständen nicht zu L gelangt?

Aufgabe 3.4.13

In einer entlegenen Ecke in den Karpaten liegen die Höfe der beiden verfeindeten Bauern Andrzej und Boguslaw unmittelbar nebeneinander. Beide müssen von Zeit zu Zeit eine bestimmte Brücke überqueren und weil sie spinnefeind sind, kann es passieren, daß es dabei zu tätlichen Auseinandersetzungen (Ereignis T) kommt. Die Wahrscheinlichkeit dafür beträgt, wenn sie sich treffen, 0,8.

Die Wahrscheinlichkeit, daß A an einem beliebigen Tag die Brücke überquert, betrage P(A) = 0,3. Die entsprechende Wahrscheinlichkeit sei bei Boguslaw P(B) = 0,2. Die Ereignisse A und B seien (schon wegen der durch die Feindschaft bedingte Kontaktarmut zwischen A und B) unabhängig.

a) Man trage ein Symbol für das gefragte zusammengesetzte Ereignis, sowie den Zahlenwert für die Wahrscheinlichkeit in die Tabelle ein:

	Wie wahrscheinlich ist es, daß	Symbol	Wahrsch.
1	A die Brücke überquert, wenn auch B sie überquert		
2	A und B sich beim Überqueren der Brücke begegnen		
3	es zu einer tätlichen Auseinandersetzung kommt, wenn sie sich nicht begegnen		
4	wenigstens einer von beiden die Brücke überquert		
5	einer von beiden, aber nicht beide zusammen die Brücke überqueren		
6	weder A noch B die Brücke überqueren		
7	zwar Andrzej, aber nicht Boguslaw die Brücke überquert		
8	daß die beiden sich begegnen, es aber nicht zu einer tätlichen Auseinandersetzung kommt		
9	daß es zu einer tätlichen Auseinandersetzung kommt		

b) Wegen seiner überlegenen Körpergröße und -stärke besteht eine Wahrscheinlichkeit von P(S)=0,6, daß Boguslaw im Kampf gegen Andrzej siegt. Die Wahrscheinlichkeit, daß der Kampf zwischen beiden unentschieden ausgeht, sei P(U) = 0,1 und die Wahrscheinlichkeit, daß Boguslaw verliert sei P(V) = 0,3. Die drei Wahrscheinlichkeiten seien konstant.

Die drei Ereignisse bilden

[ ] einen Stichprobenraum
[ ] ein Ereignisfeld
[ ] eine σ-Algebra
[ ] eine Zerlegung

Je zwei <u>Ereignisse</u>, etwa U und S sind
[ ] unabhängig   [ ] unverträglich

Vorgriff auf Kapitel 5

c) Wie wahrscheinlich ist es, daß Andrzej spätestens nach dem 5-ten Kampf erstmals Boguslaw besiegt? (Ansatz genügt)

d) Wie wahrscheinlich ist es, daß Andrzej von 10 Kämpfen nur höchstens zwei siegreich für sich entscheiden kann? (Ansatz genügt)

Aufgabe 3.4.14

Der Haushalt des arbeitslosen Diplom-Kaufmanns K auf E befindet sich wirtschaftlich in einer sehr prekären Lage. Am morgigen Tag könnten sich die Ereignisse im guten wie im schlechten Sinne dramatisch zuspitzen. Es kann nämlich sein, daß morgen

- der Gerichtsvollzieher erscheint (Ereignis A [Amtsperson]),

es kann aber auch sein, daß die reiche Erbtante Beate (B) zu Besuch kommt, deren Gunst K jedoch seinerzeit verspielt hatte, als er in der Statistik-Klausur durchfiel.

Es sei $P(A) = 0{,}6$, $P(B) = 0{,}2$ und $P(B|A) = 0{,}3$.

Wie groß ist die Wahrscheinlichkeit dafür, daß

a) A und B
b) einer von beiden (A oder B) oder beide
c) einer von beiden, aber nicht beide zusammen
d) keiner von beiden (weder A noch B)

zu Besuch kommt?

Aufgabe 3.4.15

Mit einer gewissen Wahrscheinlichkeit komme es zu einem sogenannten "Streik" von Studenten, d.h. zu einer kollektiven Verweigerung der Leistung (!) "Anhören einer Vorlesung".

a) Wie wahrscheinlich ist es bei der konstanten Streikwahrscheinlichkeit von $p = 0{,}3$ jedes Semester, d.h. stochastisch unabhängigen Streiks, daß Sie in den nächsten sechs Semestern noch mindestens einen Streik miterleben werden? (Pro Semester gibt es immer entweder 0 oder 1 Streik)

b) Wie wahrscheinlich ist es, daß die Studenten in den nächsten drei Semestern noch wenigstens einen (höchstens zwei) Streiks erleben werden, wenn für drei Streiks S_1, S_2, S_3 gilt: $P(S_1) = 0{,}3$, $P(S_2|S_1) = 0{,}4$, $P(S_2|\overline{S}_1) = 0{,}7$, $P(S_3|S_1 \cap S_2) = 0{,}8$, und $P(S_3|\overline{S}_1 \cap \overline{S}_2) = 0{,}9$?

c) Angenommen, bei dem Ereignis "Streik" (S) käme es mit großer Wahrscheinlichkeit $P(A|S) = 0{,}8$ zu heftigen Auseinandersetzungen (A) mit einem als rechtsradikalem Psychopathen bekannten Professor. Es kann aber auch zu solchen Auseinandersetzungen kommen, ohne daß gestreikt wird, denn $P(A|\overline{S}) = 0{,}4$. Es sei weiter $P(S) = 0{,}4$. Man berechne die Wahrscheinlichkeit für folgende Ereignisse:
$P(A \cap S) = \quad P(A) = \quad P(S|A) = \quad P(A \cup \overline{A}) = \quad P(A \setminus S) =$

d) Es gelte $P(A \cap S) = 0{,}3$, $P(A) = 0{,}4$ sowie $P(S) = 0{,}6$. Welche Ereignisse bilden eine vollständige Zerlegung und welche Wahrscheinlichkeiten müssen für diese Ereignisse gelten, damit die Kolomogoroffschen Axiome erfüllt sind?
Gegen welches der Kolmogoroffschen Axiome verstößt man, wenn man folgende Wahrscheinlichkeiten annimmt:

$P(A \cap S) = 0{,}4, \quad P(A) = 0{,}3 \quad \text{sowie} \quad P(S) = 0{,}6$?

Aufgabe 3.4.16

Der im Außendienst (Versicherungen!) beschäftigte Diplom Kaufmann K aus E ist leider sehr eifersüchtig, da seine Gattin Kontakt mit einem Nebenbuhler pflegt.

Die zu betrachtenden Ereignisse sind wie folgt definiert: N = Nebenbuhler zu Hause; K = Dipl.-Kfm. K zu Hause

Für die Wahrscheinlichkeiten gilt:
$P(N|K) = 0{,}01$, $P(N|\overline{K}) = 0{,}85$ und $P(K) = 0{,}6$.

Wie wahrscheinlich ist es, daß N im Hause ist und wie wahrscheinlich ist es, daß K in seinem Haus den Nebenbuhler N trifft?

Aufgabe 3.4.17

Man spiele mit zwei Würfeln und es seien drei Ereignisse wie folgt definiert

- A_1: der erste Würfel zeigt eine ungerade Augenzahl,
- A_2: der zweite Würfel zeigt eine ungerade Augenzahl,
- A_3: die Summe der beiden Augenzahlen ist ungerade.

a) Welche der drei Ereignisse sind paarweise unabhängig?

b) Sind alle drei Ereignisse wechselseitig unabhängig?

Aufgabe 3.4.18

Unter den Aktienhändlern der *Frankfurter Wertpapierbörse* ergab eine Umfrage, daß 70% Abonnenten der *FAZ* sind (Ereignis F), während 20% das *Handelsblatt* nicht abonnieren (Ereignis $\overline{H}$). 90% der Abonnenten der *FAZ* abonnieren darüber hinaus auch das *Handelsblatt*.

a) Wie groß ist die Wahrscheinlichkeit, daß
1) ein zufällig ausgewählter Händler **keine** der beiden Zeitungen abonniert hat?
2) ein zufällig ausgewählter Händler **beide** Zeitungen täglich liest?
3) ein zufällig ausgewählter Händler nur **eine** der beiden Zeitungen abonniert?

b) Sind die Ereignisse F und H unabhängig?

c) 10% der *Handelsblatt-Leser* und 5% der *Nicht-Handelsblatt-Leser* kaufen heimlich auch die *Bildzeitung*.
Wie groß ist die Wahrscheinlichkeit, daß ein zufällig ausgewählter Aktienhändler die *Bildzeitung* liest?

Aufgabe 3.5.1

a) Bei einer Klausur im Fach X gäbe es zwei Gruppen von Teilnehmern: Könner (Gruppe I, Anteil: 40 vH) und Nichtkönner (Gruppe II, Anteil: 60 vH). Die Wahrscheinlichkeit die Klausur zu bestehen, sei bei der Gruppe I 0,9 und bei der Gruppe II 0,1.
Wie wahrscheinlich ist es ...
... die Klausur zu bestehen?
... unter denjenigen, die sie bestehen, einen Nichtkönner anzutreffen?
b) Führen Sie die gleiche Betrachtung für das Fach Y durch, in dem die entsprechenden Wahrscheinlichkeiten die Klausur zu bestehen bei Gruppe I 0,6 und bei Gruppe II 0,3 sein mögen und für das Fach Z, in dem die Wahrscheinlichkeiten in beiden Gruppen gleich, nämlich 0,42 sind ?

Aufgabe 3.5.2

Bei der Tour de Trance, einer berühmten Radrennfahrt über 21 Etappen starten 180 Teilnehmer. Es ist im allgemeinen davon auszugehen, daß ein Zehntel der Rennfahrer gedopt ist (Ereignis D). Die Wahrscheinlichkeit dafür daß ein gedopter Fahrer einen Etappensieg herausfährt betrage $P(S|D)=0,3$ und ohne Doping 0,1.

a) Sind die Ereignisse S und D stochastisch voneinander unabhängig (Begründung!)?
b) Wie wahrscheinlich ist es, einen Etappensieg herauszufahren?
c) Teilnehmer T siegte überraschend bei der ersten Etappe. Wie wahrscheinlich ist es, daß er gedopt war?

Aufgabe 3.5.3

Dem Student S steht als letzte Bewährungsprobe auf dem Weg zum Diplomkaufmann noch die mündliche Prüfung im Fache .... bevor, die vor zwei Prüfern abgelegt werden muß. In diesem Fach gibt es fünf Prüfer, wobei drei als milde und zwei als scharf bekannt sind. Die Wahrscheinlichkeit, das Examen zu bestehen (Ereignis B) hängt von der Anzahl X der scharfen, bzw. von Y = 2-X, der Anzahl der milden Prüfer, ab. Es sei

$P(B|x=0) = 0,9$, $P(B|x=1) = 0,5$ und $P(B|x=2) = 0,3$.

a) Mit welcher Wahrscheinlichkeit wird S seine Prüfung bestehen, wenn er sich die zwei Prüfer frei auswählen kann?
b) Man zeige, daß S die Prüfung nur mit einer Wahrscheinlichkeit von 0,6 besteht, wenn er die Prüfer nicht frei auswählen kann, sondern diese durch Los bestimmt werden (wobei dann $P(x=0) = 0,3$ und $P(x=1) = 0,6$).
c) Ein zufällig ausgewählter Student S hat das Examen bestanden. Wie wahrscheinlich ist es, daß er zu den Studenten gehört, die
- nur von milden (x=0)
- nur von scharfen (x=2)

Prüfern geprüft worden sind, wenn die Prüfer nach dem Zufallsprinzip (durch Los) bestimmt worden sind?

Aufgabe 3.5.4

Wie groß ist in Aufg. 3. 4.3 die Wahrscheinlichkeit des Absturzes des Fluggeräts, wenn die Wahrscheinlichkeit des Absturzes beim Ausfallen von

0 Motoren 0,01
1 Motor 0,1,
2 Motoren 0,7
3 Motoren 1

beträgt.

Aufgabe 3.5.5

Bei einem längeren Flug kann es schon einmal vorkommen, daß eine Crew einen Funkspruch überhört und sich so Ärger mit den Radarlotsen einhandelt oder daß andere Unregelmäßigkeiten eintreten (Ereignis R). Kapitän K fliegt nicht ungern mit dem Copiloten A, dessen Spezialität Irrenwitze im Cockpit sind. Es kommt dann jedoch bei jedem zweiten Flug zu einer Unregelmäßigkeit, so daß $P(R \mid A) = 0{,}5$ ist, während dies beim schweigsamen Copiloten B nur bei jedem achten Flug der Fall ist.

Wenn K bei fünf von neun Flügen mit A und bei vier von neun Flügen mit B zusammen im Cockpit sitzt, wie groß ist dann $P(R)$ und $P(A \mid R)$?

Aufgabe 3.5.6 (für Fortgeschrittene)

Ein Spieler S versucht beim Werfen einer Münze das richtige Ergebnis (Kopf oder Zahl) vorherzusagen. Gelingt ihm dies, so erhält er 1 DM, andernfalls zahlt er 1 DM. Natürlich kann das Spiel endlos sein. S spielt jedoch so lange, bis er entweder sein Anfangskapital K verspielt hat (Ruin) oder einen vorher vereinbarten Betrag $B \geq K$ angesammelt hat.

Man zeige, daß die Wahrscheinlichkeit des Ruins hier genau $1 - \dfrac{K}{B}$ beträgt.

Aufgaben zu Kapitel 4

Aufgabe 4.1.1

a) Eine Münze kann auf Kopf K oder Wappen W fallen, so daß $\Omega_i = \{K,W\}$ der Stichprobenraum beim i-ten Wurf ist. Man bilde das Produkt aus Ω_1, Ω_2 und Ω_3 und definiere die Zufallsvariable X = Anzahl der Wappenwürfe. Welche Ausprägungen kann X annehmen? Bestimmen Sie die Wahrscheinlichkeitsfunktion für X!

b) Eine Münze sei auf einer Seite (Wappen) beschwert, so daß die Wahrscheinlichkeit, daß die Münze auf das Wappen fällt (d.h. Wappen gezeigt wird) P(W)=1/3 ist. x = 0,1,2,3 sei die Anzahl der bei drei Würfen mit dieser Münze erzielten "Wappen". Bestimmen Sie die Wahrscheinlichkeitsfunktion für X!

c) Berechnen Sie den Erwartungswert und die Standardabweichung für die beiden Wahrscheinlichkeitsverteilungen von Teil a) und b).

Aufgabe 4.1.2

Die stetige Zufallsvariable X habe die Dichtefunktion.

$$f(x) = \begin{cases} \dfrac{1}{2}x & \text{für } 0 \leq x \leq 2 \\ 0 & \text{sonst} \end{cases}$$

a) Bestimmen Sie die Verteilungsfunktion F(x) und den Erwartungswert E(X).
b) Berechnen Sie die Wahrscheinlichkeit $P(0{,}5 \leq x \leq 1{,}5)$!

Aufgabe 4.1.3

Gegeben sei die stetige Funktion

$$f(x) = \begin{cases} -\frac{1}{72}x^2 + \frac{1}{12}x + \frac{1}{12} & \text{für } 0 \leq x \leq 6 \\ 0 & \text{für sonstige} \end{cases}$$

a) Man zeige, daß f(x) eine Dichtefunktion sein kann!

b) Man bestimme die Wahrscheinlichkeit $P(1 \leq x \leq 5)$!

c) Man bestimme den Erwartungswert und die Varianz von X!

Aufgabe 4.1.4

Der Geschäftsmann G sucht eine Anlage für einen größeren Geldbetrag. Dabei spielt er mit dem Gedanken, sich an dem Unternehmen des dynamischen aber nicht sehr seriösen Unternehmers U zu beteiligen. Die Wahrscheinlichkeit, daß die Anlage bei U sicher ist, sei P(S)=0,4 und die Wahrscheinlichkeit, daß sie rentabel ist, sei P(R)=0,8. Dabei seien R und S stochastisch unabhängig.
Man berechne die Erwartungswerte der Nutzen, wenn die Werte des sich jeweils ergebenden Nutzens wie folgt lauten:

	RS	$\bar{R}$ S	R $\bar{S}$	$\bar{R}$ $\bar{S}$
beteiligen	10	2	3	0
nicht beteiligen	0	6	4	20

Kann sich G für eine der beiden Strategien (beteiligen oder nicht beteiligen) aufgrund des Erwartungswertes des Nutzens entscheiden?

Aufgabe 4.1.5 (Petersburger Spiel)

Bei einer Spielbank wird der Einsatz von Y verlangt. Man erhält eine Auszahlung A in Höhe von 2^m, wenn bei m Würfen mit einer (regulären) Münze m mal Wappen erscheint. Wie groß sollte der Einsatz Y sein, damit sich das Spiel lohnt, d.h. damit der Gewinn X=A-Y nicht negativ wird?

Aufgabe 4.1.6

Auch entlegenden Ortes wird meist die warme Küche gegenüber der kalten bevorzugt. Da jedoch die Stückzahl X der landesüblichen Speise zufallsbedingt stark schwankt und auf eine frische Zubereitung viel Wert gelegt wird, ist

die richtige Dimensionierung der Kochtöpfe ein Problem. Es gelte:

$$f(x) = \begin{cases} \frac{1}{2} \cdot \frac{x}{2^x} & \text{für } x = 1, 2, \ldots \\ 0 & \text{sonst} \end{cases}$$

a) Zeigen Sie, daß f(x) eine Wahrscheinlichkeitsfunktion ist und E(X)=3 ist! Hinweis: Für jedes $0 < q < 1$ gilt mit $x = 0, 1, 2, \ldots$

$$\sum x q^x = \frac{q}{(1-q)^2} \qquad \text{und} \qquad \sum x^2 q^x = \frac{q(1+q)}{(1-q)^3}$$

b) Wie ist dann Y=1+X verteilt?

Aufgabe 4.1.7

Man zeige, daß die Funktion

$$f(x) = x^3 - 9x^2 + 10{,}02x \qquad \text{für } 0 \leq x \leq 10$$

keine Dichtefunktion sein kann.

Aufgabe 4.1.8

Es gibt gewisse Situationen, bei denen das Auftreten von Hunden unerwünscht ist und sogar einer Amtsperson bei der Wahrnehmung ihrer Dienstgeschäfte hinderlich sein kann. Die Anzahl X der auftretenden Hunde sei eine nichtnegative ganzzahlige Zufallsvariable,

für die gelten möge

P(X=0) = 0,74
P(X=1) = 0,02
P(X=2) = 0,16
P(X=3) = 0,08

a) Man bestimme E(X)!

b) Es sei D das Ereignis, daß das Dienstgeschäft durchgeführt werden kann. Ferner gelte

$$P(D \mid X=x) = \frac{1}{2^x} \qquad \text{für } x = 0, 1, 2, 3.$$

Diese Wahrscheinlichkeiten P(D | X) sind

[ ] eine geometrische Verteilung
[ ] in der Summe 1, oder sie sollten zumindest in der Summe 1 sein
[ ] sog. "Likelihoods"
[ ] totale Wahrscheinlichkeiten
[ ] bedingte Wahrscheinlichkeiten
[ ] a priori Wahrscheinlichkeiten

Man bestimme die Wahrscheinlichkeit dafür, daß das Dienstgeschäft zur Ausführung gelangt, also P(D)!

Aufgabe 4.1.9

Gegeben sei die Dichtefunktion

$$f(x) = \begin{cases} 4x^3 & \text{für } 0 \leq x \leq 1 \\ 0 & \text{sonst} \end{cases}$$

a) Warum ist f(x) eine Dichtefunktion? Welche Voraussetzungen sind zu erfüllen, damit f(x) eine Dichtefunktion sein kann? Kann f(x) > 1 sein?
b) Man bestimme den Erwartungswert und die Varianz der Zufallsvariablen X.

Aufgabe 4.1.10

Man zeige, daß die Funktion

$$f(x) = \frac{1}{x(x+1)}$$

für x = 1, 2, ... die Wahrscheinlichkeitsfunktion einer diskreten Zufallsvariablen ist und daß E(X) nicht existiert.

Aufgabe 4.1.11

Man zeige, daß

$$f(x) = \begin{cases} \dfrac{10}{x^2} & \text{für } x > 10 \\ 0 & \text{sonst} \end{cases}$$

a) eine Dichtefunktion ist;
b) keinen Erwartungswert besitzt.

Aufgabe 4.1.12

Die stark überdimensionierte Hausfrau H wünscht ihre Figur durch ein Schlankheitsmittel zu korrigieren. Für die tägliche Gewichtsabnahme um x Kilogramm existiert die folgende Dichtefunktion:

$$f(x) = \begin{cases} \dfrac{7}{12} - \dfrac{1}{6} x & \text{für } 0 \leq x \leq 3 \\ 0 & \text{sonst} \end{cases}$$

a) Man zeige, daß es sich bei f(x) in der Tat um eine Dichtefunktion handelt.

b) Es gilt, richtige Aussagen anzukreuzen!

  o Die Wahrscheinlichkeit, nur ein halbes Kilo abzunehmen, beträgt f(0,5) = 6/12.
  o Die Wahrscheinlichkeit, bis zu einem halben Kilo an einem Tag abzunehmen, beträgt 7/12.
  o Die Wahrscheinlichkeit, drei Kilo an einem Tag abzunehmen, beträgt 1/12.
  o Die obige Dichtefunktion ist eine Normalverteilung.
  o Die obige Dichtefunktion ist eine Gleichverteilung.
  o Die Größe f(x) darf im allgemeinen nicht über eins betragen.
  o Die Größe f(x) ist im obigen Beispiel einer Dichtefunktion höchstens 7/12 und damit kleiner als eins.

c) Man bestimme den Erwartungswert E(X) und die Varianz V(X).

d) Die Hausfrau H nehme an vier Tagen jeweils unabhängig voneinander die zufällige Menge von X Kilogramm je Tag ab, also insgesamt X + X + X + X = Y Kilogramm. Man bestimme Erwartungswert und Varianz der Zufallsvariable Y, also E(Y) und V(Y).

Aufgabe 4.1.13

a) Die Schlafdauer X (in Stunden) des K sei wie folgt verteilt:

$$f(x) = \begin{cases} -1 + \dfrac{1}{6}x & \text{für } 6 \leq x < 8 \\ 1 - \dfrac{1}{12}x & \text{für } 8 \leq x \leq 12 \\ 0 & \text{sonst} \end{cases}$$

Diese Verteilung ist:

- o diskret   o stetig   o stückweise linear
- o eindimensional o zweidimensional o dreidimensional
- o symmetrisch   o asymmetrisch   o dreigipflig

b) Zeigen Sie, daß der Erwartungswert E(X) = 26/3 = 8,667 beträgt (Ansatz genügt)! Wie wahrscheinlich ist es, daß K mehr als zehn Stunden schläft?

c) (Vorgriff auf Kap. 6) Angenommen, X sei wie folgt verteilt:

$$f(x) = \dfrac{1}{2\sqrt{2\pi}} e^{-\frac{1}{2}\left(\frac{x-7}{2}\right)^2}$$

Wie wahrscheinlich ist es, daß K mehr als zehn Stunden schläft?

Aufgabe 4.1.14

Zeigen Sie, daß der folgende Satz:

„Der Erwartungswert einer Zufallsvariable ist gleich der Fläche zwischen der Verteilungsfunktion und der Funktion $F(x) = 1$"

sowohl im stetigen als auch im diskreten Fall gilt (vgl. als Beispiel Abb. im diskreten Fall), und zwar

a) anhand der Beispiele:

1) $f(x) = \begin{cases} \dfrac{1}{2} & \text{für } x = 1, 2 \\ 0 & \text{sonst} \end{cases}$ diskreter Fall

2) $f(x) = \begin{cases} \dfrac{1}{2}x & \text{für } 0 \leq x \leq 2 \\ 0 & \text{sonst} \end{cases}$ stetiger Fall

b) allgemein.

Aufgabe 4.2.1

Eine Urne beinhalte 4 schwarze und 2 weiße Kugeln und es sei

- beim ersten Zug: x=0 für eine schwarze Kugel, x=1 für eine weiße Kugel
- beim zweiten Zug: y=0 für eine schwarze Kugel, y=1 für eine weiße Kugel

Man bestimme die gemeinsamen Wahrscheinlichkeitsverteilungen, die bedingten Verteilungen und die Kovarianz, wenn aus dieser Urne zweimal gezogen wird, und zwar ...

a) ... mit Zurücklegen
b) ... ohne Zurücklegen.

Aufgabe 4.2.2

Die zwei Zufallsvariablen X und Y haben die folgende gemeinsame Wahrscheinlichkeitsfunktion

	Y=0 (Raucher)	Y=1 (Nichtraucher)
X=0 (Lungenerkrankung)	0,11	0,02
X=1 (keine Lungenerkr.)	0,72	0,15

aus: "Smoking and Health", Wash. D.C., o.J., S.287

a) Berechnen und interpretieren Sie die beiden Randverteilungen und die bedingten Verteilungen sowie deren Erwartungswerte.

b) Berechnen Sie die Kovarianz und den Korrelationskoeffizienten.

Aufgabe 4.2.3

Gegeben sei die gemeinsame Dichte

$$f(x,y) = \begin{cases} \frac{1}{4}x + \frac{21}{8}y^2 & \text{für } 0 \leq x,y \leq 1 \\ 0 & \text{für sonstige} \end{cases}$$

Berechnen Sie die Wahrscheinlichkeit $P(0 \leq x \leq 0,5; 0 \leq y \leq 0,5)$ und die beiden Randverteilungen!

Aufgabe 4.2.4

Zwei Penner trinken täglich bestimmte mehr oder weniger zufällig schwankende Mengen x_1 und x_2 von Alkohol der Sorte 1 und 2 mit den (stetigen) Wahrscheinlichkeitsfunktionen $f(x_1)$ bzw. $f(x_2)$. Es seien die Ereignisse

A: $\quad a_1 \leq x_1 \leq b_1$

B: $\quad a_2 \leq x_2 \leq b_2$

C: $\quad c_1 \leq x_1 \leq d_1$

und $a_1 < c_1 < b_1 < d_1$.

Drücken Sie mit Hilfe der Dichtefunktionen $f_1(x_1)$, $f_2(x_2)$ und $f(x_1 x_2)$ folgende Größen aus: $P(A)$, $P(C)$, $P(A \cup C)$ sowie die Unabhängigkeit $P(AB) = P(A) P(B)$.

Aufgabe 4.2.5

Ein bestimmtes landwirtschaftliches Erzeugnis wird von einer Jury in drei Güteklassen eingeteilt, und zwar sowohl bezüglich seines Gesamteindrucks **X** als auch bezüglich des Gehalts **Y** an einer gewissen Substanz. Ein Erzeuger rechnet mit folgenden Wahrscheinlichkeiten, daß das von ihm eingereichte Produkt bezüglich der beiden Merkmale X und Y in die einzelnen Güteklassen fällt:

	y=1	y=2	y=3
x=1	0,05	0,05	0
x=2	0,05	0,15	0,1
x=3	0	0,15	0,45

a) Bestimmen Sie die Randverteilung von X und Y.

b) Sind der Gesamteindruck X und der Gehalt Y stochastisch unabhängig?

c) Wie groß ist die Wahrscheinlichkeit, daß das eingereichte Produkt bzgl. des Gesamteindrucks X und des Gehalts Y in die Klasse 1 oder 2 fällt?

d) Der Erzeuger weiß bereits, das sein Produkt bezüglich der Substanz in die Klasse 1 gefallen ist. Mit welcher Klasse kann er unter diesem Wissen bezüglich des Gesamteindrucks rechnen?

Aufgabe 4.2.6

Der äußerst sensible Diplom-Kaufmann K aus E gab seine hoffnungsvolle Managerkarriere auf und unternahm den Versuch, das Leben, sich selbst und die Heranbildung der menschlichen Kultur von Grund auf neu zu erleben. Deshalb quartierte er sich zusammen mit seinem Freund, dem Psychater P, in eine Höhle ein. Er beobachtete ständig auf einer Skala von 0 bis 100% an sich, wie sich sein Wohlbefinden X verändert. P meint für die vorgenommene Zeit von $Y \leq 2$ Jahre „Aussteigerdasein" gelte die Dichtfunktion

$$f(xy) = \begin{cases} \frac{3}{2}x^2 y & \text{für } 0 \leq x \leq 1 \text{ und } 0 \leq y \leq 2 \\ 0 & \text{sonst} \end{cases}$$

a) Man zeige, daß $f(xy)$ in der Tat eine Dichtefunktion ist.

   Man bestimme die Wahrscheinlichkeit dafür, daß Ks Wohlbefinden während des ganzen ersten Jahres ständig über 50% liegt.

b) Sind die Zufallsvariablen X und Y stochastisch unabhängig?

Aufgabe 4.3.1

Der Unternehmer U hat die Erfahrung gemacht, daß seine Einnahmen Z (in DM) sehr abhängig sind von der Anzahl der am Betrieb vorbeiziehenden Passanten. Und zwar möge

$$Z = \frac{1}{2} + \frac{1}{50}X$$

gelten, mit E(X)=100 und V(X)=900. Man bestimme E(Z) und V(Z).

Aufgabe 4.3.2

Gegeben sei die Zufallsvariable X mit $E(X)=a$ und $V(X)=\sigma^2_x=b^2$. Man berechne Erwartungswert und Varianz der Zufallsvariablen

$$Z = \frac{X-a}{b}.$$

Aufgabe 4.3.3

Gegeben sei die zweidimensionale Wahrscheinlichkeitsverteilung:

x \ y	0	1	2
1	0,1	0,2	0,3
2	0,2	0	0,2

a) Geben Sie die Randverteilungen sowie deren Erwartungswerte und Varianzen an sowie die Kovarianz und die Korrelation!
b) Man bestimme für die Zufallsvariablen $Z_1 = X + Y$ und $Z_2 = X + 2Y$ die Wahrscheinlichkeitsverteilung sowie Erwartungswert und Varianz!
c) Welche Zusammenhänge gelten zwischen den Erwartungswerten und Varianzen von Z_1 und Z_2 einerseits und X und Y andererseits?

Aufgabe 4.3.4

Bekanntlich ist es bei der Brandbekämpfung vorteilhaft, wenn die Feuerwehr möglichst früh am Brandort eintrifft. Dabei treten jedoch zwei Verzögerungen auf, die als Zufallsvariablen zu behandeln sind:

X_1: Zeit zwischen Ausbruch des Brandes und Eingang der Brandmeldung bei der Feuerwehr.

X_2: Zeit zwischen Eingang der Meldung und Eintreffen der Feuerwehr am Brandort.

Die Zeiten X_1 und X_2 seien unabhängig identisch verteilt mit $E(X) = \mu = E(X_1) = E(X_2) = 25$ und $V(X) = \sigma^2 = V(X_1) = V(X_2) = 30$.

Kreuzen Sie bitte an, wie man zutreffend die Varianz der Summe der beiden Zeiten berechnet: $Z = X_1 + X_2$.

Es gilt	die Varianz von Z ist also	richtig	falsch
$Z = X + X$	$\sigma^2_z = 1^2 \sigma^2_x + 1^2 \sigma^2_x = 2\sigma^2_x = 60$		
$Z = 2X$	$\sigma^2_z = 2^2 \sigma^2_x = 120$		

Begründen Sie ihre Aussage.

Aufgabe 4.3.5

X sei die Augenzahl des ersten (grünen) Würfels und Y die Augenzahl des zweiten (gelben) Würfels. Man definiere die Zufallsvariablen

$$Z_1 = X - Y, \qquad Z_2 = |X - Y|,$$
$$Z_3 = X + Y, \qquad Z_4 = X Y$$

und bestimme jeweils die Wahrscheinlichkeitsverteilung und den Erwartungswert.

Aufgabe 4.4.1

Die folgenden Dichtefunktion hat keinen Parameter

$$f(x) = \begin{cases} xe^{-x} & \text{für } 0 < x < \infty \\ 0 & \text{sonst} \end{cases}$$

Man zeige, daß für diese Wahrscheinlichkeitsverteilung (es ist der Spezialfall $\lambda = 1$ der Exponentialverteilung) gilt
$$M_x(t) = (1-t)^{-2} \quad \text{und} \quad E(X^k) = (k+1)!$$

Aufgaben zu Kapitel 5

Aufgabe 5.1.1

Berechnen Sie Erwartungswert und Varianz der folgenden Zweipunktverteilung

$$f(x) = \begin{cases} \frac{1}{4} & \text{für } x = 2 \\ \frac{3}{4} & \text{für } x = 4 \\ 0 & \text{sonst} \end{cases}$$

Aufgabe 5.1.2

Auf einer einsamen Insel sitzt der Schiffbrüchige Diplom-Kaufmann K aus E (vgl. Aufgabe 3.4.5). Er wartet darauf, daß ein Schiff in Sichtweite vorbeifährt (S), was K an jedem Tag des Jahres für gleich wahrscheinlich hält [P(S) = 1/365].

a) Man bilde aus den Ereignissen S und $\bar{S}$ eine Zufallsvariable X und gebe an, wie X verteilt ist!

b) Man bestimme Erwartungswert und Varianz von X!

Aufgabe 5.1.3

Man bestimme x_2 so, daß die folgende Zweipunktverteilung

$$f(x) = \begin{cases} 1 - \dfrac{1}{a} & \text{für } x = x_1 = 0 \\ \dfrac{1}{a} & \text{für } x = x_2 \end{cases}$$

den Erwartungswert 1 hat. Man bestimme für diese Zweipunktverteilung dann auch die Varianz von X.

Aufgabe 5.2.1

Wie wahrscheinlich ist es, ein Russisches Roulette (mit einem Trommelrevolver, der 6 Patronen faßt, aber nur mit einer geladen ist) mehr als 5 Runden zu überleben?

Aufgabe 5.2.2

Der dipsomane Angestellte D versucht total betrunken sein Auto mit dem passenden Schlüssel zu öffnen. Der Schlüsselbund umfaßt zehn Schlüssel. Wieviele Fehlversuche wird D voraussichtlich unternehmen, um in sein Auto zu gelangen?

Aufgabe 5.2.3

Trotz der wegen seines Studiums bei der Verwaltungs- und Wirtschaftsakademie Essen nur spärlich bemessenen Freizeit ist der Bankangestellte B eifrig bemüht, sich körperlich zu ertüchtigen. Es ist ihm dabei nicht unwichtig, Anklang bei der Damenwelt zu finden. Dabei tritt jedoch das Problem auf, daß der spezifische Charme eines Buchhalters nicht alle Frauen zu überzeugen vermag. Es ist vielmehr so, daß nur bei jeder achten Frau Anzeichen zu verspüren sind, daß sie der Faszination des B etwas abgewinnen kann. Wie wahrscheinlich ist es, daß B bei 5 Versuchen (mit Zurücklegen) bei keiner, einer bzw. höchstens zwei Frauen Anklang findet? Welche Bedeutung hat die Formulierung "mit Zurücklegen" in diesem Zusammenhang?

Aufgabe 5.2.4

Bei einer bestimmten Operation starben bisher erfahrungsgemäß 10% der Patienten durch den Eingriff. In der berüchtigten Klinik X wurden im Mai und im Juni jeweils 5 Patienten operiert, wobei

- im Mai keiner

- im Juni nur einer

die Operation überlebte. Mit welcher Wahrscheinlichkeit war mit solchen Vorkommnissen zu rechnen? Der Staatsanwalt will Ermittlungen aufnehmen, wenn solche Vorfälle nicht mehr "im Rahmen der Wahrscheinlichkeit" sind, also z.B. eine Wahrscheinlichkeit von 5% oder weniger haben. Soll er eine Ermittlung einleiten?

Aufgabe 5.2.5

Eine binomialverteilte Zufallsvariable X habe einen Erwartungswert von 2 und eine Varianz von 4/3. Wie groß ist die Wahrscheinlichkeit für x=2?

Aufgabe 5.2.6

Ein Hotel hat 100 Zimmer. Der Besitzer weiß aus Erfahrung, daß 20% der vorbestellten Zimmer nicht belegt werden. Wie viele Bestellungen könnte er entgegennehmen, wenn er mit einer Wahrscheinlichkeit von 0,95 keinen Gast abweisen möchte?

Aufgabe 5.2.7

Beim Teil *Wirtschaftsstatistik* der Klausur *Statistik I* werden 24 Multiple-Choice-Fragen gestellt mit jeweils vier Antwortmöglichkeiten, von denen nur eine anzukreuzen ist. Wie wahrscheinlich ist es, bis zu vier Punkten zu erhalten, wenn man nur rät?

Aufgabe 5.2.8

Entnommen aus der Fachschaftszeitung "Krisenwirtschaft":

Übungsaufgabe zur "Statistischen Mechanik", mit der sich Studenten des Physik-Departments der Technischen Universität München im Sommersemester 1982 beschäftigen mußten:

Zwei feindliche Großmächte besitzen jeweils N Raketen. Die Standorte der feindlichen Raketen sind dem Gegner jeweils bekannt, so daß immer eine Rakete auf eine des Gegners gerichtet ist. Die Trefferwahrscheinlichkeit einer Rakete ist π.

a) Einer der Kontrahenten setzt in einem Erstschlag alle seine N Raketen ein. Wie groß ist die Wahrscheinlichkeit α (N, k, π), daß genau k Raketen des Feindes übrigbleiben (N = 1000; k = 200; π = 0,9)?

b) Wie wahrscheinlich ist es dann, daß mindestens eine Rakete übrigbleibt?

c) Wieviel Raketen bleiben im Mittel übrig?

d) Angenommen, der Angreifer besitzt 2 N Raketen, so daß zwei Raketen auf eine des Gegners gerichtet sind. Wieviel Raketen bleiben dem angegriffenen Gegner im Mittel dann noch?

Aufgabe 5.2.9

Ein Betrieb liefert Glühlampen in Kartons zu je 900 Stück. Es ist bekannt, daß der Betrieb im Mittel 10 % Ausschuß produziert. X sei die Anzahl der defekten Glühlampen in einem Karton.

Wie groß ist die Wahrscheinlichkeit dafür, daß sich in einem Karton zwischen 70 und 110 defekte Glühlampen befinden?

Aufgabe 5.2.10

Nach längerer Beobachtung stellte sich heraus, daß die Sekretärin E im Durchschnitt in jeder Woche (fünf Arbeitstage) zwei Tage wegen Krankheit fehlte. Die Wahrscheinlichkeit dafür, daß sie an einem beliebigen Arbeitstag fehlt, ist mithin 0,4.

Wie wahrscheinlich ist es dann, daß sie

a) eine ganze Woche lang (fünf Tage) an ihrem Arbeitsplatz erscheint und erst dann wieder krank wird?
b) höchstens zwei Wochen lang (10 Tage) an ihrem Arbeitsplatz erscheint und erst dann wieder krank wird?
c) während einer ganzen Woche nur genau zwei Tage wegen Krankheit fehlt?
d) während ihres Urlaubs (20 Tage) überhaupt nicht krank wird (Ansatz genügt)?
e) an genau zwei aufeinanderfolgenden Tagen (also Montag/Dienstag, ..., Freitag/ Montag,...) fehlt und dann wieder am Arbeitsplatz erscheint?
f) an mindestens zwei aufeinanderfolgenden Tagen fehlt?
g) innerhalb von sechs Tagen (von Montag bis Montag) an genau zwei aufeinanderfolgenden Tagen fehlt?

Aufgabe 5.2.11

Ein Student hofft bei jedem Telefonklingeln, daß seine Freundin ihn anruft. Aus Erfahrung weiß er, daß die Chance jeweils 0,3 beträgt. Mit welcher Wahrscheinlichkeit

a) kommen fünf von den nächsten zehn Anrufen von seiner Freundin?
b) sind höchstens vier von den nächsten zehn Anrufen von seiner Freundin?
c) kommt in einer Folge von 10 Anrufen der Anruf der Freundin erst ganz am Schluß?
d) kommt der Anruf der Freundin frühestens als fünfter und spätestens als zehnter Anruf?

Aufgabe 5.2.12

(vgl. Aufgabe 3.4.13: Andrzej und Boguslaw; Aufgabe zur Multinomialverteilung)

Wegen seiner überlegenen Körpergröße und -stärke besteht eine Wahrscheinlichkeit von $P(S) = 0,6$, daß Boguslaw im Kampf gegen Andrzej siegt. Die Wahrscheinlichkeit, daß der Kampf zwischen beiden unentschieden ausgeht, sei P(U) = 0,1 und die Wahrscheinlichkeit, daß Boguslaw verliert, sei P(V) = 0,3. Die drei Wahrscheinlichkeiten seien konstant. Wie wahrscheinlich ist es, daß Andrzej von zehn Kämpfen gegen Boguslaw nur drei siegreich für sich entscheiden kann, zwei unentschieden ausgehen und fünf für ihn verlorengehen?

Aufgabe 5.2.13

Was die Länge seines Schlafs betrifft, so ist Diplom-Kaufmann K aus E durchaus als Normalbürger zu bezeichnen. Allerdings plagen ihn hin und wieder Alpträume (Ereignis A) mit einer konstanten Wahrscheinlichkeit P(A)=0,2 je Stunde Schlaf.

a) Wie wahrscheinlich ist es, daß K während eines acht-stündigen Schlafs bis zu <u>einen</u> Alptraum erlebt?

b) Wie wahrscheinlich ist es, daß er nach sechs Stunden Schlaf, also in der siebten Stunde, erstmals einen Alptraum hat (Ansatz genügt!)?

c) Nach wievielen Stunden hat K normalerweise mit seinem ersten Alptraum zu rechnen? Geben Sie auch die Varianz der Wartezeit an!

Aufgabe 5.2.14

(Galtonsches Brett)

Gegeben sei ein Brett mit n Nagelreihen. In der ersten Reihe ist ein, in der zweiten sind zwei und in der n-ten Nagelreihe sind n Nägel befestigt. Darunter befinden sich ... Auffangbecken für die Kugeln. Die Wahrscheinlichkeit, daß eine Kugel in das vom linken Rand des Brettes x+1 -te Becken (x=0,1,...) fällt beträgt bei n Reihen allgemein ... .

Angenommen, man habe 3 Nagelreihen. Wie wahrscheinlich ist es, daß eine Kugel in das erste (x=0) und in das zweite (x=1) Auffangbecken (von links) fällt? Wieviele Wege führen über die Nägel, bei denen eine Kugel jeweils nach links oder nach rechts ausweichen kann, in das erste, in das zweite Auffangbecken?

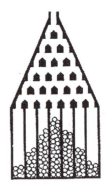

Aufgabe 5.3.1

Der alternde Playboy Z ist in den letzten Jahren nur 10 Frauen begegnet, bei denen er Anklang gefunden hat. Zwei von ihnen hat er geheiratet. Erfahrungsgemäß ist ihm nur bei jeder fünften Frau ein zufriedenstellendes Zusammenleben möglich.

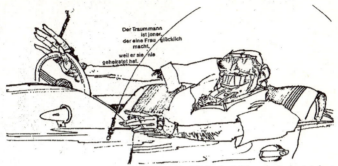

Wie wahrscheinlich ist es, daß Z beidemale die "falsche" Frau geheiratet hat, wenn er seine Partnerwahl mehr oder weniger dem Zufall überlassen hat?

Ist die Wahrscheinlichkeit halb so groß, wenn Z ceteris paribus 20 statt 10 Frauen begegnet wäre? (vgl. das Lippische Theorem über den Nutzen der Monogamie).

Aufgabe 5.3.2

Wie groß ist die Wahrscheinlichkeit im Lotto 6 aus 49 jeweils eine, zwei,... richtige Zahlen zu raten?

Aufgabe 5.3.3

An einem Schwimmwettbewerb nehmen 20 Schwimmer teil. Darunter sind 12 Auszubildende und 8 Schüler.

a) Wie wahrscheinlich ist es, daß die ersten drei Plätze nur von Auszubildenden eingenommen werden?

b) Welches Ergebnis ist das Wahrscheinlichste: 1, 2 oder 3 Azubis unter den ersten drei?

Aufgabe 5.3.4

Die Universität X habe eine Professur zu besetzen und dafür drei Kandidaten vorzuschlagen. Die für diese Stellenbesetzung eingerichtete Kommission von 4 im eigenständigen Denken geübten Herren gerät so sehr in Streit, daß sie sich bei ihrer Auswahl von keinem erkennbaren Prinzip mehr leiten läßt.

a) Zwei von den 15 Bewerbern sind jedoch für die ausgeschriebene Stelle absolut ungeeignet. Wie groß ist die Wahrscheinlichkeit, daß gerade sie in den Besetzungsvorschlag der Kommission mit hineingelangen?

b) Angenommen, es gäbe eine eindeutige Rangordnung der Bewerber $B_1 > B_2 > ... > B_{15}$ (> i.S.v. besser). Wie wahrscheinlich ist es, daß die Dreierliste dann aus den drei schlechtesten Bewerbern in der Reihenfolge B_{15}, B_{14}, B_{13} besteht?

Aufgabe 5.3.5

Eine Multiple-Choice-Klausur bestand aus Aufgaben mit N=5 Antwortmöglichkeiten, wovon M=2 richtig und anzukreuzen waren, wofür es jeweils einen Punkt gab.

a) Wie groß ist die Wahrscheinlichkeit, bei einer solchen Aufgabe zu 0, 1 oder 2 Punkten zu gelangen, wenn ein Student lediglich rät?
b) Kann die Wahrscheinlichkeit, durch bloßes Raten die Klausur zu bestehen verringert werden, indem man bei gegebenem M die Anzahl der Antwortmöglichkeiten N vergrößert?
c) Kann man die Anzahl der Antwortmöglichkeiten und die Anzahl der richtigen Antworten so wählen, daß der Erwartungswert der richtig angekreuzten Antworten Null ist, d.h. daß der Student, der nur rät, im Mittel Null Punkte bekommen wird (Begründung)?
d) Kann man die Anzahl der Antwortmöglichkeiten und die Anzahl der Antworten so wählen (vorgeben), daß es wahrscheinlicher ist, durch Raten <u>Null</u> Punkte zu bekommen als <u>einen</u> Punkt zu erreichen?
e) Wie lautet die Bedingung für die Anzahl N der vorgegebenen Antworten und die Anzahl M der richtigen Antworten (und damit auch für die Anzahl der anzukreuzenden Antworten)? Es sei natürlich unterstellt, daß genauso viele Antworten anzukreuzen sind, wie richtige Antworten vorgegeben sind.

Aufgabe 5.3.6

Einem Modell von Ernst Heuß ("Markttheorie", S.246f.) zufolge sei die Wahrscheinlichkeit des Auftretens "initiativer" Unternehmer 0,1 und das Auftreten "konservativer" Unternehmer 0,9. Heuß überlegt sodann, wie wahrscheinlich es ist, auf dem Markt ein Kartell vorzufinden, in welchem die Mehrheit der Unternehmer initiativ ist.

Die Wahrscheinlichkeit, daß in einem Kartell von 4 Unternehmern die Mehrheit (2 oder mehr) initiativ sind, ist nach Heuß 0,0523. Dabei rechnet Heuß - ohne dies zu merken - nach dem Ansatz der Binomialverteilung.

a) Wäre es sinnvoller, mit dem Ansatz der hypergeometrischen Verteilung zu rechnen? (Begründung!)

b) Wie ändert sich die Wahrscheinlichkeit von 0,0523, wenn man annimmt, daß in dem betreffenden Wirtschaftszweig
  - nur 10
  - nur 20
  Unternehmer tätig sind und für eine Kartellbildung in Frage kämen?

c) Wie groß müßte der Markt sein, wenn man mit der hypergeometrischen Verteilung zu ähnlichen Ergebnissen wie Heuß gelangen will (Wahrscheinlichkeit: 0,0523)?

Aufgabe 5.3.7

Diplom-Kaufmann K aus E ist ein begeisterter Angler. Ihm wird ein Fischteich zur Pacht angeboten und er möchte gerne wissen, wieviele Fische in dem Teich sind. Er kann natürlich nicht einfach den ganzen Teich leerfischen. Deshalb verfährt er, wie ihm ein Statistiker geraten hatte:
Er fischt zunächst (zufällig) 20 Fische, markiert diese mit wasserfester, umweltfreundlicher und für die Fische unschädlicher Farbe und wirft sie zurück in den Teich. Nach ein paar Tagen (nachdem sich die Fische gut durchmischt haben) angelt er erneut 20 Fische, von denen x = 4 markiert waren.

a) Wie ist X verteilt?

b) Wie groß ist die Wahrscheinlichkeit $P(x=4) = f(4)$, wenn sich im Teich 80 Fische befinden?

c) Angenommen, der Teich enthalte tatsächlich 80 Fische. Ist es unter diesen Voraussetzungen wahrscheinlicher oder weniger wahrscheinlich $x = 5$ statt $x = 4$ markierte Fische bei einem Fang von 20 Fischen zu "ziehen" (man zeige dies!)?

d) Es ist klar, daß es auch "Zufall" sein kann, daß Diplom-Kaufmann K aus E genau vier Fische gefischt hat, die markiert waren. Angenommen, der Teich enthalte 80 Fische und 20 seien markiert. Wie wahrscheinlich ist es dann, daß K in einer Stichprobe von $n = 20$ zwischen zwei und sechs markierte Fische vorfindet?

e) Wieviel Fische muß der Teich mindestens enthalten, damit das obige Stichprobenergebnis überhaupt möglich ist und wieviel wird er enthalten, wenn das Ergebnis das wahrscheinlichste ist (Maximum-Likelihood-Prinzip [ML])?

Aufgabe 5.3.8

a) Nehmen Sie zu den folgenden Aussagen Stellung:

1. Sehr viele Menschen sind geneigt, beim Lottospiel die Zahlenfolge 1, 2, 3, 4, 5, 6 oder 14, 15, 16, 17, 18, 19 für weniger wahrscheinlich zu halten als irgendeine andere beliebige Zahlenkombination.

2. Es gibt Leute, die glauben, daß es beim Lotto weniger wahrscheinlich ist, daß eine 17 gezogen wird als etwa eine 23, wenn die 17 bereits 438mal, die 23 aber erst 211mal gezogen wurde.

b) Man beachte auch folgendes Problem: die Roulette-Kugel ist 10mal nacheinander auf rot gefallen. Wie wahrscheinlich ist es, daß sie beim 11ten Wurf
   • auf rot
   • auf schwarz fällt?

c) Wie wahrscheinlich ist eine Serie von 10mal rot im Vergleich zu fünfmal rot und fünfmal schwarz (etwa R, S, R, R, S, S, R, S, S, R)?

Aufgabe 5.4.1

Im Büro des wegen seiner ebenso unkonventionellen wie erfolglosen Arbeitsweise bekannten Privatdetektivs D wurde in den letzten 175 Tagen (25 Wochen) nur einmal angerufen. Deshalb ist anzunehmen, daß die Anzahl x der pro Woche eintreffenden Anrufe poissonverteilt ist mit $\lambda = 0{,}04$.

Man berechne die Wahrscheinlichkeit für

a) keinen

b) einen

Anruf in einer Woche, und zwar nach dem Ansatz der Binomialverteilung und der Poissonverteilung.

Aufgabe 5.4.2

Die Krankheit Pankreasifibrose (P) tritt mit einer Wahrscheinlichkeit von 0,025 vH auf. Wie wahrscheinlich ist es dann, daß unter den 12000 Studenten einer Universität mehr als 5 Erkrankungen an P vorkommen?

Aufgabe 5.4.3

Während des zweiten Weltkrieges wurden auf Süd-London insgesamt 537 Bomben abgeworfen. Das Gebiet wurde in 576 homogene Flächen von jeweils ¼ qkm aufgeteilt. Dabei ergab sich folgende Verteilung (zitiert nach *W. Feller, An Introduction to Probability Theory and Its Applications*, S. 161):

x	Anzahl der Gebiete mit x Bombenabwürfen	
	empirisch	theoretisch
0	229	
1	211	
2	93	
3	35	
4	7	
5 u. mehr	1	

Bestimmen Sie die Anzahl der (theoretisch) zu erwartenden Bombenabwürfe je Gebiet, wenn x poissonverteilt ist mit $\lambda = 537/576 = 0{,}9329$ (es ist $e^{-0{,}9329} = 0{,}39365$)!

Aufgabe 5.4.4

Die Frühehe zwischen A und B wurde geschieden. Im Verlauf der folgenden n=40 Jahre begegnen sich A und B jedoch häufiger wieder, wobei allerdings die Wahrscheinlichkeit evtl. wieder zu heiraten in jedem Jahr nur 1/200 beträgt. Wie groß ist dann (bei Unabhängigkeit) die Wahrscheinlichkeit, daß A und B
  - nicht wieder heiraten (x=0)
  - noch einmal heiraten (x=1)?

Aufgabe 5.4.5

Die Eheleute A und B haben sich scheiden lassen. Sie stellen jedoch fest, daß Sie weiterhin Sympathien für einander empfinden, die zudem durch mißliche andere Eindrücke und die schönen Erinnerungen an die gemeinsame Zeit wieder lang-

sam zunehmen. Infolgedessen nimmt die Wahrscheinlichkeit, es nicht noch einmal miteinander zu versuchen, ständig ab. Sie ist nach 5 Jahren nur noch $e^{-5c}=0{,}9753$ (c ist eine Konstante und zwar 0,005) und nach 10 Jahren $e^{-10c}=0{,}9512$.

Wie wahrscheinlich ist es, daß A und B im Verlaufe von 40 Jahren nach ihrer Scheidung nicht noch einmal heiraten?

Aufgabe 5.4.6

Eine Urne enthält n-1 weiße und eine schwarze Kugel.

a) Wie wahrscheinlich ist es, bei n Zügen mit Zurücklegen genau n weiße Kugeln zu ziehen?

b) Wie groß kann die unter a) gefragte Wahrscheinlichkeit bei großem n maximal werden? Kann sie gegen 1 streben?

c) Wie wahrscheinlich ist es, bei n Zügen mit Zurücklegen n weiße Kugeln zu ziehen, wenn die Grundgesamtheit aus k schwarzen und n-k weißen Kugeln besteht?

Aufgabe 5.4.7

L. v. Bortkiewicz untersuchte in einem Zeitraum von 20 Jahren (1875-1894), wieviele Soldaten in 14 Kavallerieregimentern der preußischen Armee durch Hufschlag (bzw. den Folgen hiervon) gestorben sind. Nachdem 4 untypische Regimenter ausgeschlossen wurden, ergaben sich folgende Daten für die verbliebenen 10 Regimenter:

n = 200 Beobachtungen (10×20), n_i = Anzahl der Fälle (bezogen auf 10 Regimenter, in denen x_i Soldaten in einem Jahr gestorben sind)

x_i	0	1	2	3	4	$\overline{x}$
n_i	109	65	22	3	1	0,61

Lassen sich die Daten durch eine Poissonverteilung mit $\lambda = 0{,}61$ beschreiben?

Aufgabe 5.4.8

US-amerikanische Statistiker (L.F. Richardson und O. Wright in ihrem Buch Statistics of Deadly Quarrels, zitiert nach H. Bartel, Statistik II, UTB Bd. 30, Stuttgart 1972, S.50) haben herausgefunden, daß es in den 432 Jahren von 1500 bis 1931 auf der Welt 299 Kriege gab. Von den 432 Jahren gab es 223 Jahre, in denen kein Krieg ausbrach, 142 Jahre, in denen ein Krieg ausbrach, usw.

x_i	0	1	2	3	4	>4	Σ
n_i	223	142	48	15	4	0	432
$x_i n_i$	0	142	96	45	16	0	299

Der Mittelwert beträgt $\bar{x} = 299/432 \approx 0{,}7$. Weisen die Daten auf eine Poissonverteilung mit $\lambda = 0{,}7$ hin ?

Aufgabe 5.4.9

Der polnische Statistiker W. Volk untersuchte die Neubesetzung von Richterstellen am obersten Bundesgericht der USA über 168 Jahre. Insgesamt wurden 93 Richter (im Mittel also $\bar{x} = 93/168 = 0{,}5536$ Richter pro Jahr) ernannt.

x_i	n_i	$x_i n_i$
0	100	0
1	50	50
2	14	28
3	3	9
4	0	0
5	0	0
6	1	6
7	0	0
Σ	168	93

Es gab 100 der 168 Jahre, in denen kein Richter ernannt wurde ....(Angaben zitiert nach A. Luszniewicz, Statystyka ogólna (Allgemeine Statistik), Warschau 1977, S.72 ff.)

Zeigen Sie, daß sich die gefundene Häufigkeitsverteilung gut durch eine Poissonverteilung mit $\lambda = 0{,}5535$ anpassen läßt.

Aufgabe 5.4.10

Wenn die Wahrscheinlichkeit dafür, daß in einem Flugzeug x = 2 Terroristen mit zwei Bomben sitzen nur ein Zehntel der Wahrscheinlichkeit dafür ist, daß x = 1 Terrorist mit einer Bombe im Flugzeug sitzt, dann ist X poissonverteilt mit $\lambda = \ldots$?
Wie groß ist dann die Wahrscheinlichkeit für drei Terroristen?

Aufgaben zu Kapitel 6

Aufgabe 6.1.1

Ein Oberkellner möge eine größere Menge Fleisch so in Scheiben zerteilen, daß das Gewicht x (in Gramm) pro Scheibe im Bereich von 0 bis 2c Gramm symmetrisch dreiecksverteilt ist um den Erwartungswert $E(X) = c$.

a) Man bestimme die Dichtefunktion!

b) Man bestimme das mittlere Gewicht pro Scheibe c, wenn die Varianz $\sigma^2 = 13{,}5\ g^2$ sei!

c) Wie wahrscheinlich ist es, daß der Gast eine Scheibe mit mehr als 12 Gramm Gewicht erhält?

Aufgabe 6.2.1

Bei einem unbedingten Reflex, etwa dem Patellarsehnen-Reflex, tritt im Durchschnitt nach 0,04 Sekunden eine Reaktion auf. Angenommen, die Reaktionszeit sei normalverteilt mit µ=0,04 und σ=0,6, wie wahrscheinlich ist es dann, daß eine Reaktion erst nach 1 Sekunde oder später auftritt?

Aufgabe 6.2.2

Der Student S war von den Olympischen Spielen in Atlanta derart begeistert, daß er unbedingt als 100m-Läufer nach Sydney fahren will. Daher hat er "Rauchen und Saufen" aufgegeben und verbringt seine Tage auf der Aschenbahn. Seine Leistung X schätzt er wie folgt ein: normalverteilt mit µ = 10,4 Sekunden und σ = 0,2 Sekunden!
Wie groß ist die Wahrscheinlichkeit, daß S

a) zwischen 10,2 und 10,6 läuft?

b) nicht unter 10,8 läuft?

c) schneller als 10,1 läuft?

Aufgabe 6.2.3

Die Zufallsgröße X sei binomialverteilt mit n = 3 und π = 0,25. Berechnen Sie nach dem Ansatz der Binomialverteilung und durch Approximation der Binomial- durch die Normalverteilung

a) $P(x \leq 2)$!

b) $P(1 \leq x \leq 2)$!

Aufgabe 6.2.4

Der Intelligenzquotient sei normalverteilt mit Mittelwert 100 und zwar so, daß nur 5 vH über einen Intelligenzquotienten von über 140 verfügen. Wieviel Prozent haben einen Intelligenzquotienten unter 80 bzw. zwischen 90 und 110?

Aufgabe 6.2.5

Man bestimme die in Aufgabe 5.2.9 gesuchte Wahrscheinlichkeit durch Approximation der Binomialverteilung durch die Normalverteilung.

Aufgabe 6.2.6

Es sei bekannt, daß der Verbrauch an Alkoholika im Durchschnitt 25 Liter pro Kopf und Jahr mit einer Standardabweichung von $\sigma = 10$ Litern beträgt. Der Alkoholkonsum sei normalverteilt.

a) Wie wahrscheinlich ist es, eine Person vorzufinden, deren Alkoholverbrauch über 45 Liter liegt?

b) *(Vorgriff auf Kap. 7)*
   Wie wahrscheinlich wäre ein entsprechendes Ergebnis dann höchstens, wenn nicht bekannt wäre, ob der Alkoholkonsum X normalverteilt ist, sondern über die Verteilung von X nichts bekannt wäre?

Aufgabe 6.2.7

Der Tankinhalt eines PKW der Marke "*Popel Turbo*" betrage 45 Liter. Die Kilometerreichweite des *Popel* sei bei einem Durchschnittsverbrauch von 9 Litern pro 100 km normalverteilt mit $\sigma = 20$ km. Berechnen Sie die Wahrscheinlichkeit dafür, mit einer Tankfüllung .

a)   mehr als 530 km weit fahren zu können;

b)   eine Reichweite zw. 484 und 516 km zu erreichen.

Aufgabe 6.2.8 *(vgl. Aufg. 5.2.6)*

Erfahrungsgemäß erscheinen 2,5% aller Fluggäste, die Plätze reservieren, nicht beim Abflug. Die Fluggesellschaft weiß das und verkauft deshalb 200 Tickets für 197 verfügbare Plätze. Man berechne die Wahrscheinlichkeit, daß alle Fluggäste Platz bekommen

a)   exakt

b)   mit Hilfe einer geeigneten Näherung (welche ist besser: Poissonverteilung oder Normalverteilung ?) !

Aufgabe 6.2.9

Ist X normalverteilt mit E(X)=μ und V(X)=σ^2, so ist Z=(X-μ)/σ bekanntlich standardnormalverteilt mit E(Z)=0 und V(Z)=1. Durch diesen Trick kann man es vermeiden, für jedes μ und σ eine eigene Normalverteilungstabelle aufzustellen. Es reicht die Tabelle für die Standardnormalverteilung. Warum kann man so nicht einfach auch bei anderen Verteilungen verfahren, etwa bei der Poissonverteilung?

Aufgabe 6.2.10

Die Unterschiedlichkeit $X_1 - X_2$ der Laufgeschwindigkeit in m/sec zweier Personengesamtheiten ist eine Zufallsvariable, die u.a. bei der Wahrung der öffentlichen Sicherheit und Ordnung eine gewisse Rolle spielt. Angenommen

$X_1 \sim N(5, 16)$

$X_2 \sim N(6, \sigma_2^2)$

seien zwei unabhängige Zufallsvariablen. Wenn $x_1 \geq x_2$ ist, ist offensichtlich nicht damit zu rechnen, daß eine Person der verfolgenden Gruppe 2 eine solche der ersten einholt, selbst dann nicht, wenn deren Vorsprung gering ist (Ereignis $\overline{R}$: der Rechtsstaat kann sich nicht durchsetzen).

Und wie der Zufall so spielt...

a) Wie ist $X_1 - X_2$ verteilt?

b) Angenommen $\sigma_2^2 = 20$, wie groß ist dann P(R)?

c) Wie wirkt sich eine (gegenüber Teil b) Vergrößerung der Varianz auf P(R) aus?

d) Entarteter Fall: angenommen: $\sigma_2^2 = 0$. Wie ist dann $X_1 - X_2$ verteilt? Ist R dann ein sicheres Ereignis?

e) Kann man generell sagen, daß P(R) < 0,5 wenn $\mu_2 < \mu_1$?

Aufgaben zu Kapitel 7

Aufgabe 7.1.1

Einer alten Volksweisheit zufolge regnet es im Gebiet Y - wenn überhaupt - in der Regel 5 Tage lang.

Wie wahrscheinlich ist es höchstens, daß die Regendauer von dieser Volksweisheit um 2,4 Tage und mehr abweicht? Dabei sei $E(X-c)^2 = 2,4$.

Man verifiziere die Tschebyscheffsche Ungleichung, indem man von folgender Verteilung der Regendauer x_i ausgeht:

x_i	2	3	4	5	6	7
p_i	0,1	0,1	0,1	0,3	0,2	0,2

Aufgabe 7.1.2

Wie groß ist die Wahrscheinlichkeit einer absolut genommenen Abweichung der Zufallsvariable X um ihren Mittelwert in Höhe von nicht weniger als 1,5 Standardabweichungen

a) nach der Tschebyscheffschen Ungleichung?

b) wenn X normalverteilt ist?

c) wenn X gleichverteilt ist im Intervall $0 \leq x \leq 1$?

d) bei einer Zweipunktverteilung mit $\pi = 1-\pi = 1/2$?

Aufgabe 7.1.3

Kann man aus dem "Gesetz der Großen Zahlen" ableiten, daß der Anteil der Fehlentscheidungen eines Gremiums immer geringer wird, je mehr Personen in diesem Gremium sitzen? (Nach dem Motto: "Je mehr Köche, desto besser der Brei"?)

Aufgabe 7.1.4

a) Wie groß muß die Wahrscheinlichkeit, daß eine Zufallsvariable X, für die $E(X^2) = 1$ gilt, einen Wert annimmt, dessen Betrag nicht größer ist als $\varepsilon = \pm 2$, mindestens sein?

b) Wie wahrscheinlich wäre ein entsprechender Wertebereich für x, wenn X normalverteilt wäre mit dem Mittelwert 0?

Aufgabe 7.1.5

Astronomen mögen berechnet haben, daß die Verteilung der Sterne in einer Million Kubiklichtjahren etwa folgende Werte aufweist

$$\mu_x = \sigma_x = 2/3,$$

wobei X die Masse der Sterne ist, berechnet als Vielfaches der Sonnenmasse.

a) Für Raumfahrer in ferner Zukunft mag es von Interesse sein zu wissen, mit welcher <u>mittleren</u> Größe der Sterne sie bei einer Expedition zu rechnen haben. Eine solche Expedition möge n=100 Sterne besuchen. Wie wahrscheinlich ist es dann, daß man Sterne antrifft, die im <u>Mittel</u> eine Masse zwischen 2/3 und 4/3 Sonnenmassen haben?

Man schätze also $P(2/3 \leq \bar{x} \leq 4/3)$ und zwar nach dem Grenzwertsatz von Lindeberg-Levy und der Tschebyscheffschen Ungleichung.

b) Mit einer konstanten Wahrscheinlichkeit von $\pi=1/50=0{,}02$ pro Jahr tritt eine Supernova auf. Allerdings hat man in den letzten 408 Jahren nur zwei Supernovae beobachten können, so daß die relative Häufigkeit h=2/408=0,005 beträgt. Dieser Sachverhalt steht im Widerspruch zu dem Gesetz der Großen Zahl:

1. ja, denn bei einem großen n (hier n=408) muß $h \approx \pi$ sein.

2. nein, denn das Gesetz besagt nur, daß die Abweichung $|h-\pi|$ immer kleiner werden muß.

3. ja, denn je mehr Jahre ohne Supernova vergehen, desto größer wird die Abweichung $h-\pi$, und das dürfte nach dem Gesetz der Großen Zahl nicht sein.

4. nein, denn das Gesetz der Großen Zahl ist hier überhaupt nicht anwendbar, weil die Voraussetzungen nicht gegeben sind.

5. ja, denn die Wahrscheinlichkeit $P(|h-\pi| \geq 0{,}015)$ wird wegen $\sigma^2 = n\pi(1-\pi)$ immer größer.

6. nein, denn die Wahrscheinlichkeit $P(|h-\pi| \geq 0{,}015)$ wird immer kleiner.

Aufgabe 7.1.6

Trotz neuerer praxisrelevanter wissenschaftlicher Erkenntnisse konnte Prinzessin Rana von Esculenta (E) nicht umhin, an die Existenz eines Froschkönigs zu glauben. Sie war jedoch gleichwohl rationalem Denken insofern aufgeschlossen, als sie bestrebt war, ihre Kußaktivität so lange einzustellen, bis der Froschbestand in Esculenta ausreichend statistisch untersucht war. Sie beauftragte den Hofnarren H zu einer entsprechenden empirischen Untersuchung. Dabei ging H von einer Zufallsauswahl von n = 9 der unzähligen Teiche von Esculenta aus und stellte eine mittlere Anzahl von $\bar{x} = 90$ Fröschen je Teich fest, mit

$$\hat{\sigma}^2 = \frac{1}{n-1}\sum(x_i - \bar{x})^2 = 225,$$

so daß $\hat{\sigma} = 15$ war.

a) 1. Über die Gestalt der Verteilung der Anzahl X der Frösche je Teich in der Grundgesamtheit der Teiche von Esculenta kann H jedoch nichts aussagen, d.h. es ist nicht bekannt, ob es z.B. gleich viele Teiche mit einem unterdurchschnittlichen (weniger als 90) wie mit einem überdurchschnittlichen Froschbestand (über 90) gibt. Kann man gleichwohl feststellen, wie wahrscheinlich es mindestens ist, daß in einem Teich zwischen 45 und 135 Frösche sind, wenn $\mu = 90$ und $\sigma^2 = 225$ gilt?

2. Wie groß ist die genaue Wahrscheinlichkeit $P(45 \leq x \leq 135)$, wenn X normalverteilt ist mit $\mu = 90$ und $\sigma = 15$?

b) 1. Wie groß ist dann die Wahrscheinlichkeit $P(80 \leq \bar{x} \leq 100)$ bei n = 9?

2. Was kann man über die Wahrscheinlichkeit aussagen, wenn nicht berücksichtigt wird, daß $\bar{X}$ normalverteilt ist?

Aufgabe 7.1.7

(das Alien-Problem)

Diplom-Kaufmann K aus E erlebte im Kino die Schreckensvision, daß sich ein in der Nähe von Tau-Ceti gefundenes Kleintier im Raumschiff in ein menschenfressendes Ungeheuer verwandelte (Ereignis V).

a) Welche Voraussetzungen müßten hinsichtlich der Grundgesamtheit und der Stichprobenziehung erfüllt sein, um auf das Ereignis V das Gesetz der großen Zahl anwenden zu können? Wie groß müßte der Stichprobenumfang n sein, damit bei völlig unbekanntem $\pi = P(V)$ und der relativen Häufigkeit $p = X/n$ nach der Tschebyscheffschen Ungleichung mit $\varepsilon = 0{,}01$ folgendes gilt:

$$P(|p - \pi| < \varepsilon) \geq 1 - \frac{\pi(1-\pi)}{n\varepsilon^2} = 0{,}95 \ .$$

Wie groß wäre n, wenn anzunehmen ist, daß $\pi = 0{,}1$ ist und die Wahrscheinlichkeit auch wieder mindestens 95% sein soll?

b) Angenommen, das fragliche Ereignis V (Verwandlung) trete bei einem Raumflug auf oder nicht auf, wobei die Wahrscheinlichkeit des Auftretens $\pi = P(V)$ ziemlich gering sein mag. Wieviele Raumflüge in das entlegene Sonnensystem von Tau-Ceti wären wohl nötig, um mit einer Wahrscheinlichkeit von mindestens 95% sagen zu können, daß damit zu rechnen ist, daß z.B. zwischen 1% und 3% Raumfahrten von einem solch schrecklichen Ereignis getrübt sein werden? Wenn man die Anzahl der erforderlichen Raumflüge als Stichprobenumfang n begreift: Welche Möglichkeit gibt es, abzuschätzen, wie groß n sein sollte, damit eine solche Aussage gemacht werden kann (mit [mindestens] 95% Wahrscheinlichkeit liegt die relative Häufigkeit im Bereich von $\pi \pm \varepsilon$).

Aufgabe 7.1.8

(die aristotelische Frauentheorie)
vgl. auch Aufgabe 9.2.4

Der griechische Philosoph Aristoteles (384-322 v.Chr.) lehrte, daß eine Frau nur ein mißratener Mann sei. Sie werde unter "widrigen Umständen", "bei feuchtem Südwind" gezeugt. Der Statistiker S begab sich in das feuchte Sumpfgebiet des Amazonas zu den Kopfjägern (wo sehr häufig ein feuchter Südwind weht) um die aristotelische Frauentheorie empirisch zu überprüfen.

a) Angenommen, es sei über den Anteil der Mädchengeburten unter widrigen Witterungsumständen nichts bekannt. Wie kann man aber gleichwohl eine Abschätzung der Wahrscheinlichkeit dafür abgeben, daß der Stichprobenanteil in einer Epsilon-Umgebung von $\pm 0{,}1$ um den wahren Wert liegt, wenn der Stichprobenumfang n=100 ist?

b) Das (schwache) Gesetz der großen Zahl besagt in Verbindung mit dem Beispiel (Richtiges ankreuzen), daß:

1. die Frauentheorie von Aristoteles richtig ist

2. die Frauentheorie von Aristoteles um so richtiger wird, je größer der Stichprobenumfang ist

3. immer mehr Mädchen gezeugt werden, wenn immer häufiger ein feuchter Südwind weht

4. die relative Häufigkeit der Mädchengeburten (in der Stichprobe) gegen die wahre Wahrscheinlichkeit strebt

5. die relative Häufigkeit der Mädchengeburten von der wahren Wahrscheinlichkeit um höchstens den Wert von Epsilon abweicht

6. die relative Häufigkeit der Mädchengeburten mit größerem Stichprobenumfang immer näher an den Zahlenwert für die wahre Wahrscheinlichkeit herankommt

7. die Wahrscheinlichkeit dafür, daß die relative Häufigkeit der Mädchengeburten von der wahren Wahrscheinlichkeit um höchstens den Wert von Epsilon abweicht, gegen 1 strebt.

Aufgabe 7.1.9

Der Jurist J übernahm, obgleich kein Fachmann, die Leitung der öffentlichen Feuerwehr. Ihm fiel auf, daß es seinen Mitarbeiten leider in zwei von zehn Fällen nicht gelang, den Mittelpunkt c des Sprungtuchs so zu halten, daß die Opfer eines Brandes an der zufälligen Stelle X landeten, die innerhalb einer "ε-Umgebung" von c liegt [$\mu=c= E(X)$]. Weil er nicht weiß, ob dies häufig oder selten ist, fragt er einen Statistiker, wie dies vom Standpunkt des Zufalls aus zu würdigen sei.

a) Der Statistiker denkt zunächst an die Tschebyscheffsche Ungleichung, nimmt an, daß $Y=X-c$ mit $E(Y)=0$ verteilt sei, und daß dann aber $\sigma_y^2 < \varepsilon^2$ sein müsse. Warum?

b) Sodann nimmt er $\sigma_y^2 < 1/3\ \varepsilon^2$ an und bestimmt $P\{|X-c|\geq\varepsilon\}$ mit der Tschebyscheffschen Ungleichung. Wie groß ist die Wahrscheinlichkeit?

c) Wie lautet die Dichtefunktion f(x), wenn X symmetrisch gleichverteilt ist um c mit $\sigma_y^2 < 1/3\, \varepsilon^2$?

Aufgabe 7.1.10

Für eine Folge von Zweipunktverteilungen gelte

$$f_n(x) = \begin{cases} \pi_n = \dfrac{2}{5} + (-1)^n \dfrac{1}{8} - \dfrac{1}{4n^2} & \text{für } x=0 \text{ (Erfolg)} \\ 1 - \pi_n & \text{für } x=1 \text{ (Mißerfolg)} \end{cases}$$

Existiert eine Grenzverteilung $f(x) = \lim f_n(x)$, wenn ja: Wie lautet sie?

Aufgabe 7.1.11

a) Man zeige, daß für eine nichtnegative Zufallsvariable X gilt:

$$P(X \geq c) \leq \frac{E(X)}{c} \qquad \text{(Ungleichung von Markoff)}$$

bei beliebiger reeller positiver Konstante c.

Man kann diesen Zusammenhang auch demonstrieren anhand der diskreten Verteilung

x	0	1	2	3	4	5
P(x)	0,3	0,2	0,2	0,15	0,1	0,05

mit E(X)=1,7 und c=3.

b) Wie hängen die Ungleichung von Markoff und die Ungleichung von Tschebyscheff zusammen?

Aufgabe 7.1.12

a) Eine Münze werde wiederholt geworfen und es soll berechnet werden, wie groß die Wahrscheinlichkeit dafür ist, daß die relative Häufigkeit (p=X/n) der Wappenwürfe zwischen 0,25 und 0,75 (einschließlich) liegt, wenn n = 2, 4, 8 mal geworfen wird (echte Münze: $\pi = 0,5$).

b) Die analoge Betrachtung ist durchzuführen für n = 2, 3, 4, ... Würfe, wenn die Münze nicht "echt" sein sollte ($\pi = 0,6$).

Aufgabe 7.2.1.

Eine Grundgesamtheit bestehe aus den Elementen A=5, B=10, C=12, D=13. Man bestimme die Stichprobenverteilung von $\bar{x}$ für Stichproben ohne Zurücklegen vom Umfang n=1, n=2, n=3 und n=4.

Aufgabe 7.2.2

In einer Grundgesamtheit sei die Variable X zweipunktverteilt

$$f(x) = \begin{cases} \pi & \text{für } x = 1 \\ 1-\pi & \text{für } x = 0 \\ 0 & \text{sonst} \end{cases}$$

Wie ist der Mittelwert $\bar{X}$ bei Stichproben (mit bzw. ohne Zurücklegen) vom Umfang n=2,3,... verteilt?

Aufgabe 7.2.3

Die Grundgesamtheit bestehe aus 5 Elementen mit den Merkmalswerten x=2, x=2, x=3, x=4, x=1.
Bestimmen Sie die Verteilung des Stichprobenmittels, wenn Stichproben ohne Zurücklegen vom Umfang n=2, n=3 und n=4 gezogen werden. Wie sind die Extremfälle n=1 und n=5 zu interpretieren?

Aufgabe 7.2.4.

Während seiner Ausbildung zum Betriebswirt hat Diplom-Kaufmann K aus E stets die Praxisnähe vermißt. Deshalb wollte er endlich einmal die Dinge selbst in die Hand nehmen und durchschlagende Erfolge erzielen. Er begann deshalb mit der Messerwerferei, bei welcher er immerhin schon eine Trefferquote von konstant 10% erreichte. Die Wahrscheinlichkeit, ein Ziel zu treffen sei deshalb, trotz beständigen Trainings, konstant P(T)=0,1.

a) Definieren Sie für die Problemstellung eine Zufallsvariable X und geben Sie das passende Urnenmodell an. Wie ist X verteilt?

b) Wie lautet die Stichprobenverteilung der Anzahl X der Treffer bei n Versuchen (Stichprobenumfang n)?

c) Bei einer sehr großen Anzahl n ist die Anzahl X asymptotisch ...?... verteilt.
Der Anteilswert p= X/n ist ...?... verteilt.

d) Geben Sie eine Begründung für die unter c) dargestellten Zusammenhänge (Hinweise auf Lehrsätze und deren Hintergründe).

Aufgabe 7.2.5

Die Hausfrau H kann sich nicht damit abfinden, ihre Wohnung mit Ameisen (A), Schaben und Kakerlaken (K), Spinnen (S), Mäusen (M), Wanzen (W) und Ratten (R) teilen zu müssen. Sie versuchte deshalb zunächst ihren Mitbewohnern mit Universal - Schädlingsbekämpfern (die n > 1 Ungezieferarten vernichten) zu Leibe zu rücken, ging dann jedoch zu einer Strategie des gezielten (artspezifischen) Overkills über.

Angenommen, jede Schädlingsart habe in der Grundgesamtheit der Wohnung einen gleichen Anteil von $\pi = 1/6$ an der Gesamtzahl der Schädlinge (Gleichverteilung). Ein morgendlicher Durchgang durch die Wohnung sei als Stichprobe aufzufassen. Die Hausfrau H findet dabei zehn Schädlinge, darunter sechs Spinnen. Geben Sie die Stichprobenverteilung für die Anzahl der Spinnen an!

a) Wie wahrscheinlich ist es, die beschriebene Stichprobe zu ziehen, wenn $\pi = 1/6$ ist?

b) Wie wahrscheinlich ist es, einen Anteil von mehr als 50% Spinnen in der Stichprobe (n=10) zu haben?

Aufgabe 7.2.6.

Diplom-Kaufmann K aus E ist leider sehr vergeßlich. Nur mit einer geringen Wahrscheinlichkeit $\pi > 0$ erinnert er sich an seine Telefonnummer. Mit einer Wahrscheinlichkeit $1-\pi$ ist sie ihm dagegen beim Aufsuchen einer Telefonzelle gerade entfallen.

a) Man bestimme (ohne Zuhilfenahme der Formelsammlung) die Verteilung der Anzahl X der erinnerten Telefonnummern, wenn K genau n unabhängige Versuche macht (Stichprobe vom Umfang n), zu telefonieren! (Herleitung)!
b) Wie lautet die Stichprobenverteilung des Anteils P=X/n der richtig erinnerten Telefonnummern und
c) des Anteils der nicht erinnerten Telefonnummern?

Aufgabe 7.2.7

Die Grundgesamtheit sei zweipunktverteilt mit P(x=1) = 1/2 und P(x=2) = 1/2. Wie lautet die Stichprobenverteilung

- des arithmetischen Mittels $\overline{X}$
- des geometrischen Mittels $\overline{X}_G$

bei Stichproben vom Umfang n=2 und n=3 (Ziehen mit Zurücklegen)? Was fällt bei der Betrachtung der Stichprobenverteilung von $\overline{X}_G$ auf?

Aufgabe 7.2.8

In seinem neusten Wirkungskreis ist Diplom Kaufmann K aus E für die Verwaltung eines Betriebes verantwortlich, der zum medizinischen Bereich i.w.S. gehört. Er hofft dabei seine Marketing- und Logistik-Kenntnisse zur Geltung bringen zu können, weil er u.a. auch für die Auslastung der Bettenkapazität von 120 Plätzen zuständig ist, die er durch gezielte PR-Arbeit zu steigern beabsichtigt. Die Anzahl X der täglichen Aufnahmeanträge (die auch größer als 120 sein kann) sei normalverteilt mit µ und σ^2. Wie lautet die Stichprobenverteilung des mittleren Auslastungsgrades $\overline{y} = \frac{1}{n}\sum(x_i / 120)$ bei Stichproben vom Umfang n (Mittelwert über n Tage, n>30)?

Aufgaben zu Kapitel 8

Aufgabe 8.1.1
Aus einer Urne mit N=4 Kugeln werde eine Stichprobe vom Umfang n=2 mit Zurücklegen gezogen. Die Urne enthält eine unbekannte Anzahl M von schwarzen und N-M von weißen Kugeln. Eine Stichprobe ergab eine schwarze und eine weiße Kugel. Bei welchem Wert für M (also M=1,2,3 oder 4) ist es am wahrscheinlichsten, daß gerade ein solches Stichprobenergebnis (also eine schwarze und eine weiße Kugel) entsteht? Man differenziere die Likelihood-Funktion nach M und ermittle so den unbekannten Wert M!

Aufgabe 8.1.2
Bei einer mündlichen Prüfung in Statistik im SS 1990 gab es bei n = 5 Prüfungen x = 1 Prozeß vor dem Verwaltungsgericht Gelsenkirchen (Ereignis G; die Prüfungen sind eine Stichprobe für die gilt: N sehr groß).
Geben Sie die Werte der Likelihood-Funktion für verschiedene Werte von π = P(G) an.

P(G)	0	0,1	0,2	0,3	0,4
Likelihood-Funktion					

Interpretieren Sie Ihr Ergebnis, indem Sie auch die Likelihood-Funktion angeben!

Aufgabe 8.1.3

Eine Zufallsvariable habe die Ausprägungsmöglichkeiten „Erfolg" mit der Wahrscheinlichkeit π und „Mißerfolg" mit der Wahrscheinlichkeit $1-\pi$. In einer Versuchsreihe von vier Versuchen wurde die Zahl der <u>Mißerfolge vor dem ersten Erfolg</u> gemessen:

Versuch	1	2	3	4
Mißerfolge	2	0	1	3

a) Geben Sie die Wahrscheinlichkeiten für 0, 1, 2 und 3 Mißerfolge in Abhängigkeit von π an.

Mißerfolge	0	1	2	3
Wahrscheinlichkeit				

b) Geben Sie auf der Grundlage der oben angegebenen Stichprobe eine Maximum-Likelihood-Schätzung für π ab.

Aufgabe 8.2.1

Die Zufallsvariablen $X_1,...,X_n$ seien unabhängig identisch verteilt mit $E(X_i)=\mu$ und gleichen Varianzen σ^2 ($i=1,2,...,n$). Bekanntlich liefert dann die Stichprobenfunktion (Schätzfunktion)

$$\hat{\mu}_1 = 1/n\,(X_1 + X_2 + ... + X_n) = \overline{X}$$

eine erwartungstreue und konsistente Schätzung für μ. Welche Eigenschaften haben demgegenüber die Stichprobenfunktionen $\hat{\mu}_2$ und $\hat{\mu}_3$, wenn x_1 der erste und x_n der letzte Wert in einer der Größe nach geordneten Reihe ist:

$$\hat{\mu}_2 = (X_1 + X_2)/2 \qquad \hat{\mu}_3 = (2X_1 + 0{,}5X_n)/n \quad ?$$

Zeigen Sie, ob $\hat{\mu}_2$ und/oder $\hat{\mu}_3$ erwartungstreu, konsistent und genauso oder weniger effizient sind wie bzw. als $\hat{\mu}_1$!

Aufgabe 8.2.2

Diplom-Kaufmann K aus E ist nach einigen beruflichen Mißerfolgen voll auf der esoterischen Welle abgefahren. Seine Vorhersagen von Wasseradern mit der Wünschelrute klappen jedoch nicht so ganz. Nur in X von n Fällen liegt er richtig. Seine potentielle Kundschaft ist durchaus geneigt, manchen Mißgriff hinzunehmen, weil nunmal diese äußerst sensiblen Dinge eine höhere geistige Ebene der Beurteilung verlangen. Der Anteil π der wahren Vorhersagen sollte jedoch bei aller Liebe zu den feinstofflichen Schwingungen aus dem Überraum schon etwa 3/4 betragen, weil die Inanspruchnahme der Esoterik ja auch Geld kostet. Diplom-Kaufmann K aus E ist deshalb bestrebt, seine Trefferquote π durch Stichproben laufend zu überprüfen. Als geeigneter Schätzer von π betrachtet er aufgrund übersinnlicher Eingebung die Funktion

$$\hat{\pi}_1 = \frac{X+1}{n+2} \qquad \text{und aufgrund seines früheren Studiums} \qquad \hat{\pi}_2 = \frac{X}{n}.$$

Die beiden Schätzfunktionen für π sind hinsichtlich der Gütekriterien (Erwartungstreue, Effizienz, Konsistenz) möglichst ohne esoterische Hilfsmittel zu beurteilen. Ist $\hat{\pi}_1$ effizienter als $\hat{\pi}_2$?

Aufgabe 8.2.3

Diplom-Kaufmann K aus E buchte eine besonders preisgünstige Mittelmeerkreuzfahrt. Widrige Umstände und erlittene Unbill ließen in ihm jedoch den Entschluß reifen, solche Reisen hinfort nicht mehr zu unternehmen: Nach drei Tagen erreichte er als einer der wenigen Überlebenden eine Staumauer des Hafens von Genua.

a) Das Reisebüro legte in dem anschließenden Schadensersatzprozeß seine Unfallstatistik vor, nach welcher bei bisher insgesamt 50 Kreuzfahrten nur eine Havarie (Ereignis H) zu beklagen war. Ist der Anteil $p_H = x/n = 1/50$ eine erwartungstreue Schätzung für den Anteil π_H in der Grundgesamtheit und ist die Größe $p_H(1-p_H)$ eine erwartungstreue Schätzung für die Varianz $\pi_H(1-\pi_H)$ der Grundgesamtheit?

b) Das Reisbüro veranstaltet auch Safaris, bei denen ein Anteil p_L von Reiseteilnehmern nach einer Begegnung mit einem Leoparden nicht mehr wiedergesehen wurde. Unter welchen Voraussetzungen liefert die Differenz $p_H - p_L$ eine erwartungstreue Schätzung für $\pi_H - \pi_L$?

Aufgabe 8.2.4

Zwei Ökonomen haben zwei verschiedene Schätzer $\hat{\mu}_1$ und $\hat{\mu}_2$ für die erwartete Höhe des Einkommens von Mittelschichtfamilien in den USA vorgeschlagen:

$$\hat{\mu}_1 = \frac{1}{6}X_1 + \frac{1}{3}(X_2 + X_{n-1}) + \frac{1}{6}X_n$$

$$\hat{\mu}_2 = \frac{1}{n-2}\sum_{i=1}^{n-2} X_i$$

Es wurde dabei angenommen, daß die Höhe der Einkommen unabhängig normalverteilt sind mit $E(X_i) = \mu$ und $V(X_i) = \sigma^2$, für alle $i = 1, ..., n$.

Zeigen Sie, daß beide Schätzer erwartungstreu sind und vergleichen Sie die Schätzer hinsichtlich ihrer Varianzen. Welcher Schätzer ist effizienter?

Aufgabe 8.3.1

Bei einer Stichprobe vom Umfang 100
a)   mit Zurücklegen
b)   ohne Zurücklegen
aus einer Grundgesamtheit von N=500 Stück befanden sich 30 Ausschußstücke. Bestimmen Sie die symmetrischen 95%-Konfidenzintervalle für den Ausschußanteil in der Grundgesamtheit!

Aufgabe 8.3.2

In einer Gemeinde mit 10.000 Erwerbstätigen wurden durch eine Stichprobe im Umfang n=100 folgende Werte für die Verteilung der Wochenverdienste festgestellt:
$$\bar{x} = 400 \quad \text{und} \quad \hat{\sigma} = 50.$$

a)   Bestimmen Sie ein 95% symmetrisches Konfidenzintervall für μ.

b)   Man bestimme das 99%-Konfidenzintervall

c)   Wie würde sich das 95%-Intervall verringern, wenn eine entsprechende Stichprobe in einer Gemeinde mit nur 2.000 Erwerbstätigen gezogen worden wäre?

Aufgabe 8.3.3
(als Testproblem vgl. Aufg. 9.1.4)
In einer Stichprobe von n=50 Geräten (aus einer Produktionsserie von N=500 Stück) befanden sich 2 unbrauchbare Geräte. Im Kaufvertrag wurde verabredet, daß der Kunde berechtigt sei, die Abnahme der gesamten Serie zu verweigern, wenn bei einer Irrtumswahrscheinlichkeit von 5vH der Ausschußanteil der Grundgesamtheit 6vH oder höher sein könne. Darf der Kunde die Serie ablehnen?
Welches Stichprobenergebnis wäre zu erwarten, wenn der Ausschußanteil in der Grundgesamtheit nur 2vH wäre?

Aufgabe 8.3.4

In einer Schulklasse mit 25 Schülern unterzogen sich 9 durch Los bestimmte Schüler einem Intelligenztest. Die Varianz des Intelligenzquotienten war dabei $\hat{\sigma}^2 = 81$. Wie breit ist das 95,45%-Konfidenzintervall?

Aufgabe 8.3.5

Bei 261 Patienten wurde untersucht, ob Akupunktur bei Dauerschmerzen hilft. Aus einer Untersuchung in den USA ergab sich, daß jeder dritte Patient (also 87) nach vier aufeinanderfolgenden Sitzungen nach eigenen Angaben schmerzfrei ist. Die Wirkung hielt jedoch nicht lange an, denn nach vier Wochen waren nur noch 5% schmerzfrei. Außerdem ist zu bedenken: ein Anteil von ca. 30% Linderung tritt auch schon bei Scheinmedikation ("Plazebos") auf.
Bestimmen Sie ein 95%-Konfidenzintervall für π mit p=0,3 und p=1/3. Deuten Sie das Ergebnis.

»Und in zehn Tagen wil zeigen, wie man die Akupunkturnadeln nimmt wiedel helaus.«

Aufgabe 8.3.6

Eine bestimmte Operation O wurde im Krankenhaus A bereits n_A=40 mal und im Krankenhaus B bereits n_B=50 mal durchgeführt. Als Erfolg gilt in der Medizin, daß der Patient die Operation lebend übersteht und sich sein Gesundheitszustand verbessert hat.

Die Erfolgsquoten seien bei dieser schwierigen Operation leider mit p_A=1/8 und p_B=1/2 bedauerlich gering.

Man bestimme 95, 45% -Konfidenzintervalle für p_A und p_B aufgrund der beiden Stichproben (Ansatz genügt)! Was bedeutet es, wenn sich die Konfidenzintervalle überschneiden bzw. nicht überschneiden (so wie es oben der Fall ist)?

Aufgabe 8.3.7

(eine Zukunftsvision)

Einer Forderung der Gewerkschaften entsprechend wurden ab 2005 nur noch im Personalwesen akademisch vorgebildete Poliere eingestellt, damit das Herumschlagen mit Dachlatten endlich ein Ende hat. Bei den ersten 100 Betrieben mit akademischem Führungsstil beobachtete

man zwar eine Abnahme der Arbeitsproduktivität auf $\bar{x}$ = 450 (statt bisher μ = 500), dafür wuchs aber das Verständnis für das Wesen des Personalwesens bei den Bauhilfsarbeitern ganz erheblich gegenüber dem bisherigen Zustand des autoritären nichtakademischen Führungsstils (vgl. Bild).
Man bestimme mit $\bar{x}$ = 450 und σ = 50 ein symmetrisches Konfidenzintervall für μ $(1-\alpha = 0{,}9545)$.

Aufgabe 8.3.8

Bei einem Einstellungstest in der Industrie werde den Neuakademikern jeweils ein Problem vorgelegt, für welches eine bestimmte Arbeitszeit X erforderlich ist, um es sorgfältig zu lösen. Der Personalchef, der stets sehr intensiv mit Statistik befaßt sein muß, möchte erst einmal das Konfidenzintervall für die durchschnittliche Bearbeitungszeit bestimmen, um bei den Bewerbern, die er ablehnt, gerecht verfahren zu können.
Gestern mögen sich vier Personen beworben haben und dabei folgende Bearbeitungszeiten (in Minuten) benötigt haben: 105, 95, 110 und 90 Minuten.

Man bestimme ein zweiseitiges 95%-Konfidenzintervall für die durchschnittliche Bearbeitungszeit!

Aufgabe 8.4.1

Ein gemeinnütziger Verein veranstaltete eine außerordentlich spannende Vortragsreihe über Statistik und eine entsprechende, aber an sich weniger ergiebige Fortbildungsveranstaltung über Buchhaltung. An beiden Lehrgängen nahmen 200 (verschiedene) Manager teil, wobei sich jedoch bei der Buchhaltung ein Anteil von 80% besonders interessiert zeigte, während es bei der Statistik nur 20% waren. Könnte es sein, daß der Unterschied nur zufällig 60%, in der Grundgesamtheit dagegen nur 20% beträgt ($\alpha=5\%$)?

Bildungsurlaub

Aufgabe 8.4.2

Als es in früheren Zeiten noch nicht üblich war, Rettungsflugzeuge für die Rettung von Schiffsbrüchigen einzusetzen, kam es doch relativ häufig vor, daß ein Schiffbrüchiger auf einer einsamen Insel dahinschmachtete. Einer früheren Untersuchung ($n_1=35$ Monate) zufolge wurde dieses traurige Schicksal im Monatsdurchschnitt $\bar{x}_1=8$ Menschen zuteil (bei $\sigma=5$). In einer neueren Untersuchung (nach Erfindung des Flugzeugs) fand man jedoch nur $\bar{x}_2=5,5$ und $\sigma=5$. Der Stichprobenumfang der neueren Untersuchung war erheblich größer: $n_2=1225$.

a) Man bestimme die 95,45%-Konfidenzintervalle für μ früher und jetzt (mit $n_1 = 36$ statt 35).

b) Es interessiert natürlich die Frage, ob durch den Einsatz von Rettungshubschraubern signifikant weniger Schiffbrüchige auf einsamen Inseln verkommen müssen. Man bestimme deshalb ein Konfidenzintervall ($\alpha = 4,55\%$) der Differenz der Mittelwerte (Hinweis: Man gehe von homogenen Varianzen und einer Normalverteilung aus!). Was bedeutet es, wenn das Konfidenzintervall auch den Wert 0 umfaßt?

Aufgabe 8.4.3

Man beantworte zur folgenden Meldung aus dem "SPIEGEL"

Italienische Erfolge bei der Brustkrebstherapie
Mit einer Kombination dreier verschiedener Krebsmedikamente (Cyclophosphamid, Methotrexat und Fluorouracil) hat der italienische Krebsspezialist Dr. Gianni Bonadonna die Überlebenschance von 207 Patienten drastisch verbessert, bei denen trotz Brustkrebsoperation die Tumorzellen zum Teil schon in den Lymphknoten angesiedelt waren. Nur bei zehn der gleich im Anschluß an die Operation behandelten Frauen kam es später wieder zu einem Rückfall - von einer Kontrollgruppe mit 179 Frauen dagegen, bei denen die Chemotherapie nicht eingesetzt wurde, erkrankten 43 abermals. Auch nachdem die Medikamentenkombination abgesetzt worden war, erhöhte sich die Rückfallquote nicht. Bonadonnas Arbeit, bei der ihm zehn Kollegen vom Mailänder Istituto Natzionale Tumori assistierten, sei von "monumentaler Wichtigkeit", heißt es in einem Kommentar des als zurückhaltend bekannten "New England Journal of Medicine", in dessen vorletzter Ausgabe die italienischen Befunde publiziert wurden. Womöglich könnte mit der Dreifach-Therapie das Leben "Hunderttausender von Frauen gerettet" werden. Bisher hatten beispielsweise nur 45 von 100 Amerikanerinnen, bei denen Tumorzellen sich schon in den Lymphknoten eingenistet hatten, die ersten fünf Jahre nach der Operation überlebt.

die Fragen:

Kann mit einer Wahrscheinlichkeit von $1-\alpha = 0,95$ (zweiseitig) behauptet werden, daß die Wahrscheinlichkeit des Rückfalls

a) bei beiden Heilmethoden gleich ist?

b) der neuen Methode um ein Viertel gegenüber der alten gesenkt werden kann?

Aufgabe 8.4.4

Die Europa Universität Viadrina in Frankfurt an der Oder fühlt sich u.a. auch der Tradition des berühmten polnischen Malers und Erfinders Leonardo da Winczinski verpflichtet, der sich intensiv mit der Möglichkeit des menschlichen Fluges beschäftigte. Es wurden deshalb auch alternative und umweltfreundliche Formen des Fliegens erforscht. Bei Methode 1 (vgl. Bild) endeten von 200 Flugversuchen leider 80% bereits auf deutscher Seite, während es bei Methode 2, mit der ebenfalls 200 Versuche unternommen wurden, immerhin 50 mal gelang, auf polnischem Gebiet zu landen. Ist der Unterschied zwischen den beiden Flugmethoden signifikant ($\alpha=5\%$)?

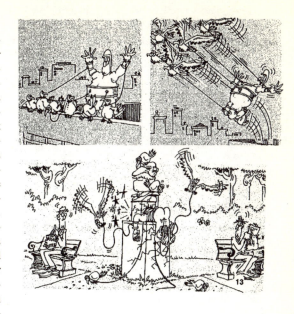

Aufgaben zu Kapitel 9

Aufgabe 9.1.1

Die Post des Landes x plant eine Gebührenerhöhung für eine ihrer Dienstleistungen, die bisher von 80 vH der Bevölkerung in Anspruch genommen wurde. Eine Stichprobe vom Umfang n = 2500 ergab, daß bei der höheren Gebühr immerhin noch 78 vH der Bevölkerung diese Leistung nachfragen werden.

Die Post schließt daraus, daß sich die Nachfrager preisunelastisch verhalten und freut sich auf die Mehreinnahmen durch die Gebührenerhöhung:

a) Formulieren Sie für dieses Beispiel die Nullhypothese H_o und die Alternativhypothese H_1 !
Was bedeutet in diesem Fall der Fehler α? (Beschreiben Sie in eigenen Worten, worin das Risiko, den Fehler 1. Art zu begehen, besteht!)

b) Sollte die Post ihren Überlegungen eine möglichst geringe Irrtumswahrscheinlichkeit α zugrunde legen und dadurch ein größeres ß in Kauf nehmen oder umgekehrt ß klein halten und dabei ein größeres α in Kauf nehmen?

Aufgabe 9.1.2

Nachdem Diplom-Kaufmann K aus E einen Schnellimbiß eröffnete, widerfuhr ihm auch das Mißgeschick, einen Juristen (J) zu Gast zu haben, der Tomatensuppe bestellte.

Der Vorfall endete damit, daß sich K vor Gericht wegen versuchter Körperverletzung verantworten mußte. Dabei stellte sich heraus, daß unter 25 Tomatensuppen des K sogar 9 wegen einer Fliege für gewisse Gäste ungenießbar waren. Vor Gericht wurden zwei konkurrierende Hypothesen über die Wahrscheinlichkeit dieser Ereignisse verfochten:

   von K: $H_0: \pi = 0{,}1$
   von J: $H_1: \pi = 0{,}5$

a) Entscheiden Sie über H_0 mit einer Sicherheitswahrscheinlichkeit von $1-\alpha=0{,}9772$!

b) Bei welchem Wert von p beginnt der kritische Bereich?

c) Bestimmen Sie ein 95%-zweiseitiges Konfidenzintervall für π.

Aufgabe 9.1.3

In den Wäldern des Fürstentums Sylvanien kam es vor dem Jahre 1649 doch schon hin und wieder zu unangenehmen Begegnungen. Die mittlere Anzahl derartiger Unfälle war $\mu = 500$ pro Monat und die Standardabweichung war 50 Unfälle pro Monat. Prinz Wanfried von Sylvanien befahl deshalb einem Hofnarren, eine Straßenverkehrsordnung mit vielen schönen Paragraphen auszuarbeiten. Sie trat 1649 in Kraft.

a) Nach Inkrafttreten der Straßenverkehrsordnung ermittelten die Statistiker folgende Daten für die Unfallhäufigkeit $\bar{x} = 450$ und $\sigma = 50$. Man bestimme das symmetrische Konfidenzintervall bei einer Fehlerwahrscheinlichkeit von $\alpha = 0{,}0455$! Die Angaben beruhen auf einer Untersuchung von n=100 Monaten (mehr als 8 Jahre)

b) Es interessiert natürlich, ob durch Wanfrieds Straßenverkehrsordnung nunmehr signifikant weniger Unfälle (Monatsdurchschnitte) vorkommen, als früher. Formulieren Sie die Null- und Alternativhypothese und führen Sie den Test durch! (α = 5vH)

c) Bei welchem Wert beginnt der kritische Bereich?

d) Erläutern Sie in kurzen Worten den Unterschied zwischen Schätzen und Testen.

Aufgabe 9.1.4
(als Schätzproblem vgl. Aufg. 8.3.3)
In einer Stichprobe von n = 50 Geräten (aus einer Produktionsserie von N = 500 Stück) befanden sich zwei unbrauchbare Geräte. Im Kaufvertrag wurde ein Ausschußanteil der Produktionsserie von 1% garantiert.
Darf der Kunde die Abnahme der Serie verweigern, weil der Ausschußanteil in der Stichprobe 4% statt 1% beträgt?

Die Abnahmekontrolle soll mit einer Sicherheits-Wahrscheinlichkeit von 95% durchgeführt werden, d.h. mit einer Irrtumswahrscheinlichkeit (einem Signifikanzniveau) von 5% (einseitiger Test), denn:

H_o: $\pi = 0{,}01$ (Hypothese des Verkäufers) und H_1: $\pi > 0{,}01$ (Hypothese des Käufers).

Aufgabe 9.1.5

Durch das Geschick der Feuerwehrmänner darf man darauf vertrauen, daß man mit einer konstanten Wahrscheinlichkeit von $1-\pi = 24/25 = 0{,}96$ bei einem Sprung vom Sprungtuch auch sicher landet.

a) Angenommen, die etwas füllige Frau F springe als dritte Person und sei die zweite Person, die beim Sprung verunglückt. Vor ihr sei bereits der betuchte Dipl.-Kfm. K aus E gesprungen und neben dem Sprungtuch gelandet, während Dipl.-Vw. V aus M glücklich gelandet sei. Die Reihenfolge, in der K und V gesprungen sind, sei nachträglich nicht mehr feststellbar.
Wie wahrscheinlich ist das beschriebene Ereignis? (Bestimmen Sie die Wahrscheinlichkeit auf zwei Arten: durch Aufzeichnen des Wahrscheinlichkeitsbaums bzw. durch Benutzung der passenden Wahrscheinlichkeitsverteilung).

b) Bei einem Einsatz galt es 20 Personen zu retten. Schreiben Sie die Wahrscheinlichkeitsverteilung f(x) und die Verteilungsfunktion F(x) für die Anzahl der mißglückten Sprünge auf!

c) Die von Ihnen gewählte Verteilung hat ... Parameter und ist
   O stetig   O diskret   O eine Grenzverteilung
   O symmetrisch O asymmetrisch O monoton fallend
   O linear   O normal   O zweigipflig

d) Bei der dienstlichen Beurteilung des Nachwuchsfeuerwehrmannes N entstanden dadurch gewisse Schwierigkeiten, daß der Vorgesetzte den Eindruck gewann, N habe sich bei der geforderten "raschen Güterabwägung" signifikant häufiger zugunsten von Frauen als von Männern entschieden.

Geht man bei einem Test von der Arbeitshypothese des Vorgesetzten aus, daß N Frauen bei der Rettung bevorzugt, bedeuten α- und ß-Fehler:

O ß-Fehler: N gerät in den Verdacht, Frauen zu bevorzugen, obgleich er es nicht tut;
O α-Fehler: N gerät in den Verdacht, Frauen zu bevorzugen, obgleich er Männer und Frauen gleich behandelt;
O ß-Fehler: die Bevorzugung der Frauen von N wird nicht erkannt;
O ß-Fehler: der Stichprobenbefund legt den Schluß nahe, N behandele Männer und Frauen gleich, obgleich man von der Hypothese ausging, N bevorzuge Frauen.
O die Ablehnung der Gleichbehandlungshypothese (α-Fehler) bedeutet, daß N die Frauen bevorzugt;
O α ist die Wahrscheinlichkeit, die Gleichbehandlungshypothese abzulehnen, während ß die Wahrscheinlichkeit ist, diese Hypothese anzunehmen, so daß α+ß=1 gilt.

Aufgabe 9.1.6

Im Jahr 2118 fand Albert Zweistein heraus, daß die Menge Aminohydronucleindiformaldehydtriproteinascorbinsäure (kurz A) im Zellkern (gemessen in Nanogramm [ng]) ein Maß zur Unterscheidung von

Subhominiden (weniger als 8 ng),
Hominiden (8 bis 10 ng; $\mu_H = 9$ und $\sigma_H = 4$)
Superhominiden (über 10 ng)

sei. Eine Expedition zum Sonnensystem Tau-Ceti kam mit einer Stichprobe von zufällig ausgewählten Extraterrestriern zurück. Es interessiert die Frage, ob diese entlegenen Ortes vorgefundene Populationen von der Art der hienieden existierenden Hominiden sein können.

Messungen ergaben:

n	$\bar{x}$	$\hat{\sigma}$
16	11	4

a) Man teste die Hypothese, daß der Tau-Ceti ein Hominid ist gegen die Alternativhypothese, daß er ein Superhominid ist (5%, einseitig, H_1: $\mu_c=12{,}6449$, $\sigma_c=4$.).

b) Bei welcher Menge beginnt der kritische Bereich?

c) Wie groß ist die Wahrscheinlichkeit für ß?

d) ß ist die Wahrscheinlichkeit, ...

　　O anzunehmen, der Tau-Ceti sei ein Superhominid, obwohl er es nicht ist.
　　O anzunehmen, der Tau-Ceti sei kein Superhominid, obwohl er es doch ist.

194 Übungsaufgaben

- O einen Unterschied zwischen Hominiden und Superhominiden auch tatsächlich zu erkennen.
- O einen tatsächlich bestehenden Unterschied zwischen Hominiden und Superhominiden nicht zu erkennen.

Aufgabe 9.1.7

Die Versuchsserie für den neuen Fliegentöter "der totale Spray" (TS) mußte wegen einer unerwarteten und gravierenden Wirkung nach n=4 (n=25) Versuchen abgebrochen werden.

a) Es ist zu entscheiden, ob bei TS tatsächlich mit dieser nicht tolerablen Wirkung zu rechnen ist ($\alpha=0{,}01$, einseitig), wenn hierfür aufgrund theoretischer Erwägungen von Chemikern nur eine Wahrscheinlichkeit von 0,01 sprechen würde!

b) Aufgrund welchen Grenzwertsatzes darf man (zumindest asymptotisch) mit der Normalverteilung rechnen? Wie ist X tatsächlich verteilt?

c) Man diskutiere für dieses Beispiel die inhaltliche Bedeutung des Fehlers erster bzw. zweiter Art.

Aufgabe 9.1.8

Ein pharmazeutisches Unternehmen überprüft die Wirksamkeit eines neuen Medikaments anhand des Anteils der "Geheilten". Das Medikament gilt als wirksam, wenn der Anteil

$$\pi_n > \pi_a$$

ist (n=neu, a=alt).

a) Warum prüft man die Nullhypothese $H_0: \pi_n = \pi_a = \pi_0$ und nicht die Alternativhypothese $H_1: \pi_n > \pi_a$? Warum ist ein nichtsignifikantes Ergebnis keine Verifizierung der Nullhypothese? Demonstrieren Sie Ihre Überlegungen an folgendem Beispiel: n=100, $p_n=0{,}15$ und $\pi_0=0{,}1$ bzw. $\pi_0=0{,}2$.

b) Welche Interessen werden der Hersteller und der Patient hinsichtlich α und β vertreten?

Aufgabe 9.1.9

Die medizinischen Lehrmeinungen des Chirurgen Prof. Dr. C sind mit zunehmender Berufserfahrung immer radikaler geworden. Zu seiner Grundüberzeugung gehört mittlerweile die Lehre, daß jedes Organ, das unbrauchbar ist, ersatzlos entfernt werden müsse. Dabei sind jedoch leider im letzten Monat bei 25 Operationen nicht weniger als neun Patienten gestorben. Bei einer Untersuchung durch die Ärztekammer (A) wurden über die Wahrscheinlichkeit π solcher Vorfälle zwei konkurrierende Hypothesen verfochten

von C: $H_0: \pi = 0,1$
von A: $H_1: \pi = 0,5$.

a) Entscheiden Sie über H_0 mit einer Sicherheitswahrscheinlichkeit von $1-\alpha = 0,9772$.

b) Bei welchem Wert von p beginnt der kritische Bereich (1 - α = 0,9772)?

c) Bestimmen Sie die Wahrscheinlichkeit ß für den Fehler zweiter Art!

Aufgabe 9.1.10

"Statistische Testverfahren sollen ein Urteil ermöglichen, mit welcher Sicherheit oder Signifikanz die über die Ausgangsverteilung der erhobenen Merkmale und ihre Parameter aufgestellten Hypothesen bestätigt oder verworfen werden können".

(aus J. Zentes, Grundbegriffe des Marketing, S. 397)

Beantworten Sie ausgehend von diesen Erklärungen folgende Fragen:

a) Sind die Begriffe "Sicherheit" und "Signifikanz" synonym?

b) Was heißt "Ausgangsverteilung"? Worauf bezieht sich der Begriff "Parameter"?

c) Wird bei einem Test eine Sicherheit berechnet, mit der eine Hypothese verworfen werden kann? Stellt die Größe 1-α eine solche Größe dar? Kann es überhaupt eine

"Sicherheit" im Sinne der Wahrscheinlichkeit eines Ereignisses geben, mit der man eine Hypothese bestätigen oder verwerfen kann?

d) Muß sich ein Test immer auf die Parameter einer Verteilung beziehen?

Aufgabe 9.1.11

In einem betriebswirtschaftlichen Lehrbuch stellt der Autor die Prüfbarkeit einer Hypothese über die Wahrscheinlichkeit, nach einer Vorstrafe rückfällig zu werden, wie folgt dar:

Unserer Aussage über die Vorbestraften würden wir etwa die folgende Form geben: "95% aller Vorbestraften werden rückfällig, 5% dagegen nicht." Die Prüfbarkeit dieser Aussage wird dadurch hergestellt, daß wir eine bestimmte Hypothese über das für die jeweiligen Fälle geltende Verteilungsgesetz aufstellen. Diese Hypothese könnte etwa das folgende Aussehen haben: In x% der Fälle gilt folgendes Verhältnis von rückfälligen zu nicht rückfälligen Vorbestraften:

3%	*91 : 9*
7%	*92 : 8*
80%	*95 : 5*
7%	*98 : 2*
3%	*99 : 1*

Stellen wir durch empirische Untersuchungen fest, daß beispielsweise in 90% der Fälle das Verhältnis von Rückfälligen zu Nichtrückfälligen 92:8 lautet, so müssen wir sowohl unsere Hypothese über das geltende Verteilungsgesetz, als auch unsere empirische Hypothese als falsifiziert ansehen.

Offenbar will der Autor zeigen, ob und wie man eine Hypothese über eine Wahrscheinlichkeit ($\pi=0{,}95$) falsifizieren kann. Beantworten Sie folgende Fragen zu seiner Betrachtung:

a) Was könnte "in 90% der Fälle" bedeuten? Könnte gemeint sein: bei 90% aller Stichproben (von welchem Umfang?) wurde eine relative Häufigkeit von (genau?) 0,92 beobachtet?

b) Woher kommt die Hypothese "über das für die jeweiligen Fälle geltende Verteilungsgesetz"? Warum folgt sie nicht aus der Hypothese $\pi=0{,}95$?

c) In welcher Weise kann eine (oder mehrere [in 90% der Fälle], wobei sich fragt, wieviele) relative Häufigkeit(en) eine Hypothese über eine Wahrscheinlichkeit (0,95) "falsifizieren"?

d) Inwiefern kann eine solche Beobachtung (aus wievielen Stichproben welchen Umfangs?) zugleich zwei Hypothesen (wenn es denn zwei sind) "falsifizieren"? Was bedeutet hier "empirische Hypothese"?

e) Gibt es bei Signifikanztests eine Hypothese über ein "Verteilungsgesetz"? Was wird hier eigentlich verteilt?

f) Warum wird nicht gesagt, wieviele Stichproben welchen Umfangs gezogen werden? Warum erscheint in der Betrachtung kein Signifikanzniveau?

Aufgabe 9.1.12

In einer empirischen Studie über Schulreife und Schulerfolg untersuchten K. Lühning und R. Schmid (1978) Einflußgrößen von Schulreife, Schulnoten und Intelligenz. Eine Stichprobe von n=18 Schülern ("Einheimische") einer niedersächsischen Gemeinde mit dem Einschulungsjahr 1970 ergab einen Mittelwert $\bar{x}$=109 der IQ-Punkte mit einer Standardabweichung σ=13,5.

Psychologen mögen herausgefunden haben, daß der IQ normalverteilt ist mit μ=100 und σ=15. Ist der Befund der empirischen Studie bezüglich des Mittelwerts mit dieser Arbeitshypothese vereinbar? $\alpha = ?$

Aufgabe 9.2.1

(Statistik als konkrete Lebenshilfe!)

Major v.X. (verarmter Adel) wünscht, sich durch eine Heirat zu sanieren:

a) Zwei gleichlautende Anzeigen in den Zeitungen A und B ergeben n_A=50 und n_B=40 Zuschriften, die als unabhängige Stichproben mit Zurücklegen aufzufassen sind. Aus den Zuschriften ging hervor, daß die Anteile π_A=1/2 und π_B=1/8 der heiratswilligen Damen begütert waren.

Unzufrieden mit dem Erfolg dieser Aktion erwägt v.X. eine neue Anzeige, in der seine Vorzüge und Absichten etwas deutlicher hervorgehoben werden sollen.

Soll er seine neuerliche Aktion auf die Zeitung A konzentrieren? ($\alpha = 1\%$)

b) Zu welcher Entscheidung würde v.X. gelangen, wenn π_A=0,4 und π_B=0,25 gewesen wären?

Aufgabe 9.2.2

Die Gemeinde G ist zu der richtigen Erkenntnis gelangt, daß man nicht durch korrupte Wahlmänner unfähige Sheriffs wählen lassen sollte, und daß auch in allen Fragen des Personalwesens ein Statistiker hilfreicher ist als ein Betriebswirt. Sie beauftragte deshalb einen Statistiker, um aus den beiden Bewerbern A und B für das Amt des Sheriffs den besseren auszuwählen.

Da es bei diesem Amt vor allem darauf ankommt, gut schießen zu können, andererseits aber auch ein guter Schuß ein Zufallstreffer sein kann, unternahm der Statistiker mit den beiden Bewerbern einen Schießwettbewerb.
Die Ergebnisse waren:

	Ziel getroffen	nicht getroffen	Trefferanteil
Bewerber A	10	30	1/4
Bewerber B	20	30	2/5

a) Offenbar scheint B der bessere Schütze zu sein. Man möchte aber auch wissen, ob B *signifikant* besser schießt als A ($\alpha = 0{,}05$).

b) Erklären Sie mit eigenen Worten, was in diesem Fall der Fehler 2. Art ist, und ob es besser ist α oder β zu betrachten!

c) Die Entscheidung für B, weil dessen Trefferquote mit 40% höher war, als die von A, könnte ungerecht sein. Es könnte sogar sein, daß A besser ist, als B und daß sogar gilt: $\pi_A=0{,}4$ und $\pi_B=0{,}3$.
Man berechne unter diesen Annahmen ein symmetrisches, zweiseitiges Schwankungsintervall ($1-\alpha = 0{,}95$) für die Differenz der Stichprobenanteilswerte.
Wie wäre es zu interpretieren, wenn das Intervall auch die Differenz 1/4 - 2/5 = - 0,15 umfassen würde?

d) Richtig oder falsch?
- O Ein Konfidenzintervall gibt mit einer vorgegebenen Wahrscheinlichkeit an, in welchem Wertebereich ein Parameter der Grundgesamtheit liegt.
- O Ein Schwankungsintervall gibt mit einer vorgegebenen Wahrscheinlichkeit an, in welchem Wertebereich eine Kennzahl der Stichprobe liegen wird.
- O α ist die Wahrscheinlichkeit dafür, daß die Nullhypothese falsch ist.
- O Der α-Fehler bedeutet hier: B annehmen, obwohl A besser ist.
- O ... zwischen A und B keinen Unterschied zu machen, obgleich doch einer besteht.
- O ... sich zwischen A und B nicht zu entscheiden, obgleich B besser ist als A.
- O ... den Bewerber B anzunehmen, obgleich A genauso gut sein könnte, wie B.

Aufgabe 9.2.3

Eine Untersuchung über die Gehirngröße (in cm³) von 9 Ponginae und 16 Australopithecinae möge bei einer Standardabweichung (in der Grundgesamtheit) von $\sigma_P = \sigma_A = 9$ folgende Mittelwerte ergeben haben

Ponginae : 450;   Australopithecinae : 600

(die Angaben entsprechen der Wirklichkeit). Ist der Unterschied in der Gehirngröße zwischen diesen beiden menschlichen Vorfahren signifikant ($\alpha=5\%$ einseitig)? Ist anzunehmen, daß bei gleichem n und σ (also $\sigma_G = \sigma_A = 9$) auch ein durchschnittlicher Gorilla (Gehirnvolumen 685 cm³) ein signifikant größeres Gehirnvolumen als ein Australopithecus hat ($\alpha=5\%$ einseitig)?

AUSTRALOPITHECUS

Aufgabe 9.2.4

(Verifizierung der aristotelischen Frauentheorie von Aufg. 7.1.8)

Der etwas skurrile und altmodische Statistiker S steht als Aristoteles-Fan modernem Gedankengut nicht sehr aufgeschlossen gegenüber (und auch modernen Frauen, die nach seiner Erfahrung mehrheitlich weder von der Statistik, noch von Aristoteles begeistert sind). Mit einem nicht ungefährlichen Besuch von S im feuchten Sumpfgebiet des Amazonas bei den Kopfjägern gelang es ihm, die aristotelische Frauentheorie eindrucksvoll empirisch zu überprüfen.

Seine Statistik der Zeugungsumstände, die ihm fast den Kopf gekostet hätte, ergab die folgenden Daten:

Umstände	Anteil "Mädchen"	Geburten insgesamt (n)
widrig	$p_W = 0{,}75$	32
nicht widrig	$p_N = 0{,}25$	32

a) Man teste auf einen signifikanten Unterschied ($\alpha = 5\%$)

b) Gewöhnlich folgt man der modernen Auffassung, wonach die Wetterbedingungen während der Zeugung für das Geschlecht der Leibesfrucht nicht relevant sind. Gleichwohl sollte man sich fragen, wie groß Δ sein müßte, um Zweifel zu bekommen, ob Aristoteles nicht doch Recht hatte ($\alpha=5\%$, einseitig):

Umstände	Mädchen-Geb.	Geb. insgesamt
widrig	$16 + \Delta$	32
nicht widrig	16	32

c) Angenommen, die Anteile unterscheiden sich bloß um 2%, so daß gilt $p_N=0{,}5$ und $p_W=0{,}52$. Wie groß müßten die beiden (gleich großen) Stichproben $n_N=n_W=n$ sein, um zu einer Annahme der Aristoteles-Hypothese zu neigen (signifikanter Unterschied; $\alpha=5\%$ einseitig)? Wieviel mehr Mädchengeburten unter widrigen Zeugungsumständen als unter nichtwidrigen wären dann nötig?

Aufgabe 9.2.5

Bekanntlich fördert schon seit unvordenklichen Zeiten Angst und Streß das Auftreten aggressiver Verhaltensweisen. Zwei unabhängige Stichproben vom Umfang $n_1=50$ (Experimentgruppe) und $n_2=40$ (Kontrollgruppe) wurden hinsichtlich der Häufigkeit aggressiven Verhaltens untersucht, wobei die Gruppe 1 permanent einem Streß ausgesetzt war.

Die Anteile aggressiver Personen waren: $p_1=1/2$ und $p_2=1/8$. Ist der Unterschied signifikant ($\alpha=1\%$, einseitig)?

Aufgabe 9.2.6

Bekanntlich ist der Erfolg fliegerischer Aktivitäten bei Gewitter (G) in einem höheren Maße gefährdet, als bei schönem Wetter (S). Ein aussagefähiger Indikator für den Erfolg solcher Betätigungen dürfte die Variable X sein, die zum Ausdruck bringt, in welchem Ausmaß die Anzahl der Landungen von Luftfahrzeugen (LFZ) aller Art am beabsichtigten Ort und in befriedigender Weise (so daß der Pilot nach der Landung

das LFZ ohne fremde Hilfe verlassen kann) die Anzahl der Starts an einem Tag unterschreitet.

Eine Auswertung von $n_G=100$ Gewitter- und $n_S=200$ Schönwettertagen ergab $\bar{x}_G = 8$ und $\bar{x}_S = 4$ und es seien $\sigma_G^2 = 30$ und $\sigma_S^2 = 12$ die bekannten Varianzen.

a) Man überprüfe die Hypothese H_0: $\mu_G = \mu_S$ mit $\alpha=0{,}0228$ einseitig.

b) Die Daten scheinen dafür zu sprechen, daß Fliegen im Gewitter doppelt so gefährlich ist, wie bei schönem Wetter im Sinne der Hypothese H_0: $\mu_G = 2\mu_S = 2\mu$. Gilt dies für beliebige Werte von μ?

Aufgabe 9.2.7

Um das technische Interesse von Jungen (M) und Mädchen (W) zu vergleichen, wurde $n_M=30$ Schüler und $n_W=20$ Schülerinnen ein Test vorgelegt, bei dem maximal 12 Punkte zu erreichen waren. Man erhielt folgende Stichprobenergebnisse:

$\bar{x}_M = 4{,}13$ $\quad\quad$ $\bar{x}_W = 2{,}9$

$s^2_M = 7{,}4$ $\quad\quad$ $s^2_W = 9{,}3$.

Weist das Ergebnis auf einen signifikanten Unterschied hin ($\alpha=5\%$) hin (Hinweis: mit homogenen Varianzen rechnen)?

Aufgaben zu Kapitel 10

Aufgabe 10.1.1

Der erotomane Bankangestellte B behauptet, daß sich zwischen 80 und 90 Prozent seiner Tanzpartnerinnen nach dem Tanz noch zu einem Tässchen Bouillon in seine Wohnung einladen lassen, und daß er sich dabei mit 90% sicher sein kann. Wie groß muß n sein?

Aufgabe 10.1.2

In einer Gemeinde mit N=10.000 Erwerbstätigen wurden durch eine Stichprobe im Umfang n=100 folgende Werte für die Verteilung der Wochenverdienste festgestellt:

$$\bar{x} = 400 \, \text{DM} \quad \text{und} \quad \hat{\sigma} = 50 \, \text{DM}.$$

a) Bestimmen Sie ein 95% symmetrisches Konfidenzintervall für μ!

b) Würde sich das Konfidenzintervall verringern oder vergrößern, wenn eine entsprechende Stichprobe in einer Gemeinde mit N = 90.000 Erwerbstätigen gezogen worden wäre?

c) Angenommen N ist <u>sehr</u> groß (gegenüber n). Wie groß müßte der Stichprobenumfang n mindestens sein, um bei einer Sicherheitswahrscheinlichkeit von 95% eine Stichprobenaussage mit einem absoluten Fehler von 20 DM (von 2 DM) erzielen zu können?

Aufgabe 10.1.3

a) Bei einer Wahlumfrage (Stichprobe) möge die Schätzung des Anteils π der Wähler der Partei xyz vom wahren Wert höchstens absolut um 1 vH abweichen mit einer Wahrscheinlichkeit von 90%. Wieviele Personen sind zu befragen?

b) Wieviele Personen müßte man befragen, wenn man mit gleicher Wahrscheinlichkeit einen Fehler von höchstens einem halbem Prozent in Kauf nehmen will?

c) Wenn sich die "Parteienlandschaft" mehr und mehr zu zwei großen Parteien verdichtet (oder entsprechend auf einem Markt ein Duopol entsteht), werden dann Wahlprognosen (oder Marktforschungen) schwieriger oder leichter?

Aufgabe 10.1.4

Für viele Autoren gilt eine Stichproben dann als "repräsentativ", wenn sie "ein getreues Abbild der Realität darstellt", "wenn die Merkmale und ihre Verteilung in der Stichprobe und der Grundgesamtheit übereinstimmen" ("Repräsentanz = Strukturidentität"). Die Grundgesamtheit bestehe aus 5 Einheiten mit den Merkmalswerten $x_1=100$, $x_2=150$, $x_3=850$, $x_4=1200$ und $x_5=1700$ ($\mu=800$).

a) Eine der 10 möglichen Stichproben vom Umfang n=2 ergab $x_1=100$, $x_2=150$ (also $\bar{x}=125$). Kann man sagen, daß sie deshalb nicht repräsentativ ist?

b) Welche der 10 Stichproben ist ein "getreues Abbild" im obigen Sinne?

c) In dem hier und in Aufg. 9.1.10 zitierten Buch (S. 369, 398) heißt es ferner, ein indirekter Schluß sei nur zulässig, wenn eine Stichprobe in diesem Sinne repräsentativ ist. Ist dies richtig?

Aufgabe 10.1.5

Wenn ein Phänomen wie etwa R (Reinkarnation) bislang noch nicht zweifelsfrei nachgewiesen werden konnte, ist dies bekanntlich noch kein Beweis dafür, daß es gar nicht existiert. Es könnte ja sein, daß es nach vielen tausend untersuchten Fällen doch zum ersten Mal auftritt. Es ist zwar klar, daß R nie beobachtet werden kann, auch nicht bei einem noch so großen Stichprobenumfang n, wenn die Wahrscheinlichkeit π des Eintretens von R genau Null ist. Aber es könnte doch sein, daß π nur sehr klein ist und R deshalb mit hoher Wahrscheinlichkeit auch bei großem n nie auftritt. Wie groß sollte die Anzahl n der untersuchten Fälle ohne R sein, wenn Sie

a) von der Hypothese H_0: $\pi = \pi_0 = 0{,}01$ ausgehen und diese bereit sind auf einem Signifikanzniveau von $\alpha = 0{,}05$ zugunsten von H_1: $\pi < \pi_0$ zu verwerfen, wenn es mehr als n Beobachtungen ohne R gibt?

b) von $\pi_0 = 0{,}001$ und $\alpha = 0{,}01$ ausgehen?

Aufgabe 10.2.1

Durch eine Stichprobe von n=2.000 Fernsehteilnehmern (Auswahlsatz 1/3.000) wurde festgestellt, daß sich leider nur 1% in die belehrende und amüsante Vorlesung über das hochalpine Faustrecht mit praktischen Übungen von Prof. Dr. jur. X eingeschaltet haben. Man bestimme das 90%-Konfidenzintervall und rechne die Konfidenzgrenzen hoch.

Aufgabe 10.3.1

Die Merkmalswerte der N=6 Einheiten der Grundgesamtheit seien 1, 2, 7, 10, 16 und 40 (σ=13,21). Die ersten vier Einheiten bilden die Schicht 1 (σ_1=3,67) und die beiden letzten die Schicht 2 (σ_2=12). Man berechne

a) die Standardabweichung der Stichprobenverteilung des Mittelwertes bei einer ungeschichteten Stichprobe mit n=3!

b) Die Standardabweichung bei einer geschichteten Stichprobe mit proportionaler Aufteilung.

Aufgabe 10.3.2

Gegeben sei eine Grundgesamtheit von 900 Betrieben, die sich wie folgt in zwei Schichten nach Maßgabe des Jahresumsatzes x (in 1.000 DM) aufteilen lassen.

Schicht k	N_k	μ_k	σ_k^2
1	800	200	900
2	100	1100	8100

Für die Grundgesamtheit gilt dann μ=300 und σ^2=81.700. Man möchte 10% der Unternehmen befragen. Die Stichprobenverteilung des Mittelwerts $\overline{X}$ hat jeweils den Erwartungswert von E(X)=300. Welche Varianz hat sie im Falle

a) einer ungeschichteten Stichprobe (uneingeschränkte Zufallsauswahl)

b) einer geschichteten Stichprobe und zwar
   - bei proportionaler Aufteilung
   - bei optimaler Aufteilung
   Man interpretiere das Ergebnis!

Aufgabe 10.3.3

Seit Dipl.-Kfm. K aus E auf Busfahrer umgesattelt hat, interessiert er sich nur noch für das Konfidenzintervall seiner durchschnittlichen Trinkgeldeinnahmen bei Sonderfahrten.

Das Unternehmen, bei dem er arbeitet, veranstaltete N=1.000 Sonderfahrten: 80% Fahrten zu Fußballspielen (F) und 20% Wochenendausflüge von Kleingärtnern (G). Die 20 Fahrten des K seien als geschichtete Stichprobe aufzufassen:

$n_F=16$, $\bar{x}_F=50$, $\sigma^2_F=400$

$n_G=4$, $\bar{x}_G=70$, $\sigma^2_G=900$

Von besonderem Interesse ist es für K zu wissen, ob er signifikant mehr Trinkgeld von den Kleingärtnern als von den Fußballfans zu erwarten hat ($\alpha=0,05$).

Wie ist bei den obigen Zahlenangaben eine geschichtete Stichprobe vom Umfang n=20 in n_F und n_G aufzuteilen, wenn die Aufteilung proportional (optimal) sein soll?

Aufgabe 10.3.4

Gegeben sei eine Grundgesamtheit mit den Schichten-Anteilen $f_1=N_1/N$ und $f_2=N_2/N$. Zeigen Sie, daß die Varianz der Stichprobenverteilung von $\bar{x}$ im Falle der ungeschichteten Stichprobe

$$\sigma^2_{\bar{x}} = \frac{1}{n}\left[f_1 f_2 (\mu_1 - \mu_2)^2 + V_{11} + V_{12}\right]$$

lautet und im Falle der geschichteten Stichprobe

$$\sigma^2_{\bar{x}} = \frac{f_1 V_{11}}{n_1} + \frac{f_2 V_{12}}{n_2}$$

bei $V_{11} = f_1 \sigma^2_1$ und $V_{12} = f_2 \sigma^2_2$. Erklären Sie anhand dieser Herleitung den Schichtungseffekt. Kann kein Schichtungseffekt eintreten, wenn $\mu_1=\mu_2$ ist?

Lösungen

zu den

Übungsaufgaben

Kapitel 1

1.1, 1.2   Die Stichprobenräume sind formal identisch mit 9 Elementen $\Omega=\{AA, AB, ..., CC\}$. Dann ist AA eines von 9 Elementen, Wahrscheinlichkeit: 1/9.

Kapitel 2

2.1 $V = 12$ ($n = 4$; $i = 2$)

2.2 $P_W = 12.600$

2.3   a) $K = \binom{49}{6} = 13.983.816$ b) $K = \binom{48}{5} = 1.712.304$

2.4   vierstellig

2.5   a) $\binom{20}{5}\binom{8}{3}\binom{2}{1} = 1.736.448$ b) $\binom{17}{2}\binom{6}{1} = 816$

2.6   a) $V_W = 5^7 = 78.125$ b) $K_W = \binom{11}{7} = 330$

2.7 $\binom{n-3}{r-1} \Big/ \binom{n-1}{r-1}$

2.8   a)   0,4   b) $1 - 1/10 = 0,9$ c)   0,5

2.9   a) $P = 120$ b) $P = (n-1)! = 24$

2.10 $1 - 0,88305 = 0,11695$

Kapitel 3

3.1.1

	Aussage	gilt stets	gilt nur, wenn ...	gilt nie
1	wenn $AB \subset AC$, dann $B \subset C$		zugleich gilt: $BC = B$	
2	wenn $ABC = AB$ dann $B \subset C$		zugleich gilt: $BC = B$	
3	$(A \cup B) - A = B$		$A \cap B \neq \emptyset$	
4	$\Omega - (A \cup C) = \overline{A} \cap \overline{B}$	X		
5	$(A-B) \cup (A-C) = A-BC$	X		

6	$\overline{AB - AC}$ = BC			X
7	AB - AC = AB - ABC	X		
8	A - B = B - A		A = B	

3.1.2, 3.1.3   Lösung hier zu platzaufwendig

3.2.1   nein, denn P(A∪B∪C∪D) = P(Ω) = 10/12 < 1 und P(A∪D) = 7/12 > 1/2

3.2.2   Ereignisfeld (Potenzmenge), (∅, V, M, S, ..., VM, VK, MK, ..., Ω) diese Menge hat insgesamt 2^4=16 Elemente

3.2.3   subjektiv

3.2.4   a), b)   nein   c)   ja

3.2.5   a)   keine Folgerung, $(1 - 1/5000000)^{1000000}$ b)   statistisch
         c)   Ω=G∪K∪$\overline{V}$; unmöglich ist G∩$\overline{V}$; weil ∅ nicht enthalten

3.3.1   P(A∪B) = 0,25 + 0,3 - 0,05 = 0,5 < 1, daher muß es noch mehr Stockwerke geben

3.3.2   P(B∪C)=0,4   P(A∩C)=0,2   P(A∩B)=0,1   P(A∪B∪C)=0,62

3.4.1   a)   0,2258   b)   0,21875
         [Zusatzfrage: a) 0,2379, b) 0,2344]

3.4.2   a)   P(x=0)=0,729, P(x=1)=0,243, P(x=2)=0,027, P(x=3)=0,001 siehe auch Binomialverteilung;
         b)   E(X) = 0,3   c)   10 Kugeln, davon 9 weiße u. 1 schwarze (Erfolg, Motor fällt aus), dreimal Z.m.Z.

3.4.3   4

3.4.4   P($\overline{A}$ ∩ $\overline{B}$ ∩ $\overline{C}$) = 0,5833   von einem ... = 0,3458

3.4.5   Teilereignis R ⊂ S, deshalb P(R) < P(S) und P(R) = P(RS)

3.4.6   erstes Spiel: $1-\left(\frac{5}{6}\right)^4 = 0,5177$ zweites Spiel: $1-\left(\frac{35}{36}\right)^{24} = 0,4914$

3.4.7   0,05

3.4.8   die einzelnen Partitionen kommen bei 6^3=216 Versuchsausgängen unterschiedlich häufig vor, nämlich 3! = 6, 3!/2!1! = 3 und 1 mal, so daß P(x=9)=25/216 und P(x=10)=27/216 gilt.

3.4.9 $P(A)=11/36$, $P(B)=5/36$, $P(A\cap B)=2/36 \Rightarrow P(A|B)=2/5$
         stochastisch abhängig wegen $P(A|B) \neq P(A)$.

3.4.10   erste Summe immer 1, zweite Summe bei Unabhängigkeit 2 $P(A)$.

3.4.11   aa) 0,565 ab) 0,0247 ac) 0,1357 b) stoch. abhängig, weil $P(S|R) \neq P(S|S)$

3.4.12   14/15

3.4.13   a) $P(A|B)=0,3$, $P(AB)=0,06$, $P(T|\overline{AB})=0$, $P(A\cup B)=0,44$
              $P(A\overline{B}) + P(\overline{A}B)=0,38$, $P(\overline{A\cup B})=0,56$, $P(A\overline{B})=0,24$,
              $P(\overline{T}|AB)=0,2$, $P(T)=0,048$
         b)   Stichprobenraum, Zerlegung, unverträglich
         c)   0,8824   d)   0,3828

3.4.14   a)   0,18   b)   0,62   c)   0,44   d)   0,38

3.4.15   a)   0,8824   b)   0,979; 0,904
         c) $P(A\cap S)=0,32$, $P(A)=0,56$, $P(S|A)=0,571$, $P(A\cup \overline{A})=1$, $P(A-S)=0,24$
         d)   A-S, S, $\overline{A\cup S}$ mit Wahrsch. 0,1, 0,6 und 0,3

3.4.16 $P(N) = 0,514$, $P(NK) = 0,51$

3.4.17   Demonstrationsbeispiel: paarweise Unabhängigkeit impliziert nicht wechselseitige Unabhängigkeit.

3.4.18   a) $P(F) = 0,7$, $P(\overline{H}) = 0,2$, $P(H|F) = 0,9$

	F	$\overline{F}$	Σ
H	0,63	0,17	0,8
$\overline{H}$	0,07	0,13	0,2
Σ	0,7	0,3	1

  1) $P(\overline{H} \cap \overline{F}) = 0,13$
  2) $P(H \cap F) = 0,63$
  3)
   $P(H \cup F) - H \cap F = P(H) + P(F) - P(H \cap F)$
   $= 0,8 + 0,7 - 2 \cdot 0,63 = 0,24$

   oder

   $P(\overline{H} \cap F) + P(\overline{F} \cap H) = 0,07 + 0,17 = 0,24$

         b)   Nein, da z.B. $P(H) \cdot P(F) = 0,7 \cdot 0,8 = 0,56 \neq P(H \cap F) = 63$
         c) $P(B|H) = 0,1$, $P(B|\overline{H}) = 0,05$

$$P(B) = P(B|H) \cdot P(H) + P(B|\overline{H}) \cdot P(\overline{H})$$
$$= 0{,}1 \cdot 0{,}8 + 0{,}05 \cdot 0{,}2 = 0{,}08 + 0{,}01 = 0{,}09$$

3.5.1   a)   0,42; 0,1429   b)   für y: 0,42, 0,4286, für Z: 0,42, 0,6

3.5.2   a)   nein, $P(S|D) > P(S|\overline{D})$ b)   0,12   c)   0,25

3.5.3   a)   0,9
         b)   P(B)=0,6, wobei P(x=0)=0,3, P(x=1)=0,6 u. P(x=2)=0,1 mit der hypergeometrischen Verteilung zu bestimmen wären; totale Wahrsch.
         c)   P(x=0|B)=0,45   P(x=2|B)=0,05

3.5.4   0,0515

3.5.5   1/3, 5/6

3.5.6   P(X) ist die Wahrsch. dafür, daß ein Spieler mit einem Restkapital von X ruiniert wird. Aus P(0)=1 und P(B)=1 sowie P(X) = ½ [P(X+1)+P(X-1)]
folgt: $P(X) = 1 + \left(-\dfrac{1}{B}\right)X = 1 - \dfrac{X}{B}$

Kapitel 4

4.1.1   a) 8 Möglichkeiten; P(x=0)=1/8, P(x=1)=3/8, P(x=2)=3/8, P(x=3)=1/8

         b) P(x=0)=8/27, P(x=1)=4/9, P(x=2)=2/9, P(x=3)=1/27

         c) für Teil a): E(X)=1,5, V(X)=0,75
            für Teil b): E(X)=1,   V(X)=2/3,   σ=0,8165

4.1.2   a) $F(x) = \dfrac{1}{4}x^2$ $E(X) = \dfrac{4}{3}$ b) $P(0{,}5 \leq x \leq 1{,}5) = 0{,}5$

4.1.3   a) $\int_a^b f(x)dx = 1$ und $f(x) \geq 0$ b) $P(1 \leq x \leq 5) = 41/54$

         c) E(X)=3, V(X)=2,4

4.1.4   Erwartungswert jeweils 4,8 (keine Entscheidung nach max. Erwartungswert [Bernoulli-Kriterium] möglich).

4.1.5   unendlicher Erwartungswert ⇒ unendlich hoher Einsatz wird trotzdem nicht gewagt; Paradoxon des Petersburger Spiels: Nutzen ≠ Geldeinsatz.

4.1.6   Beweise einfach mit q=1/2. $f(y) = (y-1)(1/2)^y$ wenn y≥2.

4.1.7   zwar gilt F(10) = 1, nicht jedoch f(x) > 0 für alle Werte von x.

4.1.8   E(X)=0,58, bedingte Wahrscheinlichkeit, Likelihood, P(D)=0,8.

4.1.9   a) Fläche unter f(x) ist 1, f(x)≥0, f(x)>1 für x>0,63
         b) E(X)=0,8, V(X)=0,0267

4.1.10 $\sum_{x=1}^{n} \frac{1}{x(x+1)} = \frac{n}{n+1}$ mit $\lim_{n \to \infty}[n/(n+1)] = 1$.

         unendlicher Erwartungswert: $E(X) = \sum_{x=1}^{\infty} \frac{1}{x+1} = \frac{1}{2} + \frac{1}{3} + \ldots = \sum \frac{1}{x} - 1$, wobei

         die harmonische Reihe $\Sigma(1/x)$ nicht konvergiert.

4.1.11   a) F(10)=1   b) $E(X) = |10 \ln x|_{10}^{\infty}$
4.1.12   a) übliches Verfahren f(x)>0, F(3)=1   b) nur letzte Antwort richtig
         c) E(X)=27/24=1,125, V(X)=0,6094
         d) E(Y)=4,5; V(Y)=2,4375.

4.1.13   a) eindim., stetig, asymmetr., stückweise linear (Dreiecksvert.)
         b) P(x≥10)=1/6
         c) Normalverteilung mit $\mu = 7$ und $\sigma = 2$; P(x > 10) = 0,0668.

4.1.14   Lösung hier zu aufwendig

4.2.1   a)

	X=0	X=1	Σ
Y=0	4/9	2/9	6/9
Y=1	2/9	1/9	3/9
Σ	6/9	3/9	1

$P(X=0|Y=0) = P(X=0|Y=1) = 2/3$
$P(X=1|Y=0) = P(X=1|Y=1) = 1/3$
$P(Y=0|X=0) = P(Y=0|X=1) = 2/3$
$P(Y=1|X=0) = P(Y=1|X=1) = 1/3$
$E(X) = E(Y) = 1/3$, $E(XY) = 1/9$, $C(XY) = 0$

b)

	X=0	X=1	Σ
Y=0	2/3 · 3/5 = 2/5	1/3 · 4/5 = 4/15	2/3
Y=1	2/3 · 2/5 = 4/15	1/3 · 1/5 = 1/15	1/3
Σ	2/3	1/3	1

$P(X=0|Y=0) = 3/5$ $P(X=0|Y=1) = 4/5$
$P(X=1|Y=0) = 2/5$ $P(X=1|Y=1) = 1/5$
$P(Y=0|X=0) = 3/5$ $P(Y=0|X=1) = 4/5$
$P(Y=1|X=0) = 2/5$ $P(Y=1|X=1) = 1/5$
$E(X) = E(Y) = 1/3$; $C(XY) = -0{,}0444$

4.2.2 a)

	Y=0	Y=1	Σ
X=0	0,11	0,02	0,13
X=1	0,72	0,15	0,87
Σ	0,83	0,17	1

E(X)=0,87, E(Y)=0,17
$P(X=0|Y=0) = 0,1325$ $P(X=0|Y=1) = 0,1176$
$P(Y=0|X=0) = 0,8462$ $P(Y=0|X=1) = 0,8276$
$E(X|Y=0) = 0,8675$ $E(X|Y=1) = 0,8824$
$E(Y|X=0) = 0,1538$ $E(Y|X=1) = 0,1724$

b) $C(XY) = 0,15 - 0,87 \cdot 0,17 = 0,0021$
V(X)=0,1131; V(Y)=0,1411; $\rho_{XY} = 0,0166$

4.2.3 $f_1(x) = \frac{1}{4}x + \frac{7}{8}$ $f_2(y) = \frac{21}{8}y^2 + \frac{1}{8}$ P(0≤x≤0,5; 0≤y≤0,5)=0,0703125.

4.2.4   P(A)=$F_1(b_1)$-$F_1(a_1)$, P(C) entsprechend, P(A∪C)=$\int_{a_1}^{d_1} f_1(x_1)dx_1$,

$P(AB) = \int_{a_1}^{b_1}\int_{a_2}^{b_2} f(x_1,x_2)dx_2 d_{x_1}$

4.2.5 a)

	y=1	y=2	y=3	Σ
x=1	0,05	0,05	0	0,1
x=2	0,05	0,15	0,1	0,3
x=3	0	0,15	0,45	0,6
Σ	0,1	0,35	0,55	1

b) Nein, da z.B.
f(y=1)·f(x=1) = 0,1·0,1 = 0,01 ≠ f(x=1; y=1) = 0,05

c) P (x≤2; y≤2) = 0,05+0,05+0,05+0,15 = 0,3

d) $P(x=1| y=1) = \frac{0,05}{0,1} = 0,5$

$P(x=2| y=1) = \frac{0,05}{0,1} = 0,5$

P(x=3| y=1) = 0
E(x| y=1) = 1·0,5 + 2·0,5 = 1,5

4.2.6 a) $\int_0^2 \int_0^1 \frac{3}{2}x^2 y\,dx\,dy = \int_0^2 \left[\frac{1}{2}x^3 y\right]_0^1 dy = \int_0^2 \frac{1}{2}y = \left[\frac{1}{4}y^2\right]_0^2 = 1$

$f(0,5 < x \leq 1; 0 \leq y \leq 1) = \int_{0,5}^1 \int_0^1 \frac{3}{2}x^2 y\,dx\,dy = 0{,}21875$

b) $f(x) = \int_0^2 \frac{3}{2}x^2 y\,dy = 3x^2$; $\quad f(y) = \int_0^1 \frac{3}{2}x^2 y\,dx = \frac{1}{2}y$

$f(x)f(y) = 3x^2 \cdot \frac{1}{2}y = \frac{3}{2}x^2 y = f(xy)$

X und Y sind unabhängig

4.3.1 $E(Z)=2{,}5 \qquad\qquad V(Z)=0{,}36$

4.3.2 $E(Z)=0 \qquad\qquad V(Z)=1$, (Standardisierung!)

4.3.3 a) $E(X)=1{,}4$, $E(Y)=1{,}2$, $V(X)=0{,}24$, $V(Y)=0{,}76$, $C(X,Y)=-0{,}08$, Korrelation $\rho=-0187$
b) $E(Z_1)=2{,}6$, $V(Z_1)=0{,}84$, $\quad E(Z_2)=3{,}8$, $V(Z_2)=2{,}96$
c) vgl. Sätze über Linearkombinationen

4.3.4 $V(Z)=60$; Antwort 120 ist falsch, weil X+X und 2X verschiedene ZVn sind.

4.3.5 $E(Z_1)=0 \qquad E(Z_2)=1{,}94 \qquad E(Z_3)=7 \qquad E(Z_4)=12{,}25=3{,}5^2$

Kapitel 5

5.1.1 $E(X)=3{,}5 \qquad\qquad V(X)=0{,}75$

5.1.2 $f(x)\begin{cases} 1/365 & \text{für } x=1 \text{ (Ereignis S)} \\ 364/365 & \text{für } x=0 \text{ (Ereignis } \overline{S}) \end{cases}$
Zweipunktvert., $E(X)=1/365$, $V(X)=364/365^2$

5.1.3 $x_2=a$, $V(X)=a-1$

5.2.1 $1 - F(5) = 0{,}3349$

5.2.2 geometrische Verteilung $\pi=1/10$, $E(X)=(9/10):(1/10)=9$

5.2.3 keine: 0,5129, eine: 0,3664, höchstens zwei: 0,984
Z.m.Z.: konstante Erfolgswahrscheinlichkeit

5.2.4 "keiner": $f(0)=0{,}00001 \qquad\qquad$ "einer": $f(1)=0{,}00045$

5.2.5 $P(x=2) = 0{,}3292 \qquad$ mit: $n=6$ und $\pi=1/3$

5.2.6 116

5.2.7 $P(x \leq 4) = 0{,}247$

5.2.8   a) $P(x=800) = \binom{1000}{800} 0{,}9^{800} 0{,}1^{200}$ b) $1 - P(x=N) = 1 - 0{,}9^{1000}$

   c) $E(N-X) = N - E(X) = 100$ d) keine, denn $2\pi > 1$

5.2.9 $P(70 \leq x \leq 110) = P(-2{,}2 \leq z \leq 2{,}2) = 0{,}9722$, Approximation der B.V. durch die N.V.

5.2.10 a) $f_G(5) = 0{,}0311$ b) $F_G(10) = 0{,}9964$ c) $f_B(2) = 0{,}3456$
   d) $f_B(0) = 0{,}6^{20}$ e) $0{,}096$
   f) $P(X \geq 2) = 1 - P(X \leq 1) = 1 - (1 - 0{,}4^2) = 0{,}16$
   g) $0{,}1037$

5.2.11 a) $\binom{10}{5} 0{,}3^5 0{,}7^5$ b) $\binom{10}{0} 0{,}3^0 0{,}7^{10} + \ldots + \binom{10}{4} 0{,}3^4 0{,}7^6$
   c) $0{,}7^9 \cdot 0{,}3 = 0{,}0121$ d) $F_G(9) - F_G(4) = 0{,}1398$

5.2.12 $\dfrac{10!}{3!\,2!\,5!} 0{,}3^3 0{,}1^2 0{,}6^5 = 0{,}0529$

5.2.13 a) $0{,}5033$ b) $0{,}05243$ c) $E(X) = 4$, $V(X) = 20$

5.2.14 bei n Nägeln n+1 Becken, $\binom{n}{x}\left(\dfrac{1}{2}\right)^n$, erstes Becken: $0{,}125 = (1/2)^3$

   zweites Becken: $0{,}375 = 3(1/2)^3$,   Wege: erstes 1 Weg, zweites 3 Wege

5.3.1 $f_H(x=2 | 10, 8, 2) = 0{,}6222$, aber $f_H(x=2 | 20, 16, 2) = 0{,}6316$
   nicht halb so groß, sondern größer; aber $f_H(x=2 | 20, 16, 4) = 0{,}3756$

5.3.2   Lösung mit N=49, n=6, M=6 über die hypergeometrische Verteilung mit x=1, 2, ...

5.3.3   a) $f_H(3) = 0{,}193$ b) $x=2$

5.3.4   a) nur $0{,}0286$ b) $1/(15 \cdot 14 \cdot 13)$

5.3.5   a) $f_H(0) = 0{,}3$ $f_H(1) = 0{,}6$ $f_H(2) = 0{,}1$
   b) ja, da $P(x=0)$ bei steigendem N größer wird, während $P(x>0)$ sinkt
   c) nein, man kann nicht $E(X) > 0$ vermeiden, wenn man nur die richtigen Kreuze zählt und M>0 Antworten richtig und anzukreuzen sind.
   d und e) ja, wenn $(M+1)^2 < N+2$

5.3.6   a) ja, Binomialvert. ist unangemessen, da ein Unternehmen ja nicht mehrfach im Kartell vertreten sein kann.
   b) $N=10 \rightarrow f_H(x \geq 2) = 0$, $N=20 \rightarrow f_H(x \geq 2) = 0{,}0316$
   c) etwa $N = 300$ (dann aber Kartellbildung auf einem solchen Markt ziemlich unwahrscheinlich).

5.3.7   (Capture-Recapture-Problem)
   a) hypergeometrisch, M=20, x=4, n=20, N gesucht

   b) $f_H(4) = \dfrac{\binom{20}{4}\binom{60}{16}}{\binom{80}{20}}$

   c) Rekursionsformel! f(5) > f(4)
   d) Antwort wie b) mit $f_H(2)+...+f_H(6)$
   e) N mind. 36, ML-Schätzer für N: 99

5.3.8   a) beide Aussagen sind verbreitete Irrtümer
   b,c)   beide Serien sind gleichwahrscheinlich
   Alle Aussagen/Fragen betreffen "the gamblers mistake".

5.4.1   a)   Binomial: 0,9608   Poisson: 0,9608
   b)   Binomial: 0,0385   Poisson: 0,0384

5.4.2   1 - F(5) = 0,0839, P(λ=3)-verteilt

5.4.3

x	0	1	2	3	4	5+
n·f(x)	227	211	98	31	7	2

5.4.4   nicht wieder (x=0):   Binomialvert. $(1-\pi)^n = (1-0,005)^{40} = 0,8183$
                              Poissonvert.: $e^{-n\pi} = e^{-0,2} = 0,8187$
   wieder (x=1):   Binomialvert. 0,1645
                              Poissonvert.: 0,1637

5.4.5   gleicher Vorgang, bloß anders beschrieben: $e^{-40 \cdot 0,005} = 0,8187$, denn
   $\lim\limits_{n\to\infty}(1-\pi)^n = e^{-n\pi}$.

5.4.6   a) $P_n = \left(1 - \dfrac{1}{n}\right)^n$

   b) $\lim\limits_{n\to\infty} P_n = e^{-1} = 1/e = 0,3679$ (kontraintuitiv, man würde 1 vermuten!)

   c) $P_n = e^{-k}$ (man würde vermuten, daß P auch von n abhängt)

5.4.7   ja, da nur geringe Abweichungen; Häufigkeiten: 108,8, 66,2, 20,2, 4,2, 0,6

5.4.8

empirische relative Häufigkeiten	theoretische relative Häufigkeiten	absolute Häufigkeiten
h_i	Poisson $\lambda=0{,}7$	$\hat{n}_i$
0,5162	0,4966	215
0,3287	0,3476	150
0,1111	0,1217	53
0,0347	0,0284	12
0,0093	0,0050	2
0	0,0008	0

5.4.9

x_i	n_i	h_i	$f(x)$	$\hat{n}_i$
0	100	0,595	0,575	96,6
1	50	0,298	0,318	53,4
2	14	0,083	0,088	14,8
3	3	0,018	0,016	2,7
4	0	0	0,002	⎫
5	0	0	0,0002	⎬ 0,5
6	1	0,006	0,000	⎭
7	0	0	-	-

5.4.10 $\lambda = 0{,}2$, $f(3) = 0{,}0011$.

Kapitel 6

6.1.1   a) $f(x) = \begin{cases} x/c^2 & \text{für } 0 \leq x \leq c \\ 2/c - x/c^2 & \text{für } c < x \leq 2c \end{cases}$ symm. Dreiecksverteilung

b) $\sigma^2 = (1/6)c^2$, also $c=9=E(X)$ c) 2/9

6.2.1 $z=1{,}6$, $F(z)=0{,}9452$, gesuchte Wahrsch.: $1-0{,}9452=0{,}0548$

6.2.2   a) 0,6827   b) 0,0228   c) 0,0668

6.2.3   Binomialvert.: $P(x \leq 2) = 0{,}9842$, $P(1 \leq x \leq 2) = 0{,}5624$
Normalvert.: $P(x \leq 2) = 0{,}9594$, $P(1 \leq x \leq 2) = 0{,}3415$

6.2.4 $\mu=100$, $\sigma=24{,}3175$
P(x<80)=0,2119 (z=-0,82); P(90<x≤110)=P(-0,41<z≤0,41)=0,3108.

6.2.5 vgl. 5.2.20

6.2.6 a) z=2 → P(z≥2)=1-0,9772=0,0228;

b) Tschebyscheff: $P(|x-25| \geq 2 \cdot 10) \leq \dfrac{1}{2^2}$. Hier wird allerdings nur nach der rechten Seite des Intervalls gefragt, die Wahrscheinlichkeit beträgt also höchstens 0,125.

6.2.7 a) 0,0668   b) 0,5763

6.2.8 Voraussetzung dafür, daß alle Personen Platz bekommen ist, daß mindestens drei Personen absagen.
exakt: X~B(200;0,025)
P(X≥3) = 1-P(X≤2) = 1-0,1214 = 0,8786
Poisson: X~PO(5)
P(X≥3) = 1-0,1247 = 0,8753
Normal:
P(X ≥ 3) = 1 - P(X ≤ 3) *[stetig!]* = 0,8159
→ Poissonverteilung besser

6.2.9 Ist x ~ P(λ), so ist Z=(X-λ)/$\lambda^{0,5}$ nicht auch poissonverteilt, schon gar nicht mit E(Z)=λ_z=0, denn eine Poissonverteilung mit λ=0 und E(Z)=0 existiert nicht. Z müßte auch nicht notwendigerweise positiv und ganzzahlig sein, was bei P(λ)-Vert. vorausgesetzt ist.

6.2.10 a) $\Delta = X_1 - X_2 \sim N(-1, 16+\sigma^2)$

b) x_1-x_2 muß < 0 sein, für $\mu_\Delta=0$ ist $z = \dfrac{\Delta - \mu_\Delta}{\sigma_\Delta} = \dfrac{1}{6}$, also P(R) = F(z) = 0,56592

c) F(z) wird kleiner

d) X_2 ist dann eine Konstante: $X_1 - X_2 = X_1 - 6 = X_1^*$ und $X_1^* \sim N(-1, 16)$ weshalb $P(X_1^* \leq 0) = F(+¼) = 0{,}59871 < 1$.

e) ja, egal wie groß die Varianzen sind.

Kapitel 7

7.1.1 $P\{|X-5| \geq 2\} \leq 0{,}6$

7.1.2 a) höchstens 4/9   b) 0,134   c) 0,134   d) 0

7.1.3 Ges. der Gr. Zahl hier völlig unsinnig, da weder ZVn, noch Unabhängigkeit.

7.1.4 a) mindestens 3/4 b) 0,9545

7.1.5 a) P ≈ 0,5 (Rechte Hälfte des Schwankungsintervalls, z = 10, also 1 − α für das ganze Intervall ≈ 100%. Gl. 7.10* mit $\varepsilon = \frac{1}{2}$ liefert $\geq 1 - \frac{1}{100} = 0,99$
also halbes 'Intervall mindestens 49,5%
b) kein Widerspruch, Antwort 6 (nicht 2) ist richtig.

7.1.6 a) 1: mindestens $1 - \frac{1}{9} = 0,8889$, 2: 0,9973,
b) 1: 0,9545, 2: 0,75 (gl. 7.10* mit $\varepsilon = \frac{2}{3}\sigma$

7.1.7 a) identische Zweipunktverteilungen, unabh. Versuche (Stichprobenentnahmen), n=50.000 (wenn π=0,5) und 18.000 (wenn π=0,1).
b) mit Tschebyscheff n=3920; gem. Kap.10: n=753.

7.1.8 a) nach Tschebyscheff mindestens 75%; nach de Moivre Laplace 95,45%
b) nur letzte Antwort richtig

7.1.9 a) damit σ^2/ε^2 nicht größer als 1 ist b) 1/3
c) $f(x) = \frac{1}{2 \cdot \varepsilon}$ für c-ε ≤ x ≤ c+ε

7.1.10 Es existiert keine Grenzverteilung, da π_n keinen Grenzwert hat, sondern nur zwei Häufungspunkte (0,275 und 0,525).

7.1.11 siehe Vorlesung

7.1.12 a) es folgt für $P\left\{\left|\frac{X}{n} - \pi\right| \leq 0,25\right\} = P$ bei einer echten Münze
n=2 → P=0,5   n=4 → P=0,875   n=8 → P=0,9296
b) unechte Münze: 0,48, 0,72, 0,8448
(Bei Zwischenwerten [etwa n=6→P=0,5872] zeigt sich, daß die Wahrsch. anders als bei a) nicht monoton zunimmt).

7.2.1 Demonstrationsbeispiel für Vorlesung; Hinweis: E(X)=10=μ, V(X)=9,5
für alle n gilt: $E(\overline{X}) = \mu$

7.2.2 m.Z.: Binomialverteilung   o.Z.: relativierte hypergeom. Vert.

7.2.3 In Analogie zu 7.2.1; Hinweis: E(X)=2,4 V(X)=1,04

7.2.4 a) zweipunktverteilt π=0,1 b), c) Binomialvert. (Anzahl) rel. Binomialvert. (Anteil)
c), d) asymptotisch normalverteilt nach dem Grenzwertsatz von de Moivre Laplace X~N(nπ, nπ(1-π)), x/n~N(π, π(1-π)/n).

7.2.5   Stichprobenvert. ist B(10, 1/6)
        a) 0,00217   b) über Bin.: 0,002438; über Norm.: 0,0026

7.2.6   a) B(n,π)
        b) X/n ist relativiert binomialverteilt mit E(P)=π (daher Erwartungstreue); Parameter n,π .
        c) gleicher Verteilungstyp, Parameter n, 1-π .

7.2.7   Stichprobenvert. von $\bar{x}$ und $\bar{x}_G$ mit Binomialvert. So ist z.B. bei n=2

$\bar{x}$	$\bar{x}_G$	$P(\bar{x}_G)$
1	1	1/4
1,5	$\sqrt{2}$	1/2
2	2	1/4

$E(\bar{X}) = 1,5 = \mu$; $V(\bar{X}) = 0,125$
beachte:
$E(\bar{X}_G) = 1,4571 > \mu_G = \sqrt{2}$
$V(\bar{X}_G) = 0,1268 > V(\bar{X})$

entsprechende Zusammenhänge bei n=3.
Das geometrische Mittel der GG wird mit $\bar{X}_G$ nicht erwartungstreu geschätzt!

7.2.8 $y_i = x_i/120$ Lineartransformation! $\bar{y} \sim N(\mu/120, [1/120]^2 \sigma^2/n)$.

Kapitel 8

8.1.1 $L(M|n,N,x) = \frac{1}{8}M(4-M)$, $\frac{dL}{dM} = \frac{1}{2} - \frac{1}{4}M$; also $\hat{M} = 2$ (ML-Schätzer) Likelihoods: für M=0 oder M=4 → 0, für M=1 oder M=3 → 3/8, für M=2 → 1/2 (Max.) .

8.1.2

π	0	0,1	0,2	0,3	0,4
L(π)	0	0,328	0,4096	0,36	0,2592

$L = 5\pi(1-\pi)^4$, ML-Schätzer für π ist der Anteil x/n = 0,2 der Stichprobe.

8.1.3   a)

Mißerfolge	0	1	2	3
Wahrscheinlichkeiten	π	π(1-π)	π(1-π)²	π(1-π)³

b) $L(\pi) = \pi(1-\pi)^2 \cdot \pi \cdot \pi(1-\pi) \cdot \pi(1-\pi)^3$
$= \pi^4 (1-\pi)^6$

$\frac{dL}{d\pi} = 4\pi^3(1-\pi) - \pi^4 \cdot 6(1-\pi)^5 = 0$

$2(1-\pi) - 3\pi = 0$
$2 - 2\pi - 3\pi = 0$
$5\pi = 2 \Rightarrow \pi = 0,4$

8.2.1 $\hat{\mu}_1$, $\hat{\mu}_2$ erwartungstreu; $\hat{\mu}_1$ konsistent; ab n>2 ist $\hat{\mu}_1$ effizienter als $\hat{\mu}_2$.

8.2.2 $\hat{\pi}_2$ ist erwartungstreu und konsistent, $\hat{\pi}_1$ ist asymptotisch erwartungstreu und konsistent. Die Varianz von $\hat{\pi}_1$ kann kleiner als die von $\hat{\pi}_2$ sein, deshalb ist aber $\hat{\pi}_1$ nicht effizienter, da Effizienz den Vergleich zwischen zwei erwartungstreuen Schätzfunktionen verlangt.

8.2.3 a) p erwartungstreu für π, aber pq nur asymptotisch erwartungstreu für $\pi(1-\pi)$ wegen $E(p(1-p)) = \frac{n-1}{n}\pi(1-\pi)$.

b) identisch zweipunktverteilte Grundgesamtheiten; unabhängige Stichproben vorausgesetzt (wichtig für $V(p_H-p_L)$)

8.2.4 $E(\hat{\mu}_1) = \frac{1}{6}\mu + \frac{1}{3}\cdot 2\mu + \frac{1}{6}\mu = \mu$

$\Rightarrow \hat{\mu}_1$ ist erwartungstreu

$V(\hat{\mu}_1) = \frac{1}{36}\sigma^2 + \frac{1}{9}\cdot 2\sigma^2 + \frac{1}{36}\sigma^2$

$= \left(\frac{2}{36} + \frac{2}{9}\right)\cdot \sigma^2 = \frac{10}{36}\sigma^2$

$E(\hat{\mu}_2) = \frac{1}{n-2}(n-2)\cdot \mu = \mu$

$\Rightarrow \hat{\mu}_2$ ist erwartungstreu

$V(\hat{\mu}_2) = \left(\frac{1}{n-2}\right)^2 \cdot (n-2)\cdot \sigma^2 = \frac{1}{n-2}\sigma^2$

$V(\hat{\mu}_1) = \frac{10}{36}\sigma^2 = V(\hat{\mu}_2) = \frac{1}{n-2}\sigma^2$

$\Rightarrow \frac{1}{n-2} = \frac{10}{36} \Rightarrow n-2 = 3{,}6 \Rightarrow n = 5{,}6$

Für $n \geq 6$ ist $\hat{\mu}_2$ effizienter als $\hat{\mu}_1$.

8.3.1 a) $0{,}2096 \leq \pi \leq 0{,}3904$ b) $0{,}2193 \leq \pi \leq 0{,}3807$

8.3.2 a) $390{,}249 \leq \mu \leq 409{,}750$ b) $387{,}186 \leq \mu \leq 412{,}814$
c) $390{,}448 \leq \mu \leq 409{,}552$

8.3.3 Konfidenzint. $0 \leq \pi \leq 0{,}09205$, ohne Endlichkeitskorrektur $0 \leq \pi \leq 0{,}0949$. Kunde kann nicht ablehnen. Schwankungsintervall: $0 \leq p \leq 0{,}0585$ (ohne Endl.-korr.: $0 \leq p \leq 0{,}0588$)

8.3.4   11,088

8.3.5   Plazebos: $0{,}2443 \leq \pi \leq 0{,}3557$ Akupunktur: $0{,}27603 \leq \pi \leq 0{,}39063$
        kein signifikanter Unterschied, da Überschneidung!

8.3.6   Zu den Zahlen vgl. Aufgabe 9.2.2 und 9.2.9; $0{,}01909 \leq \pi_A \leq 0{,}23091$
        $0{,}35714 \leq \pi_B \leq 0{,}64286$
        signifikanter Unterschied, da keine Überschneidung!

8.3.7   vgl. Aufg. 9.1.3 a)

8.3.8 $85{,}49 \leq \mu \leq 114{,}51$ (t=3,18, dagegen wäre z=1,96)

8.4.1 $0{,}5216 \leq \Delta \leq 0{,}6784$: nein!

8.4.2   a) $19/3 \leq \mu_1 \leq 29/3$ (also $6{,}33 \leq \mu_1 \leq 9{,}67$) und $5{,}2143 \leq \mu_2 \leq 5{,}7857$
        b) $2{,}5 \pm 12/7$, also $0{,}7857 \leq \mu_1-\mu_2 \leq 4{,}2143$: signifikanter Unterschied!

8.4.3   a) nein, da das Konfidenzintervall $0{,}12306 \leq \pi_1-\pi_2 \leq 0{,}26077$ den Wert Null
        nicht einschließt
        b) ja, weil 0,25 im Intervall enthalten ist.

8.4.4 $-0{,}0317 \leq \Delta \leq 0{,}1317$, nein .

Kapitel 9

9.1.1   a) $H_0: \pi = 0{,}8$ $H_1: \pi < 0{,}8$
        α-Fehler: auf Gebührenerhöhung verzichten, obwohl diese lukrativ gewesen wäre.
        b) Frage nach der Bedeutung der Risiken (ß-Fehler: Nachfragerückgang durch Gebührenerhöhung)

9.1.2   a) Ablehnung (z=4,33)   b) bei p=0,22   c) $0{,}158 \leq \pi \leq 0{,}562$

9.1.3   a) $440 \leq \bar{x} \leq 460$ b) Ablehnung (z=-10) c) bei 490

9.1.4   Die Annahme kann verweigert werden (z=2,2451)

9.1.5   a) 0,003072   b) B(20; 0,04)   c) Bin.vert., 2 Param., diskret, asymm.
        d) richtige Antworten sind 2 (H_0: keine Bevorzugung).

9.1.6   a) H_0 nicht ablehnen (z=-1,6449)   b) kritischer Bereich ab $\bar{x}$=14,3949
        c) 4%   d) F, R, F (ist die Macht 1-ß), R

9.1.7   a) für n=4: signifikant (z=4,8242) ; für n=25: nichtsignifikant (z=1,508)

Exakte Wahrsch. (für x≥1) bei n=4: 3,94%; bei n=25: 22,2% (Binomialv.)
b) Satz von de Moivre - Laplace, bei kleinem n Binomialverteilung.
c) α-Fehler: Spray wird fälschlicherweise für schädlich gehalten.
ß-Fehler: Spray wird fälschlicherweise für unschädlich gehalten.

9.1.8 a) $H_1:\pi_n>0,1$ ist signifikant, $H_2:\pi_n\leq 0,2$ ist nicht signifikant.
b) für Pharma-Hersteller ist ß-Fehler gravierender: das bessere (evtl. höhere Entwicklungskosten) Medikament kommt nicht an.

9.1.9 a), b) wie 9.1.2   c) 0,26%

9.1.10 a), c), d) nein   b) unsinnig, es gibt keine Signifikanz der Merkmale; Ausgangsverteilung könnte Verteilung in der GG bedeuten.

9.1.11 Die zitierten Ausführungen sind auf der ganzen Linie verfehlt. Es gibt neben der Hypothese $\pi=0,95$ nicht noch ein Verteilungsgesetz. Wahrscheinlichkeit und relative Häufigkeit werden nicht auseinandergehalten und natürlich wird eine Annahme über π nicht durch $p\neq\pi$ falsifiziert.

9.1.12 H_0 ablehnen (z=6)

9.2.1 a) auf A konzentrieren (z=3,75)   b) kein signifikanter Unterschied (z=1,5).

9.2.2 a) kein signifikanter Unterschied (vgl. Aufg. 9.2.2, Teil b).
b) beide gleich beurteilt, obwohl B besser ist; ß möglichst klein wählen.
c) $-0,09795 \leq \hat{\Delta} \leq 0,29795$; tatsächlich beobachtete Diff. liegt außerhalb; läge sie innerhalb des Intervalls, ist $p_A<p_B$ trotz $\pi_A>\pi_B$.
d) zweite und letzte Antwort ist richtig.

9.2.3 jeweils hochsignifikante Unterschiede (z=40 und z=22,$\overline{6}$).

9.2.4 a) signifikanter Unterschied (z=4); keine Falsifikation der Theorie von A.
b) Δ>6,4, also 7   c) $n_W=n_N=3381$, 68 Geburten

9.2.5 vgl. Aufg. 9.2.2, z=3,75, $z_\alpha=2,3263$, also signifikant.

9.2.6 kein signifikanter Unterschied (z=1,4615)

9.2.7 a) signifikant (z=6,67)   b) wenn $2,8 \leq \mu \leq 5,2$.

Kapitel 10

10.1.1 n ≥ 138

10.1.2 a) $390,25 \leq \mu \leq 409,75$ b) Intervall wird breiter   c) n ≥ 24,01 (n ≥ 2401).

10.1.3   a) n≥6.765   b) n≥27.057   c) schwieriger, da größere Stichproben notwendig

10.1.4   Wird eine Stichprobe gezogen, so liegt es im Wesen der Zufälligkeit, daß diese sehr unterschiedlich und auch wie im Beispiel von der Grundgesamtheit völlig verschieden ausfallen können. Die Betrachtung ist also völlig verfehlt. Man braucht kein Konzept der Repräsentativität einer einzelnen Stichprobe und man könnte diese auch nicht messen, weil die Grundgesamtheit ja nicht bekannt ist. Statt dessen gibt es das Konzept des Fehlers. Der ist aber eine Zufallsvariable und bezieht sich nicht auf eine, sondern auf alle Stichproben.

a) nein   b) keine   c) nein (sonst könnte man auch von keiner der 10 Stichproben auf die GG schließen, man kann es aber von allen; worin sollte dann auch noch ein "Schluß" bestehen, wenn die Stichprobe ein getreues Abbild ist?).

10.1.5   a) 268   b) 5.407 .

10.2.1 $38.039 \leq M \leq 81.961$ (M Hörer in der GG unter insges. N=6 Mio.).

10.3.1   a) $\sigma_{\bar{x}} = 5{,}91$ b) $\sigma_{\bar{x}} = \sqrt{18{,}9933} = 4{,}3581$.

10.3.2   a) $\sigma_{\bar{x}}^2 = 907{,}8$ b) prop.: $\sigma_{\bar{x}}^2 = 18{,}9$ opt.: $\sigma_{\bar{x}}^2 = 14{,}94$.

10.3.3   a) nein, $z = -1{,}2649$.
         b) prop.: $n_F = 16$, $n_G = 4$ opt.: $n_F = 15$, $n_G = 5$.

10.3.4   vgl. Vorlesung.

Teil III

Klausurtraining

Aufgabe 1

Der Kunstspringer K macht sich Sorgen, ob er mit seinem doppelten Auerbachsalto, den er demnächst bei der Deutschen Meisterschaft vollführen will, gerecht beurteilt wird. Er fordert deshalb, daß die Kampfrichter in Zukunft keine Punkte mehr vergeben sollten, sondern eine Rangordnung aller Springer durch Paarvergleiche (Vergleich jedes Springers mit jedem anderen Springer) aufstellen sollten.

a) Wieviele mögliche Rangordnungen kann man bei n Springern aufstellen?

b) Wieviele Paarvergleiche sind hierzu erforderlich?

c) Bei wievielen möglichen Rangordnungen wäre dann K jeweils auf

     1. demselben Ranglatz

     2. dem Platz 2 der Rangordnung?

d) Es mögen $c \cdot n$ statt n Teilnehmer zum Wettkampf antreten und es sei für alle $c \cdot n$ Springer durch Paarvergleiche eine Rangordnung aufzustellen. Man zeige, daß dadurch die Anzahl der möglichen Paarvergleiche um mehr als das c^2-fache ansteigen wird.

e) Wieviele Möglichkeiten gibt es, aus n Springern die ersten m (bei m < n - 3) so auszuwählen, daß

     1. der Kunstspringer K nicht unter den ersten m ist?

     2. der Kunstspringer K und zwei weitere Personen nicht unter den ersten m sind?

Aufgabe 2

In einem Dorf gäbe es 2000 Einwohner, darunter 800 Fernsprechteilnehmer mit Haushalten von durchschnittlich 2 Personen, so daß insgesamt 1600 Einwohner telefonisch erreichbar sind (Fernsprechnutzer).

a) Reichen für die Gemeinde dreistellige Telefonnummern aus? Dabei ist zu beachten, daß die Telefonnummern nicht mit 0 oder 00 beginnen dürfen!

b) Diplom-Kaufmann K, der in dem Dorf lebt, leidet seit längerem unter einem irrationalen Verbraucherverhalten in bezug auf Alkoholika. Eines abends ruft er total betrunken zehn zufällig aus dem Telefonbuch (800 Teilnehmern) herausge-

griffene Nummern an.

Dabei ist zu befürchten, daß er seine Erbtante T an der Leitung hat, die ihn ohnehin schon seit längerem wegen seiner Trinkfreudigkeit verachtet!

Wie wahrscheinlich ist das? (Modell des Ziehens ohne Zurücklegen!)

c) Wie wahrscheinlich ist es, daß K beim dreimaligen zufälligen Wählen dreistelliger Zahlen (auch solcher, die mit 0 oder 00 beginnen)

    1. keinen

    2. genau einen

der folgenden Anschlüsse: 632, 633, 634 angewählt hat?

d) Wieviel Möglichkeiten gibt es, 10 aus 800 Telefonnummern auszuwählen, wenn dabei evtl. die gleiche Nummer mehrmals gewählt werden darf? (Gemeint ist die Telefonnummer insgesamt, nicht die Ziffern, aus denen sie besteht!)

e) Wie groß ist die entsprechende Anzahl der Möglichkeiten (der Auswahl von 10 aus 800), wenn der Fall des mehrmaligen Wählens derselben Telefonnummer ausgeschlossen werden soll?

f) Hätte man mit dem unter d) und e) beschriebenen Verfahren eine Zufallsauswahl getroffen, die repräsentativ wäre für (Richtiges ankreuzen):

    0   die gesamte Gemeinde (2000 Personen)?

    0   die Fernsprechteilnehmer (800 Personen)?

    0   die Fernsprechnutzer (1600 Personen)?

    0   niemanden?

Begründen Sie, ob und inwiefern mit dem Auswahlverfahren gegen Prinzipien der Zufallsauswahl verstoßen wurde!

Aufgabe 3

In einem Unternehmen U gibt es 10 Führungskräfte, die sich auf drei Ebenen des Managements wie folgt verteilen:

    obere   Führungsebene   ● ●

    mittlere Führungsebene   ● ○ ○

    untere   Führungsebene   ○ ○ ○ ○ ○

Von den 10 auf die Positionen verteilten Führungskräften seien drei Spitzenkräfte (symbolisiert durch eine schwarze Kugel) und sieben normal befähigte Manager (weiße Kugeln).

a) Wieviel verschieden Möglichkeiten existieren, bei welchen jeweils 5 oder 10 Führungskräfte in die untere, 3 in die mittlere und 2 in die obere Führungsebene plaziert werden?

b) Wie wahrscheinlich ist es, daß sich die Hierarchie, wie die oben abgebildete des Unternehmens U rein zufällig ergibt?

c) Diplom-Kaufmann K aus E sei normal befähigt. Wie wahrscheinlich ist es, daß er in die obere Führungsebene gelangt,

    1. wenn die Hierarchie des Unternehmens U besteht

2. wenn die Besetzung der Führungspositionen, wie im Teil b der Aufgabe angenommen, ganz dem Zufall überlassen bleibt?

d) Echte Führungsqualität gäbe es - so errechnete ein Experte des Personalwesens - nur bei 5% der Bewerber. Wieviel Bewerber müßte danach ein Unternehmen einladen, um mindestens mit einer Wahrscheinlichkeit von 95% wenigstens einen unter den sich vorstellenden Bewerbern zu haben, der über echte Führungsqualitäten verfügt?

Aufgabe 4

Das Staatsoberhaupt S habe bei der Ordensverleihung ein gewisses Proporzdenken der Parteien zu beachten. Es sei $P(A) = 0{,}4$ die Wahrscheinlichkeit dafür, daß ein Würdenträger der A-Partei einen Orden erhält und entsprechend $P(B) = 0{,}8$ die Wahrscheinlichkeit, daß ein Mitglied der B-Partei dekoriert wird. Ferner sei $P(A|B) = 0{,}3$. Bei der jährlichen Ordensverleihung kann eine Partei nur einmal bedacht werden.

a) Man bestimme die Wahrscheinlichkeit folgender zusammengesetzter Ereignisse:

Ereignis: Es erhält jeweils einen Orden	Wahrscheinlichkeit
A und B	
wenigstens einer von beiden	
einer von beiden (sei es A oder B), aber nicht beide zusammen	
weder A noch B	

b) Es seien X und Y Zufallsvariablen, die eine Ordensverleihung oder -nichtverleihung an die A- und B-Partei bezeichnen. Bestimmen Sie aufgrund der Aussage $P(A) = 0{,}4$ die Wahrscheinlichkeitsverteilung der Zufallsvariable X!

c) Bestimmen Sie den Erwartungswert $E(X)$ und die Varianz σ_X^2!

d) Man bestimme analog Teil b) dieser Aufgabe die gemeinsame Wahrscheinlichkeit $f(x, y)$ der Zufallsvariable (X, Y) und berechne die Kovarianz und Korrelation zwischen X und Y!

e) Geben Sie die Wahrscheinlichkeitsverteilung für die Anzahl Z der verliehenen Orden an und zeigen Sie, daß wegen $Z = X + Y$ auch gilt $E(Z) = E(X) + E(Y)$ sowie $\sigma_Z^2 = \sigma_X^2 + \sigma_Y^2 + 2\sigma_{XY}$ (mit σ_{XY} = Kovarianz zwischen X und Y)!

Aufgabe 5

Staranwalt St pflegt vor Gericht lebhafte Plädoyers zu halten (Ereignis P). Die Wahrscheinlichkeit, daß er dies auch im Fall des Angeklagten A tut, sei $P(P) = 0{,}4$.

a) Die Wahrscheinlichkeit, daß der Geschworene G den Angeklagten A für unschuldig hält (Ereignis U) sei vor dem Plädoyer $P(U|\overline{P}) = 0{,}1$ und danach $P(U|P) = 0{,}5$.

Sind die Ereignisse U und P unabhängig? Begründung erforderlich!

b) Berechnen Sie $P(U \cap P)$ und $P(U \cup P)$.

c) Dem Gericht stehen 60 Personen zur Verfügung, die als Geschworene tätig sein können. Für den Prozeß hat der Rechtspfleger R genau 12 von ihnen zufällig auszuwählen. Wie wahrscheinlich ist es dann, daß bei 20 Frauen und 40 Männern unter den auszuwählenden Personen alle 12 Geschworenen Frauen sind?

d) Wie wahrscheinlich ist es, daß bei dieser Auswahl unter 20 Frauen und 40 Männern von den 12 Geschworenen fünf Frauen sind?

e) Unter den 60 auszuwählenden Personen befindet sich auch Diplom-Kaufmann K aus E. Wie wahrscheinlich ist es, daß der Rechtspfleger R gerade ihn als den zwölften der Geschworenen auswählt?

f) Der Staranwalt vertritt die Hypothese H_0 : A ist unschuldig, tatsächlich ist aber A schuldig. Gleichwohl gelingt es ihm, einen Freispruch zu erwirken. Das ist im Sinne der Statistik (Richtiges ankreuzen)

    O ein Fehler 1. Art
    O ein Fehler 2. Art
    O eine Irrtumswahrscheinlichkeit
    O kein Fehler

g) Kann man aufgrund des Gesetzes der Großen Zahl schließen, daß ein Gericht um so eher zur Wahrheit gelangt, je mehr Richter auf der Richterbank sitzen? Begründung erforderlich!

Aufgabe 6

Spät, aber dafür um so heftiger wurde Diplom-Kaufmann K aus E von der Leidenschaft ergriffen, Pilze zu sammeln. Er betreibt sein neues Hobby derartig radikal aber zugleich unwissend, daß er jeden Pilz mitnimmt, den er zufällig gerade findet und bei jeder Pilzwanderung mindestens 10 Pilze sammelt, egal welche.

Die Anzahl x der Giftpilze sei poissonverteilt mit $\lambda = 0{,}8$.

a) Wie wahrscheinlich ist es, daß mindestens 8 von 10 Pilzen, die K ergreift, eßbar (nicht giftig) sind?

b) Beim Verspeisen von $x > 0$ Giftpilzen kann es vorkommen, daß man stirbt (Ereignis A). Es sei $P(A|x=1) = 0{,}7$, $P(A|x=2) = 0{,}9$ und $P(A|x \geq 3) = 1$.

Wie wahrscheinlich ist es, daß Diplom-Kaufmann K aus E seine oben beschriebene irrationale Taktik überlebt?

c) Bei seiner letzten Pilzwanderung hat sich K erstaunlicherweise wieder nicht vergiftet (keinen Giftpilz gefunden), aber insgesamt n = 40 Pilze gesammelt. Spricht dieses Ergebnis gegen die Annahme, daß die Anzahl der Pilze poissonverteilt ist mit $\lambda = 0{,}8$ ($\alpha = 5\%$ zweiseitig)?

d) Man bestimme ein 90% zweiseitiges Konfidenzintervall aufgrund der Angaben unter c) und rechne die Grenzen des Konfidenzintervalls hoch für eine Stichprobe vom Umfang n = 40!

e) Wie groß müßte der Stichprobenumfang mindestens sein, damit K mit einer Sicherheit von 95% den Erwartungswert E(X) mit einem absoluten Fehler von ± 0,05 bestimmen kann!

Aufgabe 7

Bei einer drahtlosen Telegraphieanlage älterer Bauart entstehen Lautstärkewerte zwischen 80 und 120 Phon, die folglich noch innerhalb zufällig schwankender Entfernungen X (in km) hörbar sind. In einer Entfernung von 2 km vom Standort der Anlage beginnt der Urwald, der bekanntlich die Ausbreitung des Schalls behindert.

Die Variable X ist wie folgt verteilt:

$$f(x) = \begin{cases} 0{,}2 & \text{für} \quad 0 \leq x < 2 \\ \dfrac{8}{30} - \dfrac{1}{30}x & \text{für} \quad 2 \leq x \leq 8 \\ 0 & \text{sonst} \end{cases}$$

a) Man zeichne die Dichtefunktion f(x) und zeige, daß die Funktion die Bedingungen einer Dichtefunktion erfüllt!

b) Man bestimme den Erwartungswert!

c) Man bestimme die Verteilungsfunktion F(x) und zeichne diese!

d) Man zeige, daß die Varianz von X ungefähr 3,5 beträgt!

e) Wie groß ist die Wahrscheinlichkeit, daß man eine Botschaft noch mindestens 7 km vom Standort der Anlage hören kann?

f) Wie groß ist die Wahrscheinlichkeit, daß man eine Botschaft mindestens 6 km weiter hören kann als dies im Mittel zu erwarten ist, wenn

    1. f(x) die obige Dichtefunktion ist?
    2. die Dichtefunktion nicht bekannt ist?

g) Dies ist dann die   O exakte Wahrscheinlichkeit
                            O **Mindest**wahrscheinlichkeit
                            O **Höchst**wahrscheinlichkeit
                               (Der Wert, den die Wahrscheinlichkeit **höchstens** annimmt)

Aufgabe 8

(Wertpapiermischung, portfolio - selection)

Diplom-Kaufmann K aus E erwägt, sein Vermögen in drei Wertpapieren A, B, C anzulegen. Er legt einen Anteil a in Papier A, b in B in c in C an (a + b + c = 1). Als Maß der Gewinnträchtigkeit einer Anlage gilt der zu erwartende Kurswert E(X) und als Maß des Risikos die Standardabweichung σ_X.

Für die drei Kurse X_A, X_B, X_C gelte:

$E(X_A) = 100$; $\sigma_A^2 = 25$

$E(X_B) = 180$; $\sigma_B^2 = 4$

$E(X_C) = 200$; $\sigma_C^2 = 49$.

Die Kurse korrelieren wie folgt miteinander

$r_{AB} = -1$

$r_{AC} = +1$

$r_{BC} = -0,1$.

a) Man bestimme Erwartungswert und Varianz der Größe $Z = aX_A + bX_B + cX_C$, wenn Diplom-Kaufmann K aus E sein Vermögen

1. zu gleichen Teilen in den Papieren A und C investiert (also $a = c = \frac{1}{2}$, $b = 0$)

2. zu je einem Drittel in den Papieren A, B und C investiert (also $a = b = c = \frac{1}{3}$)!

b) Im zweiten Fall ist E(Z) größer und σ_Z^2 erheblich kleiner als im ersten Fall, d.h. diese Wertpapieranlage (-mischung) ist sowohl ertragreicher als auch weniger riskant. Zeigen Sie, warum dieses Ergebnis, das ja auch mit der Erfahrung (Vorteile der Risikostreuung!) im Einklang ist, zustande kommt!

c) Angenommen, der Kurswert Z aller drei Papiere des K sei die **Summe** von drei Kursen X_1, X_2, X_3 mit gleichem Mittelwert und gleicher Varianz, die - wie oben angegeben - miteinander **korreliert** sind. Es sei $Z = X_1 + X_2 + X_3$ normalverteilt mit $\mu = 150$ und $\sigma^2 = 81$.

Man bestimme ein symmetrisches Intervall für die Zufallsvariable Z um μ, in welchem 90% der zu beobachtenden Werte von Z liegen dürften!

d) Angenommen, Z sei das arithmetische **Mittel** aus vier Kursen X_1, X_2, X_3, X_4, die **unabhängige,** normalverteilteZufallsvariablen seien und jeweils die gleichen Parameter besitzen mit

$\mu_1 = \mu_2 = \ldots = \mu = 150$ und $\sigma_1^2 = \sigma_2^2 = \ldots = \sigma^2 = 81$.

Man bestimme ein symmetrisches Intervall für Z um μ, in welchem 90 % der zu beobachtenden Werte von Z liegen dürften!

e) In den Teilen c und d sind verschiedene Ansätze erforderlich. Es waren zu berechnen (Richtiges ankreuzen)

	im Teil	
	c	d
A ein Schwankungsintervall (direkter Schluß)		
B ein Konfidenzintervall (indirekter Schluß)		
C weder A noch B, sondern eine andere Art von Intervall		

Aufgabe 9

In einer Spielhölle schießt allabendlich auch Diplom-Kaufmann K aus E auf ein bewegliches Ziel, das er jeweils (bei jedem Schuß) mit einer Wahrscheinlichkeit von nur 5 % trifft. Die einzelnen Schüsse seien unabhängig, d.h. K verbessert sich nicht durch beständige Übung.

a) Wie wahrscheinlich ist es, daß K nach 10 Schüssen zum ersten Mal das Ziel trifft?

b) Wie wahrscheinlich ist es, daß K zwischen einschließlich 5 und 10 Schüsse benötigt, um dann jeweils das erste Mal das Ziel zu treffen?

c) Wie wahrscheinlich ist es, daß K spätestens im fünften Versuch das dritte Mal trifft?

d) Gewöhnlich schießt K so lange bis er zum ersten Mal trifft. Jeder Schuß kostet 50 Pfennig. Wieviel Geld steckt K in den Spielautomaten?

e) Wie wahrscheinlich ist es, daß K bei 10 Schüssen dreimal trifft?

f) Zeigen Sie, wie gut in diesem Fall die Approximation an die Poissonverteilung ist!

Teile g) und h) sind sehr schwierig und für Klausuren nicht geeignet:

g) (Ruinproblem)
K will so lange spielen, bis er entweder DM 20,- gewonnen oder aber sein Startkapital von DM 10,- verspielt hat (Ruin). Bei jedem Spiel gewinnt er entweder 50 Pfennig oder er verliert seinen Einsatz von 50 Pfennig mit den oben angegebenen Wahrscheinlichkeiten.

Wie wahrscheinlich ist der Ruin des Diplom-Kaufmann K aus E?

h) Wie würde sich seine Ruinwahrscheinlichkeit verringern, wenn er sich mit einem Zielbetrag von DM 12,- begnügen würde?

Aufgabe 10

Der Student S hat große Schwierigkeiten in der Statistikklausur zu erkennen, welche Wahrscheinlichkeitsverteilung jeweils in der Aufgabe gemeint sein könnte. Nach seiner ersten mißlungenen Klausur ist er zum Entschluß gekommen, in Zukunft einfach zu raten, welche der acht ihm bekannten Verteilungen gemeint sein könnte.

a) In der zweiten Klausur wurde in 10 Fragen jeweils nach einer dieser acht Verteilungen gefragt. Wieviele Antwortmöglichkeiten gibt es für S?

b) Wie wahrscheinlich ist es, daß S genau 2 der 10 Fragen bei seiner schlichten Taktik zufällig richtig beantwortet?

c) Wie wahrscheinlich ist es, daß S erst bei der 5-ten der von ihm beantworteten Fragen richtig liegt?

d) Man kann das Verhalten von S als Ziehen einer Stichprobe vom Umfang n = 10 auffassen. Geben Sie für die Grundgesamtheit und für die Stichprobenverteilung der Anzahl X der richtig geratenen Verteilungen den Verteilungstyp, die Parameter und den Erwartungswert an!

Hieraus ergibt sich, daß die Schätzung

O der Anzahl X
O des Anteilswertes X / n } konsistent ist.

e) Nachdem S viermal geraten hat, geht er für die restlichen 6 Fragen dazu über, vorsichtshalber beim Nachbarn N abzuschreiben. Von N ist anzunehmen, daß er im Mittel viermal so oft auf die richtige Verteilung kommt, wobei es jedoch unklar ist, wie ihm dies gelingt. Wie groß ist jetzt für S (bezogen auf alle 10 Fragen) die Wahrscheinlichkeit einer richtigen Antwort? (Totale Wahrscheinlichkeit!)

f) Warum ist es wichtig - wie oben geschehen - darauf hinzuweisen, daß es etwas undurchsichtig ist, wie N zu seinen Einfällen gelangt?

g) Sein Abschreiben von N wird der Professor, so glaubt S, kaum merken. Er nimmt an, daß die Klausuren in zufälliger Reihenfolge gelesen werden. Dann sei bei 100 Klausuren die Wahrscheinlichkeit dafür, daß die Klausuren von N und S nacheinander gelesen werden, nur 0,1 Promille. Ist diese Überlegung richtig?

Aufgabe 11

(small sample Problem aus Mittelamerika)

General G schätzt es, eine Attacke effektvoll vorzutragen. Das dazu erforderliche Musikercorps ist jedoch notorisch unpünktlich und hat bisher bei vier Übungen folgende Verspätungen (in Minuten) militärischer Operationen verschuldet:

40, 60, 50 und 90 Minuten.

a) Man bestimme ein zweiseitiges 95%-Konfidenzintervall für die durchschnittliche Verspätung bei Benutzung der t-Verteilung und von $\sigma = 20$!

b) General G wartet bereits eineinhalb Stunden und fragt sich, ob er mit seinem Wutausbruch noch einige Minuten warten sollte. Es ist deshalb zu klären, ob eine so lange Wartezeit noch in das Konfidenzintervall fällt!

c) Wie wahrscheinlich ist eine Wartezeit von 1 1/2 Stunden oder mehr, wenn die Grundgesamtheit wie folgt verteilt ist

$$f(x) = \begin{cases} \dfrac{1}{70} & \text{wenn} \quad 25 \leq x \leq 95 \text{ Min.} \\ 0 & \text{sonst} \end{cases}$$

d) Bestimmen Sie Erwartungswert und Varianz der Zufallsvariable X, für die die Dichtefunktion gem. c) gilt!

e) Wie wahrscheinlich ist eine Abweichung vom Mittel um höchstens 30 Minuten, wenn von der Grundgesamtheit nur bekannt ist, daß $\sigma = 20$ ist?

f) Wegen eines Schusses auf den Klangkörper mußte der Musiker M sein Instrument 2 Stunden lang neu stimmen. Der General geht von der Hypothese aus, daß im Ernstfall die Verspätung größer ist als im Übungsfall, nämlich $\mu_1 = 100$ bei $\sigma_1 = \sigma_0 = 20$ sowie $n = 4$. Die Verspätungszeit X sei normalverteilt.

Wie wahrscheinlich ist eine durchschnittliche Verspätung von bis zu 2 Stunden bei Geltung von H_1: $\mu_1 = 100$? (Man rechne mit der Normalverteilung, **nicht testen**!)

g) Diese Wahrscheinlichkeit ist

    O α O β O weder α noch β

Wenn der General vorsichtshalber davon ausgehen sollte, daß im Kriegsfall die Verspätung größer ist und er Gefahr läuft, daß der Feind rasch seinen Standort wechselt, dann sollte er für

    O den Fehler 1. Art   O den Fehler 2. Art

eine möglichst geringe Wahrscheinlichkeit ins Auge fassen.

Aufgabe 12

a) Der Verfassungsschutz soll 6 verdächtige Personen beim Verlassen ihrer Wohnung observieren, darunter auch den Diplom-Kaufmann K aus E. Drei der zu beobachtenden Personen stellen in der Tat ein Sicherheitsrisiko dar. Wie wahrscheinlich ist es, daß der Verfassungsschutz mit den ersten drei Observierungen auch genau den tatsächlich gefährlichen Personen auf der Spur ist?

b) Der Verfassungsschutz hat mit seinen ersten drei Observierungen nur zwei der drei verdächtigen Personen gefunden. Wie wahrscheinlich ist es, daß er mit seiner vierten Beobachtungsaktion gerade der dritten verdächtigen Person auf der Spur ist?

c) Nach einer Hausdurchsuchungsaktion werden 6 Personen im Verdacht des Links- bzw. Rechtsextremismus dem Untersuchungsrichter vorgeführt. Es sei angenommen, daß dieser wegen Arbeitsüberlastung zunächst nur $n \leq 6$ Personen der Reihe nach zu einem Gespräch in sein Zimmer bittet. Es stellte sich heraus, daß diese n Personen auch gerade diese n Personen waren, bei denen sich der Verdacht erhärten ließ.

Hätte der Richter die Auswahl nach dem Zufallsprinzip getroffen, so hätte er nur mit einer Wahrscheinlichkeit von 5% damit rechnen können, auf Anhieb die wirklich Schuldigen auszuwählen.
Wie groß ist die Anzahl n?

d) Wäre die Wahrscheinlichkeit

　　O　　größer

　　O　　kleiner

　　O　　auch 5%

wenn man 12 statt 6 Personen dem Richter vorführen würde und die Anzahl n doppelt so groß wäre?

Anmerkung für empörte Juristen: Die Überlegung der Juristen sind sicher äußerst komplex aber auch nicht wahrscheinlichkeitstheoretisch zu fassen. Sie sind Variablen „sui generis", die selbstverständlich mehr Respekt verdienen als die Zufallsvariablen.

Aufgabe 13

Der Tierarzt T ist es trotz langer Berufserfahrung gewohnt, daß seine Tierliebe nicht angemessen erwidert wird. Deshalb rechnet er damit, daß er gemäß der Poisson-Verteilung bei einer Diagnose X mal gebissen wird. Im Mittel ist bei seinen ärztlichen Bemühungen pro Behandlung mit einem Biß zu rechnen.

a) Man gebe die Wahrscheinlichkeitsfunktion f(x) für die Anzahl der Bisse an!

b) Man bestimme (bzw. schlage in der Tabelle nach) die Wahrscheinlichkeit dafür, daß T

　　1. überhaupt nicht gebissen wird

　　2. genau einmal gebissen wird

　　3. mehr als zweimal gebissen wird!

c) Man bestimme die Standardabweichung σ_x.

d) Die Poissonverteilung hat das gleiche Urnenmodell wie die

　　O Zweipunktverteilung

　　O Binomialverteilung

　　O Hypergeometrische Verteilung

　　O Normalverteilung

　　O ....verteilung

e) Man gewinnt die Poissonverteilung aus der oben genannten Verteilung durch einen Grenzübergang unter folgenden Voraussetzungen:

f) Dieser Grenzübergang ist auch bekannt als

　　O Gesetz der großen Zahl

　　O stochastische Konvergenz

　　O Konvergenz von Verteilungen

　　O Grenzwertsatz von.....................

g) An einem Tage wurde der gut gelaunte T bei der Behandlung von 36 Tieren nur von 4 Tieren einmal und von 4 Tieren zweimal gebissen. Ist diese Beobachtung verträglich mit der Hypothese, daß $\mu = 1$ ist, wenn X poissonverteilt ist? Oder ist anzunehmen, daß μ kleiner als 1 ist? Es sei $\alpha = 0{,}01$!

Aufgabe 14

Die Hausfrau H kaufte beim Fleischer F zwei Leberwürste und eine Teewurst. Alle Würste waren verdorben. Bei ihrer Beschwerde fand sie deshalb nicht den richtigen Ton, weil ihr die nötigen Kenntnisse der Wahrscheinlichkeitsrechnung fehlen.

Es gilt nun H zu zeigen, daß das Ereignis, von dem sie betroffen war, nur eine Wahrscheinlichkeit von etwa 0,09% hatte, wenn die Angaben des F stimmen, daß sowohl von seinen 40 Teewürsten nur 4 als auch von seinen 100 Leberwürsten nur 10 vergammelt waren!

a) Wie groß ist unter diesen Voraussetzungen die Wahrscheinlichkeit dafür, daß das oben dargestellte Ereignis eintritt?

b) Geben Sie unter den oben genannten Voraussetzungen die Stichprobenverteilung der Anzahl X der verdorbenen Leberwürste an, wenn man n = 10 Leberwürste ohne Zurücklegen zieht!

c) Bestimmen Sie Erwartungswert und Varianz dieser Verteilung!

d) Gegen welche Grenzverteilung strebt diese Stichprobenverteilung bei großem Stichprobenumfang n? (Parameter angeben!)

e) Der unter d) gefragte Zusammenhang gilt nach dem (Richtiges ankreuzen)

    O Gesetz der großen Zahl

    O Grenzwertsatz von Lindeberg-Lévy

    O lokalen Grenzwertsatz von de Moivre-Laplace

    O zentralen Grenzwertsatz von Ljapunoff.

f) Man stelle fest, ob die Angaben des Fleischers F zutreffend sein könnten, wenn bei einer Stichprobe von 4 Leberwürsten nur eine verdorben war! (Irrtumswahrscheinlichkeit 5 %)

g) Aufgrund ihrer streitbaren Natur hat die Hausfrau H die Sympathie eines mit ihr seelenverwandten Juristen der Universität Essen gewonnen, was ihr zu einem langjährigen Prozeß wegen der drei gekauften Würste verhalf. In diesem Rechtsstreit wurde festgestellt, daß zwischen brauchbaren, herabgesetzt brauchbaren (eine der gekauften Würste) und unbrauchbaren Würsten (die übrigen zwei der drei von H gekauften Würste) unterschieden werden müsse. Eine Untersuchung ergab, daß von den 140 Würsten des Fleischers F acht herabgesetzt brauchbar und nur sechs unbrauchbar waren. Man bestimme die Wahrscheinlichkeit des die Hausfrau H ereilten Schicksals! (Ansatz genügt!)

Aufgabe 15

Student S ist ein begeisterter Star-Trek-Fan. Daher möchte er auch keine der (fast) täglich ausgestrahlten Folgen der Serie verpassen. Weil er aber um 15.00 Uhr selten zu Hause ist, programmiert er seinen Videorekorder. Dabei hat er aber mit dem Problem zu kämpfen, daß der ausstrahlende Sender „Schrott 1" in zwei von zehn Fällen vergißt, das VPS-Signal zu senden (Ereignis V), so daß der Rekorder von S nicht anspringt. Desweiteren wohnt S etwas ungünstig, so daß der Empfang je nach Wetterlage in 30% der Fälle stark gestört ist (Ereignis S). Die Wahrscheinlichkeit, eine einwandfreie Aufnahme zu haben (Rekorder ist angesprungen und der Empfang ist einwandfrei), beziffert S daher nur auf 60%.

a) Wie groß ist die Wahrscheinlichkeit, daß

   1) der Videorekorder angesprungen ist, nachdem klar ist, daß der Empfang einwandfrei ist?

   2) der Empfang gestört ist oder der Videorekorder nicht angesprungen ist (aber nicht beides zusammen)?

b) Wie groß ist die Wahrscheinlichkeit, daß

   1) in drei von acht Fällen der Videorekorder nicht angesprungen ist?

   2) an fünf aufeinanderfolgenden Tagen der Videorekorder am dritten Tag erstmalig angesprungen ist?

c) S weiß von früheren Ausstrahlungen her, daß ihm von 178 Folgen der Serie „Star-Trek: Das nächste Jahrhundert" 23 (also ca. 12,9%) überhaupt nicht gefallen. Wie groß ist die Wahrscheinlichkeit, daß ihm von 10 Folgen, die er mit einigen Freunden in einer großen Star-Trek-Nacht sehen möchte, drei nicht gefallen?

d) Der Sender Schrott 1 sieht sich manchmal gezwungen Star-Trek zugunsten der Übertragung „wichtiger" Sportereignisse ausfallen zu lassen. S hat das Gefühl, daß dies viel häufiger geschieht, wenn ihm eine Folge gefällt, als wenn eine Folge gesendet werden soll, die er nicht mag. Er schätzt die entsprechenden Wahrscheinlichkeiten wie folgt ein:

$$P(A|G) = 0{,}1, \quad P(A|\overline{G}) = 0{,}05$$

   mit: Ereignis A: Star-Trek fällt aus

   Ereignis G: Folge gefällt S

   1) Hat S mit seinem Gefühl recht, d.h. sind die Ereignisse A und G wirklich abhängig?

   2) Wie groß ist die Wahrscheinlichkeit, daß die Serie an einem Tag ausfällt?

e) Besonders störend auf den Genuß von Star-Trek wirken sich natürlich die ständigen Werbeunterbrechungen aus. Laut einer Aussage des Senders ist die Anzahl der gesendeten Werbeminuten pro Folge normalverteilt mit $\mu = 15$ und $\sigma^2 = 4$. Bei einer Stichprobe vom Umfang n = 25 Folgen ermittelt S eine durchschnittliche Werbedauer von 16 Minuten.

1) Kann aufgrund dieses Stichprobenergebnisses mit Hilfe eines statistischen Tests $(1-\alpha = 0{,}95)$ der Eindruck von S bestätigt werden, der Sender bringe im Schnitt mehr als 15 Minuten Werbung?

2) Beschreiben Sie mit eigenen Worten, was es in diesem Fall heißt, einen Fehler 1. oder 2. Art zu begehen.

Aufgabe 16

Dem Diplom-Kaufmann K aus E passierte in der Pizzeria P das Mißgeschick, eine Portion Spaghetti zu bekommen, die aus neun Spaghetti bestand, die alle länger als 80 cm waren, was ihm beim Essen erhebliche Schwierigkeiten bereitete.

Aus statistischen Erhebungen ist bekannt, daß die Spaghettilänge normalverteilt ist mit dem Mittelwert (gemessen in Meter) $\mu = 0{,}4\,m$ und der Standardabweichung $\sigma = 0{,}4\,m$.

a) Wie wahrscheinlich ist es

1. eine Spaghetti
2. neun Spaghetti

vorzufinden, deren Länge 80 cm oder mehr beträgt (neun unabhängige Züge, d.h. eine Stichprobe vom Umfang $n = 9$)?

b) Man zeige, daß es demgegenüber über 20000 mal so wahrscheinlich ist, neun Spaghetti vorzufinden, deren Länge im Mittel 80 cm oder mehr beträgt!

c) Worin besteht der Unterschied der Fragestellung des Teils a) und des Teils b) dieser Aufgabe? Welche Fragestellung ist in der Stichprobentheorie üblich? Welche Fragestellung betrifft das Mißgeschick des Diplom-Kaufmanns?

Aufgabe 17

Diplom-Kaufmann K aus E fühlt sich von seiner dominanten Gattin dermaßen tyrannisiert, daß er sich als letzten Ausweg ratsuchend an einen in seinem Fachbereich als Schurken bekannten Statistiker wendet. Er begehrt eine Einschätzung der Erfolgsaussichten für sein Vorhaben, seinem unersprießlichen Eheleben diskret ein Ende zu setzen.

Er hat einen Pralinenkasten mit sechs hochwertigen Pralinen dergestalt präpariert, daß er einer der Pralinen ein tödliches Gift beigemischt hat.

a) Gewöhnlich ergreift die Gattin des K abends vor dem Schlafengehen zwei Pralinen. Wie groß ist dann die Wahrscheinlichkeit, daß die vergiftete Praline **nicht** darunter ist?

b) Man bestimme Erwartungswert und Varianz der Anzahl X der bei zwei Zügen zu ziehenden vergifteten Pralinen!

c) Diplom- Kaufmann K aus E ist beunruhigt darüber, ob es wirklich ausreicht, wenn er nur eine der sechs Pralinen vergiftet, um so seine Gattin auch wirklich mit einer Wahrscheinlichkeit von ca. 90% am ersten Abend vergiften zu können. Das Gespräch mit dem Statistiker endet aber, wie so oft, mit einer konkreten Lebenshilfe. Was wird ihm der Statistiker gesagt haben?

d) Ist es zulässig auch in diesem Fall mit der Normalverteilung zu rechnen und ist die Schätzung eines Anteilswertes in einer Stichprobe effizienter, wenn man die Endlichkeit der Grundgesamtheit beachtet, als wenn man den Fall „mit Zurücklegen" betrachtet?

Aufgabe 18

Im Scheichtum S geht man davon aus, daß ortsfremde Christen sich doppelt so oft in der Wüste verirren wie einheimische Moslems, und man deutet das als Zeichen Allahs.

a) Letztes Jahr begaben sich 30 Christen und 100 Moslems unabhängig als Einzelpersonen auf den Weg durch die Wüste. Darunter haben sich 3 Christen und 5 Moslems verirrt. Man bestimme ein 95% Konfidenzintervall (zweiseitig) für die Differenz der Anteilswerte der sich verirrenden Personen!

b) Wie wahrscheinlich ist es nach der Poissonverteilung, daß sich von 80 Moslems mehr als 10% in der Wüste verirren?

c) Wenn das Konfidenzintervall den Wert Null einschließt, so bedeutet dies:

○ daß die Anteile in der Grundgesamtheit gleich sind.

○ daß der Glaube an den besonderen Schutz Allahs für die Moslems falsch ist.

○ daß sich in diesem Jahr auch relativ mehr Moslems als Christen in der Wüste verirren können.

○ daß sich durch Allahs Güte vielleicht sogar keiner verirrt.

○ daß sich in diesem Jahr ein gleicher Prozentsatz von Christen und Moslems verirren könnte.

○ daß sich in diesem Jahr sowohl 10% der Christen als auch 10% der Moslems verirren werden.

d) In ihrem Bemühen, Allahs Willen wissenschaftlich zu erforschen liegt den Statistikern des Scheichtums viel daran, ihre oben genannte Hypothese, daß sich Christen doppelt so oft in der Wüste verirren wie Moslems, statistisch abzusichern. Im Scheichtum leben 190 000 Moslems und 18 000 Christen. Der Scheich befiehlt, eine geschichtete Stichprobe von n = 104 Personen in die Wüste zu schicken. Wieviel Christen und wieviel Moslems sind dabei, wenn die Stichprobe

    1. proportional

2. optimal

aufgeteilt werden soll?

e) Angenommen es sei über den Anteil Christen, die sich verirren, nichts bekannt und der Scheich wünsche den durchschnittlichen Anteil mit einer Sicherheit von 95% und einer Genauigkeit von ± 2% (absoluter Fehler) zu erfahren. Wie groß müßte dann die aus den Christen des Scheichtums zu ziehende (ungeschichtete) Stichprobe sein?

Aufgabe 19

Durch seine Tätigkeit für eine stark im Export engagierte Firma wurde Diplom-Kaufmann K aus E ein weitgereister Mann, der sich insbesondere auch längere Zeit in Indien aufhielt.

Seine Vorliebe für Filmvorführungen einer bestimmten Art sowie seine pedantische Neigung zum Preisvergleich erlaubte es ihm folgende Daten zu sammeln:

(Preisangaben in DM bzw. in Rupien; eine Rupie entspricht etwa 50 Pfennig)

Land	Anzahl der Filme	Mittelwert	Varianz
Indien	100	8 R	49 R²
Deutschland	400	5 DM	4 (DM)²

Stellen Sie fest, ob ein Kinobesuch in Indien signifikant billiger ist als in der Bundesrepublik!

a) Ist einseitig oder zweiseitig zu testen? Wie lautet die Alternativhypothese?

b) Führen Sie den Test durch bei vergleichbarer Währungsangabe in DM (1 DM = 2 R). Man wähle eine Irrtumswahrscheinlichkeit von 10%; es ist davon auszugehen, daß die Varianz der beiden Grundgesamtheiten gleich groß sind.

c) Die Irrtumswahrscheinlichkeit ist die Wahrscheinlichkeit dafür, daß (Richtiges ankreuzen)

O die Nullhypothese falsch ist.

O die Nullhypothese richtig ist.

O man die Nullhypothese ablehnt.

O man einen Fehler 2. Art begeht, wenn man die Nullhypothese annimmt.

O man einen Fehler 1. Art begeht, wenn man die Nullhypothese ablehnt.

O das beobachtete Stichprobenergebnis eintritt bei Geltung der Alternativhypothese.

O ein wesentlicher (signifikanter) Unterschied besteht.

O das Stichprobenergebnis überzufällig (so unwahrscheinlich, daß es nicht mehr mit dem Zufall zu erklären ist) ist.

Aufgabe 20

Aus einer Statistik des unorthodoxen Exorzisten E ergab sich folgende Verteilung der Anzahl X der Teufel, von denen die 100 Bürger seiner Gemeinde Anno Domini 1612 befallen wurden:

X	Anzahl der Bürger
0	67
1	27
2	5
3	1
4 und mehr	0

a) Für Monsignore M gibt es nichts in der Natur, was nicht normalverteilt wäre. Prüfen Sie, ob die Daten nicht eher durch eine Poissonverteilung als durch eine Normalverteilung angepaßt werden!

b) Warum wäre die Durchführung eines χ^2-Anpassungstests in diesem Fall wenig sinnvoll?

c) Diplom-Kaufmann K aus E zeigte schon während des Studiums durch seinen wirren Blick während der Statistikvorlesungen erste Anzeichen von Besessenheit. Die Wahrscheinlichkeit, vom Teufel befallen zu werden (Ereignis T) sei P(T) = 0,4 in jedem Jahr und die Teufel treten jeweils nur **jährlich** und unabhängig auf. Wie wahrscheinlich ist es dann, daß K

   1. genau im dritten Jahr nach Beendigung seines Studiums zum ersten Mal von einem Teufel befallen wird?
   2. höchstens drei Jahre nach Beendigung seines Studiums warten muß, um in diesem, dem dritten Jahr, zum ersten Mal von einem Teufel befallen zu werden?
   3. genau im dritten Jahr zum zweiten Mal von einem Teufel befallen wird?

d) Man bestimme Erwartungswert und Varianz der Wartezeit zwischen den Teufelsauftritten (die Wartezeit wird bis einschließlich der Periode gerechnet, in der ein Teufel auftritt)!

e) Während seiner vier Jahre als Personalchef der Firma F bestand für K **täglich** mit einer Wahrscheinlichkeit p > 0 die Gefahr, von einem als Bewerber getarnten Teufel befallen zu werden. Bei 200 Arbeitstagen sei die Wahrscheinlichkeit 200p = λ = 0,4. Man bestimme die Wahrscheinlichkeit einer Wartezeit bis zum ersten Teufelsauftritt von höchstens

   1. 300 Tagen nach der geometrischen Verteilung (GV)!
   2. 1,5 Jahren nach der Exponentialverteilung (EV)!

f) Von wieviel Teufeln wird K im Laufe seiner vierjährigen Berufspraxis in der Industrie im Durchschnitt befallen werden und wie wahrscheinlich ist es, daß es in dieser Zeit genau zwei Teufel sind, wenn die oben genannten Bedingungen des Jahres 1612 gelten?

g) Als K einem Psychiater sein Problem vortrug, äußerste dieser Zweifel daran, ob die Statistik des Exorzisten E repräsentativ sei. Da aber seinerzeit die Inquisition der Auffassung war, daß die Statistik ein besonders infames Teufelswerk sei, gelang es dem Exorzisten E nicht, seine Beobachtungen auf eine breitere empirische Basis zu stellen. Man berechne deshalb ein 90 %-zweiseitiges Konfidenzintervall für den Parameter der Poissonverteilung mit den obigen Daten und bei bekannter Varianz von 0,4!

Aufgabe 21

Es kann nicht sein, daß ihr alle eure Weiber gleich liebt, wenn ihr es auch wolltet; nur wendet euch nicht von einer Frau mit sichtbarer Abneigung ab, laßt sie hierüber lieber in Ungewißheit; wenn ihr euch jedoch vertragt und sorgsam vermeidet, ihr Böses zu tun, so ist Allah versöhnend und barmherzig

Sure 4, Vers 130

(Small sample Problem aus 1001 Nacht)

Scheich A hat drei Frauen B, C und D. Es erscheint ihm geboten, sich jeder Frau in gleichem Maße zu widmen. Keine der Frauen kann seine Entscheidung beeinflussen, sich evtl. am nächsten Tag, so Allah es will, von ihr abzuwenden. In den vergangenen 21 Tagen hat A sich jedoch seiner Frau D nur an vier Tagen liebevoll zugewandt. D fühlt sich deshalb vernachlässigt.

a) Wie wahrscheinlich ist es, daß sich A von 21 Tagen nur an höchstens vier Tagen seiner Frau D widmet, wenn er getreu dem Koran folgt? (Hinweis: $\sigma \approx 2$)

b) Der Scheich verbrachte während der letzten drei Wochen die folgende Anzahl von Tagen mit seinen drei Frauen

$n_B = 10$, $\quad n_C = 7$ und $\quad n_D = 4$ Tage.

Wie wahrscheinlich wäre dies, wenn er sich jeder Frau gleichermaßen zuwenden würde?

c) Um wieviel wahrscheinlicher wäre es unter diesen Voraussetzungen, daß sich bei $n = 21$ Tagen A jeder Frau genau 7 Tage widmet?

d) Man gebe das zu b) und c) passende Urnenmodell an!

e) Der Scheich ist wiederholt mit seinen Frauen von Isfahan nach Meshed geflogen. Dabei kam es gelegentlich vor, daß einmal oder gar zweimal eine der Frauen aus Eifersucht in den fliegenden Teppich gebissen hat, was ein poissonverteiltes Ereignis ist.

Auf seinen letzten zwölf Flügen geschah dies

0, 0, 0, 1, 0, 0, 0, 2, 0, 0, 0, 1 mal.

Man schätze den Erwartungswert λ der Poissonverteilung mit der Maximum-Likelihood-Methode!

f) Treten die unter e) beschriebenen Ereignisse ein, so kann der fliegende Teppich etwas unvorteilhafte Flugeigenschaften entwickeln und abstürzen. Der Scheich befürchtet deshalb, daß auf einem Flug eine seiner Frauen mehr als zweimal in den Teppich beißt. Wie wahrscheinlich ist das?

Aufgabe 22

Seine ausgedehnten Reisen zu Geschäftsfreunden in den Nahen Osten haben Diplom-Kaufmann K aus E auch die Welt der Schlangenbeschwörung und Verhaltensforschung näher gebracht. In seinem Forscherdrang begehrt er zu wissen, ob die mitgebrachte Python reticulatus, an der er zusammen mit seinem Sohn im heimischen Garten vielfältige musikalische Darbietungen austestet, auf die Vielseitigkeit seiner Tonkunst unterschiedlich oder gleichförmig reagiert.

Für die Reaktionen der Schlange entwarf er ein 4-Stufen-Schema von 1 (Desinteresse) bis 4 (lebhafte Tanzbewegungen) und über seine letzten Versuche machte er folgende Aufzeichnungen:

	Reaktionsstufe			
Art der Musik	1	2	3	4
klassisch	17	8	7	8
alpenländisch	11	19	12	8
orientalisch	7	9	14	20
Protestsong	12	2	4	2
Punk Rock	3	2	13	22

a) Man bestimme die beiden Randverteilungen sowie die gemeinsame Verteilung bei Unabhängigkeit!

b) Man teste, ob die Randverteilung in bezug auf die Reaktion signifikant verschieden ist von einer Gleichverteilung ($\alpha = 5\%$ bei diesem und den folgenden Tests)!

c) Prüfen Sie, ob Unabhängigkeit der beiden Variablen besteht!

d) Prüfen Sie, ob die Verteilungen hinsichtlich der Reaktion der Schlange für alpenländische Musik und für Punk Rock gleich oder verschieden sind!

e) Angenommen, K habe eine Versuchsserie von 400 Darbietungen durchgeführt und auch alle Häufigkeiten der obigen Tafel wären genau verdoppelt. Was würde sich damit an den Tests von Teil b) bis d) der Aufgabe ändern?

f) Wie kann man testen, ob die Schlange Punk Rock mehr schätzt als orientalische Musik?

Aufgabe 23

Das Produktionsunternehmen P bezieht von einem Lieferanten Schrauben, deren Durchmesser normalverteilt ist mit $\mu = 1$ cm und $\sigma = 0{,}01$.

a) Wie groß ist die Wahrscheinlichkeit, daß der Durchmesser einer Schraube zwischen 0,99 und 1,01 cm beträgt?

b) Für die Produktion darf der Schraubendurchmesser eine bestimmte Größe nicht überschreiten. Der Qualitätskontrolleur zieht aus einer Lieferung eine Stichprobe von 36 Schrauben und errechnet einen durchschnittlichen Durchmesser von $\bar{x} = 1{,}003$. Kann er daraufhin die Hypothese, die Schrauben seien im Schnitt dicker als 1 cm, bestätigen und somit die Lieferung ablehnen ($\alpha = 0{,}05$)?

c) Berechnen Sie aufgrund der Angaben von Aufgabe b) ein 95%-Konfidenzintervall für den durchschnittlichen Durchmesser der Schrauben.

d) In den Produktionshallen der Firma P ist es aus verschiedenen Gründen ziemlich warm. Messungen haben ergeben, daß die Temperatur im Schnitt 30°C mit $\sigma^2 = 12$ beträgt. Berechnen Sie eine Mindestwahrscheinlichkeit dafür, daß die Temperatur zwischen 25 und 35°C liegt.

e) Berechnen Sie die entsprechende genaue Wahrscheinlichkeit, wenn man annimmt, daß die Temperatur stetig gleichverteilt (rechteckverteilt) ist.

Aufgabe 24

Der alternde Playboy Z hat in den letzten Jahren bei 10 Frauen Anklang gefunden. Erfahrungsgemäß ist ihm jedoch nur bei einem Fünftel der Frauen eine harmonische Zweisamkeit und befriedigende Persönlichkeitsentfaltung möglich (Ereignis R „richtige Frau"). Drei von den Frauen hat er geheiratet (Ereignis H). Seine Partnerwahl sei so sehr von irrationalen, zufälligen Faktoren beeinflußt, daß kein sinnvolles Prinzip erkennbar ist.

a) Wie wahrscheinlich ist es, daß er dreimal die falsche Frau ($\overline{R}$) geheiratet hat?

b) Die Wahrscheinlichkeit, daß eine Frau, die er geheiratet hat, die falsche ist, sei bei dem vom Pech verfolgten Z erschreckend hoch, nämlich $P(\overline{R}|H) = \frac{2}{3}$. Die Wahrscheinlichkeit zu heiraten sei P(H) = 0,3.
Man bestimme die zweidimensionale Wahrscheinlichkeitsverteilung.

c) Auf einer Fete trifft Z 15 Frauen, die ihm alle recht gut gefallen, zwei von ihnen möchte er noch zu einem Tässchen Bouillon nach Hause einladen. Es sei P (R) = 0,2. Man bestimme die Stichprobenverteilung für die Anzahl der falschen Frauen! Wie heißt diese Verteilung?

falsche Frauen	0	1	2
Wahrscheinlichk			

d) Angenommen es bestünde Unabhängigkeit der Ereignisse H und R. Der Playboy Z kann zwei Arten von Fehlern machen:

1. er kann die richtige Frau nicht heiraten mit der Wahrscheinlichkeit $P(\overline{H}|R)$
2. er kann die falsche Frau heiraten mit der Wahrscheinlichkeit $P(H|\overline{R})$.

Welchen Fehler begeht er mit der größeren Wahrscheinlichkeit?

e) Angenommen, die Wahrscheinlichkeit, daß Z heiratet, sei nur 0,2. Kann er dadurch die Wahrscheinlichkeit

O des ersten
O des Zweiten   } der oben genannten
O von beiden   Fehler reduzieren?
O von keinem der beiden

Aufgabe 25

Der eifersüchtigen Hausfrau H gelingt es trotz verfeinerter Techniken der Befragung und Beeinflussung ihrer Ehemannes E nicht, sich Klarheit über gewisse Vorgänge auf einer Geschäftsreise des E zu verschaffen. Bei den allabendlichen Verhören der letzten 40 Tage (Stichprobe: n = 40) schlief E an 30 Tagen frühzeitig und stumm ein (Ereignis S).

Von den verbleibenden 10 Tagen kam es nur an 2 Tagen zu einem Gespräch (Ereignis G), das auch vieles offen ließ.

a) Man bestimme P(G|S) und P(G|$\overline{S}$), sowie die totale Wahrscheinlichkeit P(G)!

b) Bei wiederholten Befragungsversuchen sei P(G) konstant. Man bestimme die Stichprobenverteilung für die Anzahl X der Tage, an denen E gesprächsbereit ist bei einer Stichprobe von n = 40 Tagen (Befragungsversuchen)!

c) Bestimmen Sie Erwartungswert und Varianz der Stichprobenfunktion (Schätzfunktion) $\frac{X}{n}$ und zeigen Sie, daß diese Stichprobenfunktion für die Schätzung von P(G) erwartungstreu und konsistent ist!

d) Die Hausfrau H geht von der Hypothese aus, daß E mit einer Wahrscheinlichkeit von weniger als 6 vH gesprächsbereit ist. Um diese Hypothese zu testen, müßte sie

    O einseitig testen,

    O zweiseitig testen.

Formulieren Sie die Null- und die Alternativhypothese!

e) Der Hausfrau H ist sehr daran gelegen, die Gesprächsbereitschaft von E nicht zu unterschätzen (trotz der unter Teil d) genannten Vermutung). Sie wird folglich versuchen,

    O den Fehler 1. Art

    O den Fehler 2. Art

zu vermeiden. Dabei dürfte es ihr entgegenkommen, wenn

der Stichprobenumfang	die Wahrscheinlichkeit α
O groß	O groß
O klein	O klein

ist (bzw. gewählt wird).

Aufgabe 26

Der griechische Olymp ist mit der Zeit zu einem undynamischen, überalterten und kopflastigen Großbetrieb geworden. Die Nymphen Stultitia (Torheit) und Apaedia (Stumpfsinn, Schutzgöttin der Statistiker) unternahmen deshalb eine Personalstatistik auf Stichprobenbasis (Auswahlsatz 1 vH). Sie kamen zu folgendem Ergebnis:

Rang	Anzahl	Betriebszugehörigkeit in Jahren	
		Mittel	Varianz
Topmanagement: Götter	$n_1 = 30$	300	144
Halbgötter, Nymphen und übrige Belegschaft	$n_2 = 60$	150	900

a) Man bestimme ein Konfidenzintervall für die gesamte Varianz der Dauer der Betriebszugehörigkeit (95 % - zweiseitig)!

b) Die beiden Stichproben mit den Umfängen n_1 und n_2 seien als unabhängige Stichproben aufzufassen. Man prüfe, ob sich die beiden Varianzen signifikant unterscheiden (5% Irrtumswahrscheinlichkeit zweiseitig)!

c) Im streng hierarchisch organisierten Betrieb „Olymp" herrscht, so vermutet Apaedia, vor allem bei den höheren Rängen ein striktes Ancienitätsprinzip, insbesondere eine Tarifpolitik, die sich nicht an der Leistung sondern an der Dauer der Betriebszugehörigkeit orientiert.

Innerhalb der beiden Ränge korreliert der Bruttoverdienst mit der Dauer der Betriebszugehörigkeit wie folgt

Rang 1: $r_1 = 0{,}9$

Rang 2: $r_2 = 0{,}7$.

Man teste deshalb, ob sich die beiden Korrelationskoeffizienten signifikant unterscheiden (5% Irrtumswahrscheinlichkeit zweiseitig!)

d) Könnte es sein, daß der Stichprobenkorrelationskoeffizient von $r_2 = 0{,}7$ aus einer Grundgesamtheit stammt, in welcher die Korrelation $\rho_2 = 0$ beträgt (10 % zweiseitig)?

Aufgabe 27

Dem Dipl. Ing. I aus E ist es nach langer Forschungsarbeit gelungen, ein Gerät zu konstruieren, das zwar keine große Lebensdauer X (in Jahren) hat, dafür aber eine gleichbleibend geringe Ausfallrate Y (in Prozent) besitzt. Versuchsreihen haben folgende zweidimensionale Wahrscheinlichkeitsfunktion ergeben:

$$f(x,y) = \begin{cases} \left(\dfrac{1}{20} - \dfrac{1}{200} y\right) e^{-\frac{1}{4}x} \\ \text{für } 0 \leq x \text{ und } 0 \leq y \leq 10 \\ 0 \text{ sonst.} \end{cases}$$

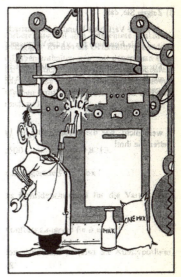

a) Man bestimme die Randverteilungen $f_1(x)$ und $f_2(y)$!

b) Man bestimme die mittlere Lebenserwartung $E(X)$ und die mittlere Ausfallrate $E(Y)$ des Geräts.

c) Man bestimme die bedingte Verteilung $f(y|x)$ und die bedingten Erwartungswerte $E(Y|x)$ für dieses Gerät!

d) Zeigen Sie, daß

  1. die Variablen X und Y stochastisch unabhängig sind
  2. die Funktion $f(x, y)$ die Voraussetzungen einer Dichtefunktion erfüllt!

e) Für einige dubiose betriebswirtschaftliche Untersuchungen arbeitet Dipl. Kfm. K aus E mit folgenden Kosten u, die von der Lebensdauer und Ausfallrate abhängen:

$$u = 7y + \frac{1}{2} x.$$

K weiß nicht, wie die Kosten u und die Lebensdauer x gemeinsam verteilt sind. Helfen Sie ihm!

Aufgabe 28

a) Herr Dittmeyer verkauft in einer Fußgängerzone Apfelsinen und Orangensaft, der fast so schmeckt wie frisch gepreßt. Die Wahrscheinlichkeit, daß ein Passant Apfelsinen kauft (Ereignis A) beträgt 0,2. Die Wahrscheinlichkeit, daß ein Passant Saft kauft (Ereignis S), beträgt 0,3. Desweiteren gilt $P(S|\overline{A}) = 0{,}125$.

1) Wie groß ist die Wahrscheinlichkeit, daß sich ein Passant zum Kauf beider Produkte entschließt?

2) Berechnen Sie P(S|A). Was können Sie über die Abhängigkeit/Unabhängigkeit der Ereignisse A und S aussagen, wenn Sie diesen Wert mit $P(S|\overline{A})$ vergleichen?

b) Herr D möchte drei vorbeikommenden Kindern fünf (als absolut gleichwertig anzusehende) Apfelsinen schenken.

1) Wieviel Möglichkeiten gibt es, die fünf Apfelsinen aufzuteilen, wenn auch der Fall eintreten kann, daß ein oder mehrere Kinder nichts bekommen?

2) Zeigen Sie, daß folgender Zusammenhang gilt (vgl. auch Formel (2.15a) in der Formelsammlung):

$$\binom{n}{i} = \frac{n}{n-i}\binom{n-1}{i}$$

c) Die Wahrscheinlichkeit, daß eine Apfelsine schlecht ist, beträgt 0,1.
Wie groß ist die Wahrscheinlichkeit, daß ein Kunde, der zehn Apfelsinen gekauft hat, keine Schlechte erwischt?

d) Herr D bezieht für seinen Saft Flaschen von einem namhaften Glashersteller. Dabei kann es vorkommen, daß in den Lieferungen defekte Flaschen sind. Allerdings arbeitet der Glashersteller sehr ordentlich, so daß die Wahrscheinlichkeit, daß eine Flasche kaputt ist, nur bei 0,01 liegt. Wie groß ist die Wahrscheinlichkeit, daß in einer Lieferung von 500 Flaschen weniger als 10 Flaschen defekt sind?

e) Herr D verkauft die Apfelsinen in Netzen. Dabei bemüht er sich, die einzelnen Netze ungefähr gleich groß zu machen. Um den Preis pro Netz bestimmen zu können, möchte er gerne ein 95%-Konfidenzintervall für das erwartete Gewicht berechnen. Wie groß muß seine Stichprobe (n = Anzahl der Netze) mindestens sein, wenn der absolute Fehler des Konfidenzintervalls nicht mehr als 15 g betragen soll? Dabei soll mit einer Standardabweichung von $\sigma = 50$ g gerechnet werden.

f) Das Gewicht eines Apfelsinennetzes kann als annähernd normalverteilt betrachtet werden mit $\mu = 1000$ g und $\sigma = 50$ g. Angenommen ein Kunde kauft drei Netze. Wie groß ist die Wahrscheinlichkeit, daß er weniger als 2974 g Apfelsinen erhält?

Aufgabe 29

Zahllose Studenten haben sich zur Vorbereitung auf ihre gefürchtete Statistikklausur ein Buch gekauft, das in einschlägigen Kreisen als Geheimtip gehandelt wird. In diesem Buch mögen sechzig Aufgaben enthalten sein, mit denen man sich die ganze Statistik „hereinziehen" kann. Eine Stichprobe von n = 200 Studenten ergab jedoch, daß die meisten Studenten zwar alle Aufgaben durchgelesen haben, sie aber leider nur geneigt waren, X Aufgaben ernsthaft durchzuarbeiten und nur befähigt waren Y < X Aufgaben erfolgreich zu lösen.

Man erhielt folgende Ergebnisse:

$n = 200$, $\sum x_i = 5500$, $\sum y_i = 4000$, $\sum x_i y_i = 140.000$

$\sum x_i^2 = 195.000$, $\sum (y_i - \overline{y})^2 = 30500$ und $r_{xy} = +0{,}8213$.

a) Man berechne die Stichproben-Regressionsgerade $\hat{y} = a + bx$!

b) Man bestimme ein 95 % zweiseitiges Konfidenzintervall für die Varianz der Störgröße!

c) Man bestimme das 95 % zweiseitige Konfidenzintervall für α und β !

d) Zeigen Sie, daß auch die Korrelation signifikant ist (also die Nullhypothese ρ = 0 zu verwerfen ist); α = 5 % zweiseitig!

e) Der außerordentliche Erfolg dieses berühmt-berüchtigten Opus ist auch darauf zurückzuführen, wie aufgrund der Umfrage statistisch gesichert ist (α = 5% einseitig), daß Y zu mehr als 60 % von X bestimmt ist, sich also die fleißige Lektüre dieses Buches bezahlt macht, was ja leider nicht bei jedem Buch der Fall ist. Man zeige, daß diese Behauptung richtig ist, sofern die - leider nur fiktiven - Umfrageergebnisse richtig sind!

Lösungen

zum

Klausurtraining

Aufgabe 1

a) Anordnung (Permutation) von n Elementen ohne Wiederholung: also n! Möglichkeiten.

b) Auswahl von $i \leq n$ Elemente aus n Elementen (hier: i = 2) ohne Berücksichtigung der Anordnung: Kombination ohne Wiederholungen

$$\binom{n}{2} = \binom{n}{n-2} = \frac{n!}{2!(n-2)!}$$

c) (1 und 2) Für die restlichen n-1 Springer gibt es stets, gleichgültig, auf welchem Platz K ist (n - 1)! verschiedene Anordnungen (Permutationen).

d) Es ist zu zeigen, daß die Ungleichung

(*) $\quad \dfrac{\binom{cn}{2}}{\binom{n}{2}} > c^2 \quad$ gilt. Der Beweis folgt aus

1. $\binom{cn}{2} = \dfrac{cn(cn-1)}{2} = \dfrac{c^2\left(n^2 - \dfrac{n}{c}\right)}{2}$, und

2. $\binom{n}{2} = \dfrac{n^2 - n}{2}$. Ferner gilt mit c > 1 stets $\dfrac{n^2 - \dfrac{n}{c}}{n^2 - n} > 1$ was zu (*) führt.

1. Auswahl von m (wobei m < n - 3) aus n - 1 Elementen (n minus Kunstspringer K) ohne Berücksichtigung der Anordnung: $\binom{n-1}{m}$

Jetzt Auswahl aus n - 3 (n minus K und zwei weiteren Personen): $\binom{n-3}{m}$

Aufgabe 2

Es gibt insgesamt 1000 dreistellige Nummern (wobei auch die Nummer 000 mitgezählt ist). 90 Nummern beginnen mit 0 (011 bis 099) und 10 Nummern beginnen mit 00 (000 bis 009). Insgesamt gibt es also 900 Möglichkeiten, die somit ausreichen.

Andere Betrachtungsmöglichkeit:

Verwendung der Ziffern 1, 2, ..., 9 (allgemein Z) ergibt 9^3 = 729 Möglichkeiten. Hinzu kommen $2 \cdot 9^2$ = 162 Möglichkeiten für Nummern des Typs Z0Z oder ZZ0 sowie 9 Möglichkeiten für die Nummern Z00, also insgesamt 900 Möglichkeiten.

b) günstige Ereignisse : 10

mögliche Ereignisse : 800, somit $\dfrac{10}{800}$ = 0,0125

Es ist auch möglich, den Ansatz mit Hilfe der hypergeometrischen Verteilung zu wählen, wenn man davon ausgeht, daß er genau einmal seine Tante am Apparat hat und 9 mal jemand anderen.

$$\frac{\binom{1}{1} \cdot \binom{799}{9}}{\binom{800}{10}} = \frac{10}{800}$$

c1) Ansatz über die Binomialverteilung:

$$\binom{3}{0}\left(\frac{1}{1000}\right)^0 \left(\frac{999}{1000}\right)^3 = \left(\frac{999}{1000}\right)^3 = 0{,}997$$

c2) Ansatz wie unter c1

$$\binom{3}{1}\left(\frac{1}{1000}\right)^1 \left(\frac{999}{1000}\right)^2 = 0{,}00299$$

d) Die Auswahl von 10 aus 800 Elementen ohne Berücksichtigung der Anordnung (da es auf die Reihenfolge des Gezogenwerdens bei den 10 Nummern nicht ankommt) stellt Kombinationen mit Wiederholung dar:

$$\binom{n+i-1}{i} = \binom{800+10-1}{10} = \binom{809}{10} = 3{,}1295 \cdot 10^{22}$$

e) Hier das gleiche Auswahlproblem wie unter d), nur ohne Wiederholung:

$$\binom{n}{i} = \binom{800}{10} = 2{,}7965 \cdot 10^{22}$$

f) Die Zufallsauswahl könnte nur repräsentativ für die Fernsprechteilnehmer sein und würde als Stichprobe für die gesamte Gemeinde dem Prinzip der reinen (uneingeschränkten) Zufallsauswahl nicht entsprechen, da keine Chancengleichheit gegeben ist (nur Fernsprechteilnehmer haben eine Auswahlchance). Zum anderen wird gegen das Prinzip der Unabhängigkeit verstoßen, da man durch Auswahl eines Fernsprechteilnehmers stets auch zugleich andere Nutzer (dessen Apparates) mit auswählt. Hinzu kommt, daß „blindes Greifen" in der Regel keine Zufälligkeit der Auswahl garantiert, insbesondere nicht bei einer so großen Urne wie einem Telefonbuch. Die Zufälligkeit wird dagegen z.B. dann hergestellt, wenn mit Zufallszahlen ausgewählt wird.

Aufgabe 3

a) Kombinationen ohne Wiederholung. Es gibt folgende Möglichkeiten für die untere Ebene $\binom{10}{5} = 252$, mit den verbleibenden Personen für die mittlere Ebene $\binom{5}{3} = 10$ und schließlich für die obere Ebene nur eine verbleibende Möglichkeit $\binom{2}{2} = 1$. Das Produkt und damit die Anzahl der Möglichkeiten ist 2520.

b) $$\underbrace{\frac{\binom{7}{5}\binom{3}{0}}{\binom{10}{5}}}_{\text{untere Ebene}} \cdot \underbrace{\frac{\binom{3}{1}\binom{2}{2}}{\binom{5}{3}}}_{\text{mittlere Ebene}} \cdot \underbrace{\frac{\binom{0}{0}\binom{2}{2}}{\binom{2}{2}}}_{\text{obere Ebene}} = 0{,}025$$

Das Modell ist „Ziehen ohne Zurücklegen", weil für die sieben „Normal Befähigten" und die drei „Spitzenkräfte" jeweils ein und nur ein Platz vergeben werden kann.

c) 1. Null, da in der oberen Führungsebene nur Spitzenkräfte zu finden sind.

2. $\frac{1}{5}$, hierfür gibt es drei Lösungswege:

Weg 1: zwei Positionen, 10 Bewerber, jede Besetzungsmöglichkeit gleichwahrscheinlich, also $\frac{2}{10} = \frac{1}{5} = 0{,}2$

Weg 2: Für K bieten bloß folgende Besetzungsmöglichkeiten eine Chance:

Besetzungsmöglichkeit	Wahrscheinlichkeit
B1: ●○ oder ○●	$1 \cdot \frac{3}{10} \cdot \frac{7}{9} = \frac{7}{15}$
B2: ○○	$\frac{7}{10} \cdot \frac{6}{9} = \frac{7}{15}$

Bedingte Wahrscheinlichkeit dafür, daß eine Führungskraft die Person K ist:

$P(K \mid B1) = \frac{1}{7}$ und $P(K \mid B2) = \frac{2}{7}$.

Totale Wahrscheinlichkeit:

$$P(K) = \sum_{i=1}^{2} P(K \mid Bi) P(Bi) = \frac{1}{5} = 0{,}2$$

Weg 3: über die polyhypergeometrische Verteilung bei Unterscheidung von drei Qualitäten:

- ● Führungsperson, Anzahl 3
- ○ normal Befähigter außer K, Anzahl 6
- ⊗ K, Anzahl 1

Man erhält:

$$\underbrace{\frac{\binom{6}{0}\binom{1}{1}\binom{3}{1}}{\binom{10}{2}}}_{\text{Besetzung } \bullet \, \otimes} + \underbrace{\frac{\binom{6}{1}\binom{1}{1}\binom{3}{0}}{\binom{10}{2}}}_{\text{Besetzung } \circ \, \otimes} = 0{,}2.$$

d) Binomialverteilung mit unbekanntem n und x = 1, p = 0,05. Es gilt:

$$0{,}95 = P(x \geq 1) = 1 - P(x = 0) = 1 - \binom{n}{0} \cdot 0{,}05^n \cdot 0{,}95^n$$

also $0{,}95^n = 0{,}05$ und $n = \frac{\ln 0{,}05}{\ln 0{,}95} = 58{,}404$ also mindestens 59.

Aufgabe 4

a)

Ereignis	Wahrscheinlichkeit
$(A \cap B) = (AB)$	$P(AB) = P(A|B) \cdot P(B) = 0{,}24$
$(A \cup B)$	$P(A \cup B) = P(A) + P(B) - P(AB) = 0{,}96$
entweder $(A\overline{B})$ oder $(\overline{A} B)$	$P(A\overline{B}) + P(\overline{A} B)$ $= P(A) - P(AB) + P(B) - P(AB)$ $= 0{,}16 + 0{,}56 = 0{,}72$
$\overline{A}\,\overline{B}$	$1 - P(A \cup B) = 1 - 0{,}96 = 0{,}04$

b) Zweipunktverteilung mit $\pi = 0{,}4$

$$f(x) = \begin{cases} 0{,}4 & \text{wenn } x = 1 \text{ also } A \\ 0{,}6 & \text{wenn } x = 0 \text{ also } \overline{A} \\ 0 & \text{sonst} \end{cases}$$

c) $E(X) = 0{,}4 \qquad \sigma_x^2 = 0{,}4 \cdot 0{,}6 = 0{,}24$

d)

	$x = 1$	$x = 2$	Σ
$y = 1$	$P(AB) = 0{,}24$	$P(\overline{A} B) = 0{,}56$	$P(B) = 0{,}8$
$y = 2$	$P(A\overline{B}) = 0{,}16$	$P(\overline{AB}) = 0{,}04$	$P(\overline{B}) = 0{,}2$
Σ	$P(A) = 0{,}4$	$P(\overline{A}) = 0{,}6$	1

Vgl. hierzu auch die im Teil a) bestimmten Wahrscheinlichkeiten.
Die Kovarianz beträgt
$$E(XY) - E(X) \cdot E(Y) = 0{,}24 - 0{,}8 \cdot 0{,}4 = -0{,}08$$

Für die Korrelation erhält man entsprechend

$$\frac{-0{,}08}{\sqrt{0{,}4 \cdot 0{,}6 \cdot 0{,}8 \cdot 0{,}2}} = -0{,}40825$$

e)

z	0	1	2
f(z)	0,04	0,72	0,24

Hieraus errechnet sich leicht
$E(Z) = 0{,}72 + 0{,}48 = 1{,}2$
$= E(X) + E(Y) = P(A) + P(B)$
$= 0{,}4 + 0{,}8$

Für die Varianz von Z erhält man $\sigma_Z^2 = E(Z^2) - [E(Z)]^2 = 1{,}68 - 1{,}44 = 0{,}24$ und weil für die Varianz gilt $\sigma_X^2 = P(A) \cdot P(\overline{A}) = 0{,}4 \cdot 0{,}6 = 0{,}24$ und $\sigma_Y^2 = P(B) \cdot P(\overline{B}) = 0{,}8 \cdot 0{,}2 = 0{,}16$ und die Kovarianz $-0{,}08$ beträgt, ist auch $\sigma_Z^2 = \sigma_X^2 + \sigma_Y^2 + 2\sigma_{XY} = 0{,}24 + 0{,}16 - 0{,}16 = 0{,}24$ erfüllt.

Aufgabe 5

a) Nein, da $P(U|P) \neq P(U|\overline{P})$ folglich auch $P(U|P) \neq P(U)$ und $P(UP) \neq P(U) P(P)$

b) $P(U \cap P) = P(UP) = P(U|P) P(P) = 0{,}5 \cdot 0{,}4 = 0{,}2$

$P(U \cup P) = P(U) + P(P) - P(UP) = 0{,}26 + 0{,}4 - 0{,}2 = 0{,}46$

c) $\dfrac{\binom{20}{12}\binom{40}{0}}{\binom{60}{12}} = 9 \cdot 10^{-8}$

d) $\dfrac{\binom{20}{5}\binom{40}{7}}{\binom{60}{12}} = 0{,}207$

e) $\dfrac{59!(60-12)!}{(59-11)!\,60!} = \dfrac{1}{60}$

Es gibt 60 - 1 = 59 auswählende Personen außer K. Aus ihnen werden 11 genommen. Es gibt dann $\binom{59}{11}$ Möglichkeiten der Auswahl und 11! Möglichkeiten sie anzuordnen, insgesamt also $\dfrac{59!}{(59-11)!}$ günstige Ereignisse (Variationen ohne Wiederholung), in denen K unter den ersten 11 nicht erscheint. Entsprechend ist die Anzahl der möglichen Ereignisse: $\dfrac{60!}{(60-12)!}$

Andere Lösungswege:

1) Die Wahrscheinlichkeit, K und 11 andere auszuwählen ist:

$$P(K) = \dfrac{\binom{50}{11}\binom{1}{1}}{\binom{60}{12}} = \dfrac{12}{60}$$

Wenn K mit der Wahrscheinlichkeit P(K) ausgewählt wurde, dann ist die Wahrscheinlichkeit dafür, daß er an 12. Stelle steht (Ereignis S):

$$P(S|K) = \dfrac{11!}{12!} = \dfrac{1}{12},$$

da ja auch jede Stelle gleichwahrscheinlich ist.

Wie man sieht, ist $P(K) \cdot P(S|K) = P(SK) = \dfrac{1}{60}$

2) Wahrscheinlichkeit der Auswahl 11 anderer Personen außer K mal Wahrscheinlichkeit K als 12. auszuwählen:

$$\left(\frac{59}{60} \cdot \frac{58}{59} \cdot \frac{57}{58} \cdot \ldots \cdot \frac{49}{50}\right) \cdot \frac{1}{49} = \frac{1}{60}$$

f) Fehler zweiter Art

g) Nein, da keine Unabhängigkeit der Auffassungen der Richter angenommen werden darf.

Aufgabe 6

a) Gleiche Wahrscheinlichkeit wie die, daß es **höchstens** zwei Giftpilze sind, also mit der Verteilungsfunktion der Poissonverteilung F(2) = 0,9526.

Der hohe Wert von 95% besagt natürlich nicht, daß es sehr wahrscheinlich ist, sich zu vergiften. Bekanntlich ist ja F(2) = f(0) + f(1) + f(2) und es ist f(0) = 0,4493, so daß ein hohe (≈ 45%) Wahrscheinlichkeit besteht, **keinen** Giftpilz zu finden.

b) Gegenwahrscheinlichkeit zur totalen Wahrscheinlichkeit für A

P(A) = P(A|x = 0)P(x = 0) + P(A|x = 1) P(x = 1)+ P(A|x = 2) P(x = 2) + P(A|x ≥ 3)P(x ≥ 3)
= 0 · 0,4493 + 0,7 · 0,3595 + 0,9 · 0,1438 + 1 · 0,0474
= 0,42847

also die Überlebenswahrscheinlichkeit 1 - 0,42847 = 0,57153. Es ist klar, daß P(A|x = 0) = 0 ist.

c) $H_0 : \mu = 0,8$, $\sigma = \sqrt{0,8}$

$$z = \frac{\bar{x} - \mu}{\frac{\sigma}{\sqrt{n}}} = \frac{0 - 0,8}{\sqrt{\frac{0,8}{40}}} = \frac{-0,8}{\sqrt{\frac{0,8}{40}}} = -5,6569$$

also hochsignifikant!

d) $\bar{x} \pm z_\alpha \frac{\sigma}{\sqrt{n}} = 0 \pm 1,6469 \cdot \frac{\sqrt{0,8}}{\sqrt{40}} = 0 \pm 0,2326$

(negativer Wert unsinnig) Hochrechnung: 0 bis 9,3 Giftpilze unter den vierzig gesammelten Pilzen

e) $n \geq \frac{1,96^2 \cdot 0,8}{(0,05)^2} = 1229,312$

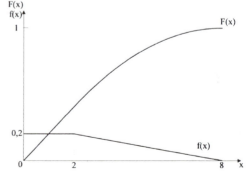

Aufgabe 7

a) Vgl. Abb. für die Gestalt der Dichtefunktion. Es muß gelten:

1. $f(x) \geq 0$ für $0 \leq x \leq 8$

2. $F(8) = \int_0^2 0,2 \, dx + \int_2^8 \left(\frac{8}{30}x - \frac{1}{30}x\right) dx = 1$

b) $E(X) = \int_0^2 0,2 \, x \, dx + \int_2^8 \left(\frac{8}{20}x - \frac{1}{30}x^2\right) dx$

$= \left[0,1x^2\right]_0^2 + \left[0,133x^2 - 0,011x^3\right]_2^8 = 2,8$

c)
$$F(x) = \begin{cases} 0 & x < 0 \\ 0,2x & 0 \leq x < 2 \\ \dfrac{8}{30}x - \dfrac{1}{60}x^2 - \dfrac{2}{30} & 2 \leq x \leq 8 \\ 1 & x > 8 \end{cases}$$

Bemerkung: die Konstante $-\dfrac{2}{30}$ verhindert, daß die Funktion F(x) an der Stelle x = 2 eine Unstetigkeit (Bruch) besitzt (vgl. Abb.).

d) $\text{Var}(X) = \sigma_x^2 = \int_0^2 0,2\, x^2 \, dx + \int_2^8 (0,133\, x^2 - 0,011\, x^3)\, dx - (2,8)^2$

$= \left[0,067 x^3\right]_0^2 + \left[0,0889 x^3 - 0,0083 x^4\right]_2^8 - 7,84 = 3,49$

e) $\int_7^8 \left(\dfrac{8}{30} - \dfrac{1}{30} x\right) dx = \dfrac{1}{60}$

f) 1) Null, da außerhalb des Wertebereichs $0 \leq x \leq 8$

2) Nach der Tschebyscheff'schen Ungleichung:

$P(|X - \mu| \geq \varepsilon) \leq \dfrac{\sigma^2}{\varepsilon^2} = \dfrac{3,49}{36} = 0,097$

g) Eine Obergrenze für die Wahrscheinlichkeit (sie wird bei bekannter Verteilung stets niedriger als 0,97% sein), so daß die letzte Antwort richtig ist.

Aufgabe 8

a) 1. $E(Z) = \dfrac{1}{2} \cdot 100 + \dfrac{1}{2} \cdot 200 = 150$

$\sigma_z^2 = \dfrac{1}{4} \cdot 25 + \dfrac{1}{4} \cdot 49 + 2 \cdot \dfrac{1}{4} \cdot 1 \cdot 5 \cdot 7 = 36$

2. $E(Z) = \dfrac{1}{3}(100 + 180 + 200) = 160$

$\sigma_z^2 = \dfrac{1}{9} \cdot 25 + \dfrac{1}{9} \cdot 4 + \dfrac{1}{9} \cdot 49 + \underbrace{2 \cdot \dfrac{1}{9}(-1) \cdot 5 \cdot 2}_{\text{A und B (AB)}} + \underbrace{\dfrac{70}{9}}_{\text{(AC)}} - \underbrace{\dfrac{2,8}{9}}_{\text{(BC)}} = \dfrac{125,2}{9} = 13,91$

b) Die Risikostreuung bedeutet, daß die Kurswerte verschiedener Aktien negativ korrelieren (so B mit A und mit C), dadurch verringert sich die Varianz der Summe der Kurse (also des Kurswertes, des gesamten Portefeuilles). Das erste Portefeuille ist riskanter, da die Wertpapierkurse A und C positiv korrelieren, also tendenziell gemeinsam steigen oder fallen (wegen $r_{AC} = +1$ sogar mit stets gleichen Wachstumsraten). Das zweite Portefeuille ist auch ertragreicher, weil das Gewicht des niedrigsten Kurswertes (A) von $\frac{1}{2}$ auf $\frac{1}{3}$ sinkt.

c) Z ist normalverteilt mit dem gegebenen μ und σ. Den Intervallgrenzen ± 1,6449 (wegen 90%) entspricht das Intervall $[135{,}2 \le Z \le 164{,}8]$

d) Das so (anders als im Teil c) definierte Z ist normalverteilt mit $\mu = 150$ und $\sigma = \frac{9}{\sqrt{4}} = 4{,}5$; folglich sind die Intervallgrenzen jetzt $[142{,}6 \le Z \le 157{,}4]$

e) Im Teil d) war ein Zentrales Schwankungsintervall (A) zu berechnen für das arithmetische Mittel (gem. dem Grenzwertsatz von Lindeberg - Lévy, bzw. Wenn $X_1,...,X_4$ nicht normalverteilt sind, gem. dem zentralen Grenzwertsatz). Im Teil c) gilt jedoch Antwort C, da gar kein Schluß im Sinne der Stichprobentheorie (von $\bar{x}$ auf μ oder umgekehrt) vorliegt, sondern ein einer Intervallwahrscheinlichkeit von 90% entsprechender Wertbereich für die Zufallsvariable bestimmt wurde.

Aufgabe 9

a) Geometrische Verteilung für $\pi = 0{,}05$ und $x=10$: $f(x) = 0{,}05 \cdot 0{,}95^{10}$

b) $F(10) - F(4) = 1 - 0{,}95^{11} - (1 - 0{,}95^5) = 0{,}205$.

c) Fragestellung der negativen Binomialverteilung mit $r = 3$ und $x + r = m = 3, 4, 5$ da $x \ge 0$ sein muß. Die gesuchte Wahrscheinlichkeit ist also:

$$\sum_{x=0}^{2} \binom{x+2}{2} 0{,}05^3 \, 0{,}95^x = 0{,}001158.$$

d) Der Geldbetrag ergibt sich aus dem Erwartungswert, der Anzahl Y der Versuche (nicht der Mißerfolge), also

$$\mu = E(Y) = \frac{1}{0{,}05} = 20 \text{ also DM } 10{,}-.$$

e) Laut Binomialverteilung $\binom{10}{3} 0{,}05^3 \, 0{,}95^7 = 0{,}010475$.

f) Für die Poissonverteilung ist $\lambda = n\pi = 0{,}5$ und bei $x = 3$ ist der Wert der Wahrscheinlichkeitsfunktion $f(3|0{,}5) = \frac{\lambda^x}{x!} e^{-\lambda} = 0{,}012636$.

g) Startkapital $x = 20$ (man rechnet zweckmäßig in Einheiten von 50 Pfennig), Ziel $z = 40$. Es sei $p(x)$ die Wahrscheinlichkeit dafür, daß K mit einem Kapital von x ruiniert wird. Es sei A das Ereignis, daß er ruiniert wird und G bzw. $\overline{G}$ das Ereignis, daß er im ersten Spiel gewinnt bzw. verliert. Dann ist die totale Wahrscheinlichkeit:

$$\underbrace{P(A)}_{p(x)} = \underbrace{P(A|G)P(G)}_{p(x+1)} + \underbrace{P(A|\overline{G})P(\overline{G})}_{p(x-1)}$$

$$= 0,05p\,(x+1) + 0,95\,p(x-1)$$

Man erhält eine Differenzengleichung zweiter Ordnung mit der charakteristischen Gleichung:

$$-0,05\,\lambda^2 + \lambda - 0,95 = 0 \text{ bzw.}$$

$$\lambda^2 - 20\lambda + 19 = 0 \text{ mit } \lambda_{1/2} = 10 \pm 9$$

Die allgemeine Lösung ist dann:

(1) $p(x) = c_1 \cdot 1^x + c_2 \cdot 19^x$

Die beiden Konstanten c_1 und c_2 findet man durch die Bedingung:

(2) $p(0) = 1$ Startkapital von Null **ist** bereits Ruin.

(3) $p(z) = 0$ Wenn das Ziel erreicht ist, kann kein Ruin mehr auftreten, da dann das Spiel beendet wird.

Aus Gl. 2 folgt dann:
$$1 = c_1 + c_2$$
und aus Gl. 3:
$$0 = c_1 + c_2 \cdot 19^{40}$$

$$c_2 = \frac{1}{1-19^{40}} \text{ und } c_1 = 1 - c_2.$$

Setzt man dies in Gl. 1 ein, so erhält man für $x = 20$ die Ruinwahrscheinlichkeit:

$$p(20) \approx 1 - \frac{19^{40} - 19^{20}}{19^{40} - 1} = 1 - \frac{1}{19^{20}} \approx 1.$$

Der Ruin ist fast sicher. Die Ruinwahrscheinlichkeit hängt, wie man sieht von der Zielsumme z, vom Startkapital x, das beim Ruin verspielt wird und von der Gewinnwahrscheinlichkeit ab.

h) Gl. 3 ist entsprechend zu ändern. Man erhält dann mit $z = 24$

$$p(20) \approx 1 - \frac{1}{19^4} = 0{,}99999233,$$

also auch hier wird ein fast sicherer Ruin wegen der geringen Gewinnwahrscheinlichkeit von nur 5%.

Lösung zur Aufgabe 10

a) 8^{10}, d.h. über eine Milliarde

b) Trefferwahrscheinlichkeit $\frac{1}{8}$ (weil stets eine der acht Verteilungen auch tatsächlich gemeint ist) und $n = 10$ unabhängige Versuche, also $\binom{10}{2}\left(\frac{1}{8}\right)^2\left(\frac{7}{8}\right)^8 = 0{,}2416.$

c) Geometrische Verteilung $\left(\frac{7}{8}\right)^4 \cdot \frac{1}{8} = 0{,}0733.$

d)

	Verteilung	Parameter	E(X)
Grundgesamtheit	Zweipunkt-	$\pi = \dfrac{1}{8}$	$\dfrac{1}{8}$
Stichprobenverteilung für X	Binomial-	$n = 10$ $\pi = \dfrac{1}{8}$	$n\pi = \dfrac{5}{4}$

Die Variable X ($0 \leq x \leq n$) ist binomialverteilt mit der Varianz $n\pi(1-\pi)$, der Stichprobenanteilswert $\dfrac{X}{n} = p$ ($0 \leq p \leq 1$) ist (relativiert-) binomialverteilt mit der Varianz $\left(\dfrac{1}{n}\right)^2 n\pi(1-\pi) = \dfrac{\pi(1-\pi)}{n}$. Diese Varianz strebt mit $n \to \infty$ gegen Null. Folglich ist die Schätzfunktion $p = \dfrac{X}{n}$ für π eine konsistente Schätzfunktion.

e) Sei A das Ereignis, die Verteilung richtig zu raten, ferner S der Student und N der Nachbar, so gilt

$$P(A|N) = 4P(A|S) = 4 \cdot \dfrac{1}{8} = \dfrac{1}{2}$$ und die totale Wahrscheinlichkeit ist

$$P(A) = \dfrac{1}{8} \cdot \dfrac{4}{10} + \dfrac{1}{2} \cdot \dfrac{6}{10} = 0{,}35.$$

f) Weil sonst A kein Zufallsereignis wäre.

g) Zu den 0,1 ⁰/₀₀ gelangt man durch den Ansatz $\dfrac{1}{100} \cdot \dfrac{1}{99}$. Das ist die Wahrscheinlichkeit dafür, daß zunächst die Klausur von S und dann die Klausur von N nachgesehen wird. Das ist jedoch nicht die gesuchte Wahrscheinlichkeit, denn es ist für das gestellte Problem irrelevant, ob

1. die Reihenfolge SN oder NS lautet
2. ob das Tupel SN bzw. NS als erste und zweite oder als i-te und (i+1)-te Klausur ($1 \leq i \leq 99$) nachgesehen wird.

Berücksichtigt man dies, so ist die Wahrscheinlichkeit $\dfrac{2 \cdot 99 \cdot 98!}{100!} = \dfrac{2}{100} = 2\%$ statt 0,1⁰/₀₀.
Man beachte, daß es bei jeder der 99 Möglichkeiten für die Folge SN (auf den Plätzen 1 und 2, 2 und 3, ... , 99 und 100) jeweils 98! Reihenfolgen für die übrigen Klausuren gibt! Die Wahrscheinlichkeit, daß zwei Klausuren nacheinander durchgesehen werden, wenn n Klausuren gut durchmischt sind, ist mithin stets $\dfrac{2}{n}$. Das sind z.B. bei 20 Klausuren 10% bei 40 Klausuren noch 5% usw.

Aufgabe 11:

a) Das Intervall bei $t_{n-1;\ 0,95} = 3,18$ und $n = 4$ sowie $\bar{x} = \frac{1}{4}(40+....+90) = 60$ ist $[28,2 \leq \mu \leq 91,8]$.

b) Gem. Teil a) ist 90 Min. noch im t-verteilten (3 Freiheitsgrade) Konfidenzintervall enthalten.

c) Es liegt eine Gleichverteilung (Rechteckverteilung) für das Intervall $25 \leq x \leq 95$ vor. Die gesuchte Wahrscheinlichkeit ist: $\int_{90}^{95} f(x)dx = \frac{5}{70} = 0,07143$

d) $E(X) = 60$, $\sigma_x^2 = \frac{70^2}{12} = 408,33$ ($\sigma = 20,21$)

e) Tschebyscheff'sche Ungleichung mit $t\sigma = 30$, $\sigma = 20$ (vgl. oben Teil a) also $t = 1,5$. Liefert $P\{\cdot\} > 1 - \frac{1}{1,5^2} = \frac{5}{9} = 0,5555$.

f) Gefragt nach $\bar{x}$, nicht x bei einer Stichprobe vom Umfang $n = 4$ aus einer gem. H_1 normalverteilten Grundgesamtheit, also

$$z = \frac{\bar{x} - \mu_1}{\sigma_1/\sqrt{n}} = \frac{120 - 100}{10} = 2 \text{ folglich } F(2) = 0,9722$$

g) Weder α noch β, weil die Intervallwahrscheinlichkeit nicht bis zu einer Grenze $\bar{x}_c$ eines „kritischen Bereichs", sondern bis zu einem willkürlich gewähltem $\bar{x} = 120$ bestimmt wurde. Andernfalls wäre es β. Der General sollte für diese β (Wahrscheinlichkeit eines Fehlers 2. Art) einen niedrigeren Wert wählen.

Aufgabe 12

a)

$$\frac{\binom{3}{3}\binom{3}{0}}{\binom{6}{3}} = \frac{1}{20} = 0,05 \text{ mit der hypergeometrischen Verteilung.}$$

Andere Lösungsmöglichkeiten über Kombinatorik:

Aus 6 Elementen 3 ohne Wiederholung anordnen ohne Berücksichtigung der Reihenfolge (Kombination ohne Wiederholung) ergibt:

$\binom{6}{3} = 20$ Möglichkeiten, da jede gleichwahrscheinlich, ist die gesuchte Wahrscheinlichkeit $\frac{1}{20}$.

Noch zu observieren $N = 6 - 3 = 3$, darunter noch Verdächtige $M = 3 - 2 = 1$

Gesuchte Wahrscheinlichkeit: $\dfrac{\binom{1}{1}\binom{2}{0}}{\binom{3}{1}} = \dfrac{1}{3}$.

Andere Lösungsmöglichkeiten: drei Personen werden observiert (Anzahl der möglichen Fälle), einer davon ist verdächtig (günstiger Fall), also ist die Wahrscheinlichkeit $\dfrac{1}{3}$.

b) M = n = x unbekannt. N = 6. Folglich gilt:

$$\dfrac{\binom{M}{x}\binom{N-M}{n-x}}{\binom{N}{n}} = \dfrac{1 \cdot \binom{N-M}{0}}{\binom{6}{n}} = \dfrac{1 \cdot 1}{\binom{6}{n}} = 0{,}05 = \dfrac{1}{20} \quad \text{also } n = 3$$

denn $\binom{6}{3} = 20$.

c) Jetzt M = n = x = 6 und N = 12, somit $\dfrac{1}{\binom{12}{6}} = 0{,}00108 < 0{,}05$, die zweite Antwort ist also richtig.

Aufgabe 13

a) $f(x|\lambda = 1) = \dfrac{1^x}{x!} e^{-1} = \dfrac{1}{x!\,e}$

b)

Fall	Wahrscheinlichkeit
1) $x = 0$	0,3679
2) $x = 1$	0,3679
3) $x > 2$	0,0803 = 1 − F(2)

c) $\sigma = \sqrt{\sigma^2} = \sqrt{\lambda} = 1$

d) Binomialverteilung.

e) $n \to \infty$, $\pi \to 0$, $n\pi = \lambda = \text{const.}$

f) Konvergenz von Verteilung.

g) Da n = 36 ist, dürfte für die Stichprobenverteilung von $\bar{x}$ bei poissonverteilter Grundgesamtheit die übliche Approximation der Normalverteilung bereits hinreichend gut sein. Die Fragestellung entspricht dem Test der Hypothese $H_0 : \mu = \lambda = 1$ bei $\sigma_0 = 1$ (poissonverteilt), $z_\alpha = 2{,}3262$. Testgröße folglich:

$$\frac{\frac{1}{3}-1}{\sqrt{\frac{1}{36}}} = -4 \quad \text{da ja } \bar{x} = \frac{4+2\cdot 4}{36} = \frac{1}{3} \quad \text{und n} = 36$$

Da $4 > z_\alpha$ ist H_0 abzulehnen. Einseitiger Test, da $H_1 : \mu < \lambda = 1$.

Anmerkung: Da die Poissonverteilung reproduktiv ist, ist auch $\sum X_i$ und $\frac{1}{n}\sum X_i$ poissonverteilt. Im Beispiel dieser Aufgabe ist bei Geltung der Nullhypothese $\sum X_i$ poissonverteilt mit $\lambda = \sum \lambda_i = 36$. Die exakte Wahrscheinlichkeit für 12 oder weniger Bisse wäre dann: $\sum_{x=0}^{12} \frac{36^x}{x!} e^{-36}$.

Aufgabe 14

a)

Leberwürste	Teewürste
N = 100	N = 40
M = 10	M = 4
n = 2	n = 1
x = 2	x = 1

Die gesuchte Wahrscheinlichkeit ist

$$\frac{\binom{10}{2}\binom{90}{0}}{\binom{100}{2}} \cdot \frac{\binom{4}{1}\binom{36}{0}}{\binom{40}{1}} = \frac{45\cdot 4}{4950\cdot 40} = 0{,}000909.$$

b) Grundgesamtheit ist zweipunktverteilt $f(x) = \begin{cases} \pi = 0{,}1 & \text{für } x = 1 \text{ (verdorben)} \\ 1-\pi = 0{,}9 & \text{für } x = 0 \text{ (unverdorben)} \\ 0 & \text{sonst} \end{cases}$

Stichprobenverteilung für n = 10 ohne Zurücklegen ist die hypergeometrische Verteilung

$$f(x) = \frac{\binom{10}{x}\binom{90}{10-x}}{\binom{100}{10}}, \quad x = 0,1,\ldots,10.$$

Exkurs:

Zu konkreten Berechnungen empfiehlt es sich wegen des mit f(x) verbundenen Rechenaufwandes (man verwende, zumindest zur Kontrolle, Rekursionsformeln) diese Verteilung durch die Normalverteilung mit $\mu = n\pi$ und $\sigma^2 = n\pi(1-\pi)\frac{N-n}{N-1}$ also mit $\mu = 1$ und

$\sigma^2 = 10 \cdot 0{,}1 \cdot 0{,}9 \cdot \dfrac{90}{99} = 0{,}8182$, d.h. $\sigma = 0{,}9045$ zu approximieren. Man erhält folgende Wahrscheinlichkeiten:

	exakt: f(x)	approximiert mit Normalverteilung (ohne Kontinuitätskorrektur)	
x = 0	0,3305	$z = \dfrac{0-1}{0{,}9045} \to F(-1{,}1) =$	0,1351
x = 1	0,4080	$z = 0 \to F(0) - F(-1{,}1) =$	0,3679
x = 2	0,2015	$z = 1{,}1$	0,3649
x > 2	0,0600		0,1351

Die Approximation ist bei N = 100 und $\dfrac{n}{N} = 0{,}1$ noch ziemlich schlecht. Das zeigt sich auch daran, daß die Schiefe der hypergeometrischen Verteilung bei diesem Parameter N, M und n

$$\gamma = \dfrac{(N-2n)\left(1 - 2\dfrac{M}{N}\right)}{(N-2)\sqrt{n\dfrac{M}{N}\left(1 - \dfrac{M}{N}\right)\dfrac{N-n}{N-1}}} = \dfrac{80 \cdot 0{,}8}{98\sqrt{0{,}9 \cdot \dfrac{90}{99}}} = 0{,}722$$

erheblich von der Symmetrie ($\gamma = 0$) der Normalverteilung abweicht.[1]

c) Vgl. Exkurs:

$\mu = 1$, $\sigma^2 = 0{,}8182$

d) Normalverteilung mit den Parametern von Teil c (vgl. Exkurs).

e) Grenzwertsatz von de Moivre-Laplace

f) Test der Hypothese $H_0 : \pi = 0{,}1$ bei $p = \dfrac{1}{4}$ und n = 4, N = 100, $z_\alpha = 1{,}6449$. Testgröße folglich

$$\dfrac{\dfrac{1}{4} - 0{,}1}{\sqrt{\dfrac{0{,}1 \cdot 0{,}9}{4} \cdot \dfrac{100-4}{100-1}}} = 1{,}0155 < z_\alpha \text{ also } H_0 \text{ annehmen!}$$

Einseitiger Test, da Arbeitshypothese der Hausfrau $H_1 : \pi > 0{,}1$!

g) Anwendung der polyhypergeometrischen Verteilung $x_1 = 2$, $x_2 = 1$, $x_3 = 0$

$$\dfrac{\binom{6}{2}\binom{8}{1}\binom{126}{0}}{\binom{140}{3}} = 0{,}000268 \text{ also noch kleiner als im Teil a).}$$

---

[1] Die Schiefe der entsprechenden Binomialverteilung mit n = 10 und p = 0,1 wäre + 0,84.

Aufgabe 15

a) 1. $P(V) = 0{,}2$; $P(S) = 0{,}3$

$P(\overline{V} \cap \overline{S}) = 0{,}6$

$P(\overline{V} \mid \overline{S}) = \dfrac{P(\overline{V} \cap \overline{S})}{P(\overline{S})} = \dfrac{0{,}6}{0{,}7} = 0{,}8571$

2. $P(V \cup S) - P(V \cap S)$

$= P(V) + P(S) - 2P(V \cap S)$

$= 0{,}2 + 0{,}3 - 2 \cdot 0{,}1 = 0{,}3$

b) 1. $X \sim B(8; 0{,}2)$

$P(x = 3) = 0{,}1468$

2. $X \sim G(0{,}8)$

$P(x = 2) = 0{,}8 \cdot 0{,}2^2 = 0{,}032$

c) $X \sim H(10; 23; 178)$

$P(x = 3) = \dfrac{\binom{23}{3} \binom{178-23}{10-3}}{\binom{178}{10}}$

d) 1) Ja, da $P(A|G) \neq P(A|\overline{G})$

2) $P(A) = P(A|G) \cdot P(G) + P(A|\overline{G}) \cdot P(\overline{G}) = 0{,}1 \cdot 0{,}871 + 0{,}05 \cdot 0{,}129 = 0{,}09355$

e) 1) $H_0: \mu = 15$ vs. $H_1: \mu > 15$

$T = \dfrac{\overline{x} - \mu}{\frac{\hat{\sigma}}{\sqrt{n}}} = \dfrac{16 - 15}{\frac{2}{5}} = 2{,}5$

$z_\alpha = 1{,}6449 \quad \Rightarrow \quad H_0$ ablehnen

2) Fehler 1. Art: S glaubt fälschlich, daß der Sender mehr als 15 Minuten Werbung bringt.

Fehler 2. Art: S glaubt, der Sender bringe wirklich nur 15 Minuten Werbung, obgleich es mehr sind

Aufgabe 16

a) 1. $Z = \dfrac{0{,}8 - 0{,}4}{0{,}4} = 1$; gesuchte Wahrscheinlichkeit für $x \geq 0{,}8$ ist

$1 - F(Z) = 1 - 0{,}8413 = 0{,}1587$

2. $(0{,}1587)^9 = 0{,}639 \cdot 10^{-8}$

b) Zu achten ist auf die Formulierung „im Mittel". Während unter a nach der Verteilung von X gefragt ist, ist jetzt die Verteilung von $\overline{X}$ zu betrachten. Es gilt:

Wenn $X \sim N(\mu = 0{,}4, \sigma^2 = 0{,}16)$, dann $\overline{X} = \dfrac{\sum X}{n} \sim N\left(\mu, \dfrac{\sigma}{\sqrt{n}}\right)$

also ist $Z = \dfrac{\overline{X} - \mu}{\dfrac{\sigma}{\sqrt{n}}} \sim N(0,1)$

Mithin ist $Z = \dfrac{0{,}8 - 0{,}4}{\dfrac{0{,}4}{\sqrt{9}}} = 3$ und die gesuchte Wahrscheinlichkeit für $\overline{x} \geq 0{,}8$ ist

$1 - F(3) = 1 - 0{,}9987 = 0{,}0013$, das ist ca. 20359 mal soviel wie im Teil a). Diese Relation überrascht nicht, da bei a) Verlangt war, daß **alle** Spaghettilängen $X_1, X_2, \ldots, X_9$ über 80 cm sind, im Teil b) nur, daß das Mittel $\overline{X} \geq 0{,}8$ ist, was ja bedeutet, daß einige Spaghetti **unter** 80 cm lang sein können, wenn andere über 80cm lang sind, daß aber keinesfalls alle Spaghetti über 80 cm lang sein können.

c) Fragestellung von Teil b): nach $\overline{X}$, relevant für Stichprobentheorie

Fragestellung von Teil a): nach X, betrifft den einleitenden Text („alle länger als 80cm").

Aufgabe 17

a) $\dfrac{\binom{1}{0}\binom{5}{2}}{\binom{6}{2}} = \dfrac{2}{3}$

oder:

A = erster Zug keine vergiftete Praline
B = zweiter Zug keine vergiftete Praline
$P(AB) = P(A) \cdot P(B|A) = \dfrac{5}{6} \cdot \dfrac{4}{5} = \dfrac{2}{3}$

b) $E(X) = 2 \cdot \dfrac{1}{6} = \dfrac{1}{3}$; $\sigma_x^2 = 2 \cdot \dfrac{1}{6} \cdot \dfrac{5}{6} \cdot \dfrac{4}{5} = \dfrac{2}{9} = 0{,}222$

c) Grundgesamtheit ist zweipunktverteilt

$f(x) \begin{cases} \pi = \dfrac{1}{6} & \text{für } x = 1 \text{ (Vergiftung)} \\ 1 - \pi = \dfrac{5}{6} & \text{für } x = 0 \text{ (keine Vergiftung).} \end{cases}$

Die (Ober)- Grenze des 90%-einseitigen Schwankungsintervalls für den Stichprobenanteil p bei Stichproben vom Umfang n = 2 aus dieser Grundgesamtheit sollte $\geq 0{,}5$ sein, da nur dann der Tod eintritt. Sie beträgt bei $z_\alpha = 1{,}2816$

$\pi + z_\alpha \sqrt{\dfrac{1}{2} \cdot \dfrac{1}{6} \cdot \dfrac{5}{6}} \sqrt{\dfrac{6-2}{6-1}} = \dfrac{1}{6} + 1{,}2816 \cdot 0{,}2357 = 0{,}4687$.

Die Annäherung an die Normalverteilung ist jedoch bei n = 2 sehr schlecht. Die exakten Wahrscheinlichkeiten nach der hypergeometrischen Verteilung sind (vgl. Teil a)

für x = 1   vergiftete Praline, also   p = 0,5 genau 1/3

für x = 0   p = 0   2/3.

Rechnet man mit **zwei** vergifteten Pralinen bei 6 Pralinen so ist

für x = 2 also p = 1   Wahrsch. $\frac{1}{15}$

für x = 1 also p = 0,5   Wahrsch. $\frac{8}{15}$

Summe: 0,6 < 0,9.

Erst bei **M=3** vergifteten Pralinen ist die Wahrscheinlichkeit für $p \geq \frac{1}{2}$ nach der hypergeometrischen Verteilung 0,8. Rechnet man mit einem 90% Schwankungsintervall wie oben, so ist die Obergrenze 0,9053!!

Der Statistiker wird ihm sagen, daß **mindestens** drei, besser aber vier Pralinen vergiftet werden sollten. Mit der Approximation der Normalverteilung an die hypergeometrische Verteilung werden jedoch die Wahrscheinlichkeiten für $p \geq 0,5$ stark überschätzt, wie die folgende Tabelle zeigt:

Wahrscheinlichkeit für einen Anteil $p \geq \frac{1}{2}$ von vergifteten Pralinen bei n = 2 in der Stichprobe bei unterschiedlicher Anzahl M der vergifteten Pralinen

M	Hypergeometrische Verteilung	Normalverteilung (ohne Kontinuitätskorrektur)		
		μ	σ	Wahrscheinlichkeit
1	$\frac{1}{3}$	$\frac{1}{6}$	0,2357	1 - F (-0,707) = 0,7611
2	0,6	$\frac{2}{6}$	0,2981	1 - F (-1,118) = 0,8686
3	0,8	0,5	0,3162	1 - F (-1,581) = 0,9441
4	$\frac{14}{15}$=0,9333	0,6667	0,2981	1 - F (-2,236) = 0,9875
5	1	0,8333	0,2357	1 - F (-3,535) = 0,9998
6	1	1	0	1

d) Ist die Grundgesamtheit zweipunktverteilt, so ist die Stichprobenverteilung bei Stichproben **ohne** Zurücklegen für X bzw. p die hypergeometrische Verteilung mit den Parametern

$E(\overline{X}) = n\pi$ $\sigma_{\overline{x}}^2 = n\pi(1-\pi)\frac{N-n}{N-1}$

$E(p) = \pi$ $\sigma_{\overline{p}}^2 = \frac{\pi(1-\pi)}{n}\frac{N-n}{N-1}$

Bei **großem** n (meist n ≥ 30) ist diese Verteilung mit der Normalverteilung zu approximieren (bei entsprechendem μ und σ). Diese Approximationsbedingungen sind hier nicht erfüllt, wie obige Berechnungen zeigen (n ist ja nur 2 !!).

Im Fall „mit Zurücklegen" ist die Stichprobenverteilung für p die Binomialverteilung mit der Varianz $\frac{\pi(1-\pi)}{n}$, was größer ist als im Falle der hypergeometrischen Verteilung, da der Korrekturfaktor $0 \leq \frac{N-n}{N-1} \leq 1$ ist.

Aufgabe 18

a) Konfidenzintervall für $\Delta = \pi_1 - \pi_2$ bei $p_1 - p_2 = 0{,}1 - 0{,}05 = 0{,}05$, $n_1 = 30$ und $n_2 = 100$. Die Intervallgrenzen sind dann (bei $z_\alpha = 1{,}96$; mit t-Verteilung ≈ 1,98).

$$0{,}05 \pm 1{,}96 \sqrt{0{,}003475} \text{ also } -0{,}066 \leq \Delta \leq 0{,}166$$

b) $\lambda = 80 \cdot 0{,}05 = 4$, $1 - F(8) = 1 - 0{,}9786 = 0{,}0214$

c) Die erste Antwortmöglichkeit ist nicht notwendig richtig (sie kann richtig sein). Denn man kann auch (wie oben geschehen) mit der Annahme $\pi_1 = 0{,}1$ und $\pi_2 = 0{,}05$ also explizit $\pi_1 \neq \pi_2$ ein Konfidenzintervall bestimmen, das $\Delta = 0$ umschließt. Aus obigem Ergebnis folgt also nicht, daß $\Delta = 0$ sein muß, wohl aber, daß $\Delta = 0$ sein kann. Mit $\Delta = 0$ ist nicht verbunden $\pi_1 = \pi_2 = 0$ und auch nicht $\pi_1 = \pi_2 = 0{,}1$ sonder nur $\pi_1 = \pi_2$, so daß auch die Antworten 4 und 6 falsch sind. Es gilt also

F, F, R, F, R, F.

d) 1. Proportionale Aufteilung $n_1 = \frac{18000}{208000} \cdot 104 = 9$ und $n_2 = \frac{190000}{208000} \cdot 104 = 95$.

2. Optimale Aufteilung ($n = n_1 + n_2$) $N_1 = 190000$ und $N_2 = 18000$

$$\frac{n_k}{n} = \frac{N_k \sigma_k}{\sum_k N_k \sigma_k} \text{ mit } \sigma_k^2 = \pi_k(1-\pi_k) \text{ und } k = 1,2; \text{ also}$$

$n_1 = 11{,}89 \approx 12$ Christen und $n_2 = 92{,}1 \approx 92$ Moslems.

e) $n - 1 \geq \frac{1{,}96^2 \cdot 0{,}25}{(0{,}02)^2 + K}$ bei $K = \frac{1{,}96^2 \cdot 0{,}25}{18000}$ liefert $n \geq 2120$.

Aufgabe 19

a) Subskript 1 : Indien, 2 : Deutschland, einseitiger Test, da $H_1 : \mu_1 < \mu_2$.

Zwei - Stichproben - Test der Hypothese $H_0 : \Delta = \mu_1 - \mu_2 = 0$

b) Testgröße z (alles nach Umrechnung in DM)

$$\hat{\Delta} = \bar{x}_1 - \bar{x}_2 = 4 - 5 = -1 \text{ DM}$$

$$\left.\begin{array}{l} n_1 = 100, \ s_1^2 = \frac{1}{4} \cdot 49 = 12{,}25 \ DM^2 \\ n_2 = 400, \ s_2^2 = 4 \ DM^2 \end{array}\right\} \hat{\sigma}^2 = \frac{2825}{498} = 5{,}67, \ \hat{\sigma} = 2{,}38$$

$$z = \frac{-1}{2{,}38} \sqrt{\frac{40000}{500}} = -3{,}755 \text{ also hochsignifikant (größer als } 1{,}2816 = z_\alpha).$$

Der Kinobesuch ist in Indien signifikant billiger als in der Bundesrepublik.

c) Zehn Antwortmöglichkeiten, gezählt von oben an. Richtig sind die Antworten

5: bei Geltung von H_0 tritt $z \geq 1{,}2816$ **höchstens** mit einer Wahrscheinlichkeit von 10% auf; da bei $z \geq 1{,}2816$ H_0 verworfen würde, begeht man einen Fehler 1. Art (da ja H_0 gilt) höchstens mit einer Wahrscheinlichkeit von $\alpha = 0{,}1$

10: da ja die für $z = -3{,}755$ entsprechende Wahrscheinlichkeit viel kleiner ist als 10%

Ob die Nullhypothese richtig oder falsch ist und mit welcher (subjektiven) Wahrscheinlichkeit man sie annimmt oder verwirft, berührt den Test nicht. Folglich sind die Antworten 1 bis 4, 7 und 8 definitiv falsch. Gelten lassen könnte man auch Antwort 6 mit dem Zusatz, daß die Irrtumswahrscheinlichkeit eine Obergrenze für diese exakte (sog. Probit) Wahrscheinlichkeit darstellt. Entsprechendes gilt für Antwort 9.

Aufgabe 20

a) Da $\bar{x} = 0{,}4$ und $s^2 = 0{,}4$ wird eine Poissonverteilung mit $\lambda = E(X) = \sigma_x^2 = 0{,}4$ und eine Normalverteilung mit $\mu = \sigma^2 = 0{,}4$ angenommen. Man erhält für $n = 100$ danach folgende (theoretische, d.h. bei Geltung der betreffenden Verteilung) zu erwartenden Häufigkeiten

x	Poissonverteilung	Normalverteilung	empirisch
0	$67{,}03 \approx 67$	$F(0{,}16) \cdot 100 = 56{,}36$	67
1	$26{,}81 \approx 27$	$[F(1{,}74) - F(0{,}16)] \cdot 100 = 39{,}55$	27
2	$5{,}36 \approx 5$	$[F(3{,}32) - F(1{,}74)] \cdot 100 = 4{,}04$	5
3	$0{,}72 \approx 1$		1
4 und mehr	$0{,}08 \approx 0$		0

Da die Normalverteilung stetig ist, empfiehlt es sich als Klassengrenze $\frac{1}{2}, \frac{3}{2}, \ldots$ (Kontinuitätskorrektur) einzuführen. Dann entspricht $z = 0{,}158$; $z = 1{,}739$; usw.

b) Die empirische Häufigkeitsverteilung entspricht augenscheinlich gut einer Poissonverteilung (mit $\lambda = 0{,}4$) d.h. die χ^2 - Testgröße ist Null. Sie entspricht offensichtlich weniger der entsprechenden Normalverteilung. Gleichwohl ist ein χ^2 - Anpassungstest wenig sinnvoll, da theoretische Häufigkeiten auftreten, die weit kleiner als 5 sind. Durch Zusammenfassung von Klassen (etwa „2 und mehr") würden jedoch Freiheitsgrade verlorengehen.

c) 1. Geometrische Verteilung mit $x = 2$, also $y = 3$, also $0{,}4 \cdot 0{,}6^2 = 0{,}144$

2. $1 - 0{,}6^3 = 0{,}784$

3. Negative Binomialverteilung mit r = 2 und p = 0,4; man erhält für m = 3 die Wahrscheinlichkeit $\binom{2}{1}\pi \cdot (1-\pi) = 0,192$

d) $E(Y) = \dfrac{1}{\pi} = \dfrac{1}{0,4} = 2,5$ und $\sigma_y^2 = \dfrac{1-\pi}{\pi^2} = 3,75$

e) 1. $1 - \left(1 - \dfrac{0,4}{200}\right)^{300} = 0,45152$

   2. $1 - e^{0,4 \cdot 1,5} = 0,45119$.

Die Ähnlichkeit der beiden Ergebnisse war zu erwarten, da die EV das stetige Analogon zur GV ist.

f) Da in einem Intervall von einem Jahr die Anzahl X der Teufel poissonverteilt ist mit λ = 0,4 ist für das Intervall von t = 4 Jahren X poissonverteilt mit $\lambda \cdot t = 1,6$.

Dann gilt

$E(X) = 1,6$ Teufel

$f(2) = \dfrac{1,6^2}{2!} e^{-1,6} = 0,2584$

g) $P\left(0,4 \pm 1,6449 \sqrt{\dfrac{0,4}{100}}\right) = 0,9$; Grenzen des Intervalls $0,296 \leq \mu = \lambda \leq 0,504$

Aufgabe 21

a) Exakte Wahrscheinlichkeit $\sum_{x=0}^{4}\binom{21}{x}\left(\dfrac{1}{3}\right)^x \cdot \left(\dfrac{2}{3}\right)^{21-x} = 0,121156$,

angenähert durch die Normalverteilung mit $\mu = 21 \cdot \dfrac{1}{3} = 7$ und $\sigma^2 = 21 \cdot \dfrac{1}{3} \cdot \dfrac{2}{3} = 4\dfrac{2}{3}$ ergibt sich z = -1,39 also F(z) = 0,823, eine um fast 4% geringere Wahrscheinlichkeit.

b) Multinomialverfahren (Polynomialverteilung)

$\dfrac{21!}{10!7!4!} \cdot \left(\dfrac{1}{3}\right)^{10} \left(\dfrac{1}{3}\right)^7 \left(\dfrac{1}{3}\right)^4 = 0,01127 = P(10, 7, 4)$

c) Es ist $\dfrac{P(7, 7, 7)}{P(10, 7, 4)} = \dfrac{21!}{7!7!7!} : \dfrac{21!}{10!7!4!} = 3,4286$, so daß P(7, 7, 7) = 0,038151 ist.

d) 21 mal Ziehen **mit** Zurücklegen aus einer Urne mit jeweils gleich vielen schwarzen (B), weißen (C) und roten (D) Kugeln.

e) Die Likelihood-Funktion lautet

$L = \dfrac{\lambda^0}{0!}e^{-\lambda}\ldots\dfrac{\lambda^1}{1!}e^{-\lambda} = e^{-12\lambda}\left(1\cdot 1\cdot 1\cdot \dfrac{\lambda}{1!}\cdot 1\cdot 1\cdot 1\cdot \dfrac{\lambda^2}{2!}\cdot 1\cdot 1\cdot 1\cdot \dfrac{\lambda}{1!}\right) = e^{-12\lambda}\left(\dfrac{\lambda^4}{2}\right)$

Folglich ist $\ln L = -12\lambda + 4\ln\lambda - \ln 2$

und aus $\dfrac{d \ln L}{d\lambda} = -12 + \dfrac{4}{\lambda} = 0$ folgt $\hat{\lambda} = \dfrac{4}{12} = \dfrac{1}{3} = \overline{x}$ für den Maximum-Likelihood-Schätzer von λ.

f) Gemäß Poissonverteilung mit $\lambda = \dfrac{1}{3}$ ist die Wahrscheinlichkeit $1 - F(2) = 0{,}00482$.

Aufgabe 22

Die Aufgabe behandelt verschiedene Varianten des χ^2 - Tests, nämlich den Anpassungs-, Unabhängigkeits- und Homogenitätstest.[2])

a) Randverteilung $\{n_{\cdot j}\}$ der Reaktionsstufen $n_{\cdot j} = \sum_i n_{ij}$ wobei n_{ij} die vorgegebenen empirischen Häufigkeiten sind.

Stufe	1	2	3	4
Häufigkeit	50	40	50	60

Randverteilungen $\{n_{j\cdot}\}$ der Musikarten $n_{i\cdot} = \sum_j n_{ij}$, $n = \sum_i n_{i\cdot}$

Musik	klass.	alpen.	orient.	Protest	Punk
Häufigkeit	40	50	50	20	40

gemeinsame Verteilung $\{U_{ij}\}$ bei Unabhängigkeit $U_{ij} = \dfrac{n_{i\cdot} n_{\cdot j}}{n}$

i\j	1	2	3	4	Σ
klassisch	10	8	10	12	40
alpen.	12,5	10	12,5	15	50
orient.	12,5	10	12,5	15	50
Protest	5	4	5	6	20
Punk	10	8	10	12	40
Σ	50	40	50	60	200

Man beachte, daß die theoretischen Häufigkeiten z.T. kleiner als 10 sind, in einem Fall nämlich U_{42} sogar kleiner als 5, was die Anwendbarkeit des χ^2-Tests beeinträchtigt.

b) Bei Gleichverteilung wären folgende Häufigkeiten zu erwarten 50, 50, 50 und 50. Man berechnet dann die

Prüfgröße P: $P = \dfrac{0^2}{50} + \dfrac{10^2}{50} + \dfrac{0^2}{50} + \dfrac{10^2}{50} = 4$,

---

[2]) Vgl. hierzu F. Vogel, Beschreibende und schließende Statistik: Formeln, Definitionen, Erläuterungen, Stichwörter und Tabellen, München, Wien 1979, S. 146 ff.

die χ^2 verteilt ist mit 4 - 1 = 3 Freiheitsgraden. Für 5% zweiseitig (nur die zweiseitige Fragestellung ist angesichts der Konstruktion von P sinnvoll) zeigt die Tabelle der χ^2-Verteilung die Werte 0,22 und 9,35, mithin ist, da 0,22 < P < 9,35 die empirische Verteilung der Reaktion nicht signifikant verschieden von einer Gleichverteilung.

Für alle 20 Felder muß die quadrierte Differenz der empirischen Häufigkeiten N_{ij} von den theoretischen Häufigkeiten U_{ij} durch U_{ij} dividiert werden und die Summe gebildet werden. Das Prüfmaß P ist also

$$P = \sum_{i,j} \frac{(n_{ij} - U_{ij})^2}{U_{ij}} = \frac{(17-10)^2}{10} + \ldots + \frac{(22-12)^2}{12} = 55{,}367$$

Bei 3 · 4 = 12 Freiheitsgraden erhält man folgende χ^2-Werte der Tabelle: 4,40 und 23,34. Die Hypothese der Unabhängigkeit ist also zu verwerfen.

d) Bei Geltung der Nullhypothese (Gleichheit aller fünf Verteilungen) müßten die relativen Häufigkeiten für **jede** der fünf Zeilen sein

Reaktion	1	2	3	4
relative Häufigkeit	$\frac{11+3}{90} = 0{,}15\overline{5}$	$\frac{21}{90} = 0{,}23\overline{3}$	$\frac{25}{90} = 0{,}27\overline{7}$	$\frac{30}{90} = 0{,}33\overline{3}$

Man erhielte dann folgende Tafel der absoluten Häufigkeiten:

	1	2	3	4	Σ
alpenl.	$7{,}\overline{7}$	$11{,}\overline{6}$	$13{,}\overline{8}$	$16{,}\overline{6}$	50
Punk-Rock	$6{,}\overline{2}$	$9{,}\overline{3}$	$11{,}\overline{1}$	$13{,}\overline{3}$	40
Σ	14	21	25	30	90

Die Prüfgröße P wird wieder entsprechend Teil c) der Aufgabe gebildet

$$P = \frac{(7{,}\overline{7} - 11)^2}{7{,}8} + \ldots + \frac{(13{,}\overline{3} - 22)^2}{13{,}3} = 24{,}06,$$

was bei 4 - 1 = 3 Freiheitsgraden signifikant ist (vgl. Teil b) der Aufgabe). Die Schlange reagiert auf Punk-Rock offenbar **anders** als auf alpenländische Musik.

e) Wie leicht zu sehen ist, führt eine Verdoppelung aller empirischen Häufigkeiten n_{ij} zu einer Verdoppelung der Prüfgröße. Für Teil a) erhielte man also P = 8, was auf dem 10%-, nicht aber auf dem 5%-Niveau Signifikanz bedeuten würde.

f) Wir fassen, (wie schon in den vorangegangenen Teilen) die beobachteten Reaktionen auf k = 2 bzw. k = 5 Musikarten als k **unabhängige** Stichproben auf (die Präferenzen der Schlange werden nicht von der vorangegangenen Darbietung beeinflußt). Die Reaktionsstufen sind als Nominal- oder Ordinalskalenwerte zu interpretieren, weshalb ein parametrischer Test wenig aussagefähig wäre[3]). Die für die Daten und Fragestellung relevanten Tests (z.B. der Mann Whitney U-Test) setzen voraus, daß man für die beiden samples (insgesamt 90 Beobachtungen) durchgängig Rangzahlen vergeben kann, d.h. eine lineare Rangstatistik[4]) konstruiert, was hier schwer durchführbar ist, weil Bindungen (gleiche Skalenwerte) nicht nur innerhalb einer Stichprobe, sondern auch zwischen den beiden Stichproben auftreten. Ein einfacher nichtparametrischer Test für die gestellte Frage wäre der Mediantest, der jedoch bei diesen Daten, wenn man auf eine Interpolation des Zentralwertes verzichtet, Unterschiede kaum aufdecken kann. Wie man sieht, gibt es nicht für jede Art von Fragestellung und Daten einen befriedigenden statistischen Test.

Aufgabe 23

a) $P(0{,}99 \leq x \leq 1{,}01)$

$$Z_1 = \frac{0{,}99 - 1}{0{,}01} = -1$$

$$Z_2 = \frac{1{,}01 - 1}{0{,}01} = 1$$

$= P(-1 \leq Z \leq 1) = 0{,}6827$

b) $H_0: \mu = 1$ vs. $H_1: \mu > 1$

$$T = \frac{\bar{x} - \mu}{\sigma / \sqrt{n}} = \frac{1{,}003 - 1}{0{,}001 / 6} = 1{,}8$$

$z_\alpha = 1{,}6449$ $\Rightarrow H_0$ ablehnen

c) $P\left(\bar{x} - z_\alpha \frac{\sigma}{\sqrt{n}} \leq \mu \leq \bar{x} + z_\alpha \frac{\sigma}{\sqrt{n}}\right) = 1 - \alpha$

$$P\left(1{,}003 - 1{,}96 \frac{0{,}01}{6} \leq \mu \leq 1{,}003 + 1{,}96 \frac{0{,}01}{6}\right) = 0{,}95$$

$0{,}99973 \leq \mu \leq 1{,}0062$

d) $P(25 \leq x \leq 35) = P(30 - 5 \leq x \leq 30 + 5) > 1 - \frac{12}{25} = 0{,}52$ oder

$$P(25 \leq x \leq 35) = 1 - \frac{1}{\left(\frac{5}{\sqrt{12}}\right)^2} = 1 - \frac{12}{25} = 0{,}52$$

e) $f(x) = \frac{1}{b - a}$ $a \leq x \leq b$

1. $E(x) = \frac{(b + a)}{2} = 30$

2. $V(x) = \frac{(b - a)^2}{12} = 12$

---

[3]) Der t-Test führt allerdings mit der Prüfgröße $\frac{2{,}94 - 3{,}35}{\sqrt{0{,}04313}} = -1{,}9743 < -1{,}66 \approx t_{0{,}95;88}$ zu einem signifikanten Ergebnis (Punk-Rock wird bevorzugt).

[4]) Zu diesem Begriff und den geeigneten Tests (Mann Whitney, v. d. Waerden, Wilcoxon usw.) vgl. H. Büning und G. Trenkler, Nichtparametrische statistische Methoden, Berlin, New York 1978, S 157 ff. Bei Bindungen zwischen den beiden Stichproben könnte man alle möglichen kombinierten geordneten Stichproben untersuchen (wie z.B. in Fishers Permutationstest), was jedoch enorm aufwendig wäre.

Aus 1: b = 60 - a

In 2 eingesetzt: $\dfrac{(60-a-a)^2}{12} = 12 \Rightarrow a = 24$

$\Rightarrow$ b = 60 - 24 = 36

$\Rightarrow f(x) = \dfrac{1}{36-24} = \dfrac{1}{12} \quad 24 \leq x \leq 36$

$\Rightarrow f(x) = \begin{cases} \dfrac{1}{36-24} = \dfrac{1}{12} & \text{für } 24 \leq x \leq 36 \\ 0 & \text{sonst} \end{cases}$

f) $\int_{25}^{35} \dfrac{1}{12}\,dx = \dfrac{1}{12}x \Big|_{25}^{35} = \dfrac{35}{12} - \dfrac{25}{12} = 0{,}8\overline{3}$

Aufgabe 24

a) $\dfrac{\binom{8}{3}\binom{2}{0}}{\binom{10}{3}} = \dfrac{42}{90} = 0{,}4667$

b)

	H	$\overline{H}$	Σ
R	0,1	0,1	0,2
$\overline{R}$	0,2	0,6	0,8
Σ	0,3	0,7	1,0

Aus $P(\overline{R}|H) = \dfrac{2}{3}$ folgt $P(R|H) = \dfrac{1}{3}$ also $P(HR) = 0{,}1$. Ferner ist bekannt (Teil a), daß $P(R) = 0{,}2$ ist.

c) Da die Grundgesamtheit zweipunktverteilt ist mit $P(R) = 0{,}2$, $P(\overline{R}) = 0{,}8$ und ohne Zurücklegen gezogen wird, ist die Stichprobenverteilung der hypergeometrischen Verteilung

falsche Frauen	0	1	2
Wahrscheinlichkeit	$\dfrac{\binom{12}{0}\binom{3}{2}}{\binom{15}{2}} = \dfrac{3}{15}\cdot\dfrac{2}{14} = 0{,}02857$	0,34286	0,62857

d) Bei Unabhängigkeit ergibt sich

	H	$\overline{H}$
R	0,06	0,14
$\overline{R}$	0,24	0,56

dann ist $P(\overline{H}|R) = \dfrac{P(\overline{H}R)}{P(R)} = \dfrac{0,14}{0,2} = 0,7$ und $P(H|\overline{R}) = \dfrac{0,24}{0,8} = 0,3$

Der Fehler erster Art (H_0: die richtige Frau) ist also wahrscheinlicher.

e) $P(H) = 0,2$ statt bisher 0,3. Dann ergibt sich wieder bei Unabhängigkeit da $P(R) = 0,2 =$ const. stets für

$P(\overline{H}|R) = P(\overline{H}) = 0,8$ und für $P(H|\overline{R}) = P(H) = 0,2$

somit vergrößert (verringert) sich für Z die Wahrscheinlichkeit für den Fehler erster (zweiter) Art, indem er seltener heiratet (P(H) sinkt). Er kann unmöglich beide Fehler reduzieren. Es gilt also F, R, F, F.

Aufgabe 25

a) $P(G|S) = 0$, $P(G|\overline{S}) = 0,2$. Die totale Wahrscheinlichkeit ist also

$P(G) = P(G|S) \cdot P(S) + P(G|\overline{S}) \cdot P(\overline{S}) = 0 + 0,2 \cdot 0,25 = 0,05$

b) $\dbinom{40}{x} \cdot \left(\dfrac{1}{20}\right)^x \left(\dfrac{19}{40}\right)^{40-x}$

c) $E(X) = n\pi$ also $E\left(\dfrac{X}{n}\right) = \pi = P(G)$ (Erwartungstreue) und $V\left(\dfrac{X}{n}\right) = \dfrac{\pi(1-\pi)}{n^2}$ also Konsistenz, da $\lim\limits_{n\to\infty} V\left(\dfrac{X}{n}\right) = 0$.

d) Es ist einseitig zu testen; $H_0 : P(G) = \pi = 0,06$ und $H_1 : \pi < 0,06$.

e) Es gilt, den Fehler 1. Art zu vermeiden und deshalb führen **kleine Stichproben mit kleinen Irrtumswahrscheinlichkeiten** α (und damit großem Annahmebereich) seltener zur Ablehnung von H_0 obgleich H_0 richtig ist (also zum Fehler erster Art). Der Annahmebereich wird mit abnehmenden α und n größer, so daß der Eindruck entsteht, es gäbe keinen „wesentlichen" (signifikanten) Unterschied zur Nullhypothese. Die bewußte Wahl eines niedrigen n, um Nichtsignifikanz zu erzielen, wäre natürlich eine Verfälschung des Urteils. Die Aufgabe soll vor einem unreflektierten Umgehen mit dem Begriff „signifikant" (ohne den Zusammenhang mit n zu bedenken) warnen.

Aufgabe 26

a) Die Gesamtvarianz s^2 errechnet sich wie folgt aus den Varianzen s_i^2 innerhalb der einzelnen Schichten (Gesamtmittel ist 200)

$s^2 = \sum\limits_i s_i^2 h_i + \sum\limits_i (\overline{x}_i - \overline{x})^2 h_i = 144 \cdot \dfrac{1}{3} + 900 \cdot \dfrac{2}{3} + (300-200)^2 \cdot \dfrac{1}{3} + (150-200)^2 \cdot \dfrac{2}{3} = 5648$

Es ist die χ^2-Verteilung bei n - 1=89 Freiheitsgraden zu betrachten. Für 90 Freiheitsgrade erhält man $c_1 = \chi^2_{0,025} = 65,65$ und $c_2 = \chi^2_{0,975} = 118,14$.

Die Intervallgrenzen sind dann

$\dfrac{89 \cdot 5648}{65{,}65} = 7656{,}85$ und $\dfrac{89 \cdot 5648}{118{,}14} = 4254{,}88$.

Dem entsprechenden Standardabweichungen von etwa 65 bis 87 Jahren, während sie innerhalb der beiden Gruppen nur 12 bzw. 30 betragen. Die interne Varianz ist also klein im Verhältnis zur externen Varianz (zwischen den Gruppen).

b) Die Prüfgröße $\dfrac{n_2 s_2^2 / (n_2 - 1)}{n_1 s_1^2 / (n_1 - 1)} = F$ ist F-verteilt mit $n_2 - 1$ und $n_1 - 1$ Freiheitsgraden $(s_2^2 > s_1^2)$.

Man erhält: $F = \dfrac{915{,}25}{148{,}97} = 6{,}14$

Der F-Wert der Tabelle ist jedoch 1,96. Folglich wird die Hypothese (H_0) der Homogenität der Varianzen $(\sigma_1^2 = \sigma_2^2)$ verworfen.

c) Test des Unterschieds von Korrelation bei zwei unabhängigen Stichproben. Die standardnormalverteilte Prüfgröße ist

$$z = \dfrac{r_1^* - r_2^*}{\sigma_{r^*}} \quad \text{wobei } r^* = \dfrac{1}{2} \ln \dfrac{1+r}{1-r} \quad \text{(Fisher'sche Transformation)}$$

und $\sigma_{r^*}^2 = \dfrac{1}{n_1 - 3} + \dfrac{1}{n_2 - 3}$. Mit den Zahlen der Aufgabe erhält man

$$z = \dfrac{1{,}472 - 0{,}867}{0{,}234} = 2{,}5855$$

während die Signifikanzschranke $z_\alpha = 1{,}96$ ist. Die Korrelationen unterscheiden sich also signifikant.

d) Ein- Stichprobentest der Nullhypothese $H_0 : \rho = 0$. Da $n_2 > 50$ kann die standardnormalverteilte Prüfgröße

$$z = r_2 \sqrt{n_2 - 1} = 5{,}377 > z_\alpha$$

betrachtet werden. Somit ist die Hypothese zu verwerfen.

Aufgabe 27

a) $f_1(x) = \displaystyle\int_0^{10} \left(\dfrac{1}{20} - \dfrac{1}{200} y\right) e^{-\frac{1}{4}x} \, dy = e^{-\frac{1}{4}x} \left[\dfrac{1}{20} y - \dfrac{1}{400} y^2\right]_0^{10} = \dfrac{1}{4} e^{-\frac{1}{4}x}$ Exponentialverteilung

$f_2(y) = \displaystyle\int_0^{\infty} \left(\dfrac{1}{20} - \dfrac{1}{200} y\right) e^{-\frac{1}{4}x} \, dx = \left(\dfrac{1}{20} - \dfrac{1}{200} y\right) \left[-4 e^{-\frac{1}{4}x}\right]_0^{\infty} = \dfrac{1}{5} - \dfrac{1}{50} y$ Dreiecksverteilung

b) $E(X) = \displaystyle\int_0^{\infty} x \left(\dfrac{1}{4} e^{-\frac{1}{4}x}\right) dx = 4$ Jahre

$$E(Y) = \int_0^{10} \left(\frac{1}{5}y - \frac{1}{50}y^2\right) dy = 3{,}33\%$$

c) $f_y(y|x) = \dfrac{f(x,y)}{f_1(x)} = \dfrac{1}{5} - \dfrac{1}{50}y$,

d.h. die bedingte Verteilung der Ausfallrate ist gleich der unbedingten, die Zufallsvariablen X und Y sind demnach stochastisch unabhängig.

$$E(Y|x) = \int_0^{10} y f_y(y|x)\, dy = \int_0^{10} \left(\frac{1}{5}y - \frac{1}{50}y^2\right) dy = E(Y) = 0{,}033 = 3{,}33\%$$

d) 1. Vgl. Teil c) der Aufgabe. Außerdem ist leicht zu zeigen, daß gilt $f(x,y) = f_1(x) \cdot f_2(x)$

2. $\displaystyle\int_0^\infty \int_0^{10} \left(\frac{1}{20} - \frac{1}{200}y\right) \cdot e^{-\frac{1}{4}x}\, dy \cdot dy = \int_0^\infty \frac{1}{4} e^{-\frac{1}{4}x}\, dx = 1$.

e) Gesucht ist eine Transformation der Dichte f(x,y) in die Dichte g(u,v), mit den neuen (transformierten) Zufallsvariablen

$$u = \frac{1}{2}x + ty \quad \text{und} \quad v = x$$

Aus diesem Gleichungssystem folgt

$$x = v$$
$$y = \frac{1}{7}u - \frac{1}{14}v.$$

Die Jacobinische Funktionsdeterminante ist $J = \begin{vmatrix} \frac{\partial x}{\partial u} & \frac{\partial x}{\partial v} \\ \frac{\partial y}{\partial u} & \frac{\partial y}{\partial v} \end{vmatrix} = \begin{vmatrix} 0 & 1 \\ \frac{1}{7} & -\frac{1}{14} \end{vmatrix} = -\frac{1}{7}$

und die transformierte Dichte lautet

$$g(u,v) = \left[\frac{1}{20} - \frac{1}{200}\left(\frac{1}{7}u - \frac{1}{4}v\right)\right] e^{-\frac{1}{4}v} \left(-\frac{1}{7}\right) = \frac{1}{140}\left(\frac{u}{70} - \frac{v}{140} - 1\right) e^{-\frac{1}{4}v}$$

Aufgabe 28

a) 1) $P(A) = 0{,}2$; $P(S) = 0{,}3$

$P(AS) = P(S) - P(\overline{A} \cap S) = P(S) - P(S|\overline{A}) \cdot P(\overline{A}) = 0{,}3 - 0{,}125 \cdot 0{,}8 = 0{,}2$

2) $P(S|A) = \dfrac{P(A \cap S)}{P(A)} = \dfrac{0{,}2}{0{,}2} = 1$

abhängig, da $P(S|A) \neq P(S|\overline{A})$

b) 1) $n = 3$; $i = 5$

$$K_w = \binom{3+5-1}{5} = \binom{7}{5} = 21$$

2) $\dfrac{n}{n-i} \cdot \dfrac{(n-1)!}{i!(n-1-i)!} = \dfrac{n!}{i!(n-i)!} = \binom{n}{i}$

c) $X \sim B(10;0,1)$

$$P(x=0) = \binom{10}{0} \cdot 0,1^0 \cdot 0,9^{10} = 0,3487$$

d) $n \cdot \pi = 500 \cdot 0,01 = 5$

$X \sim P(5)$

$P(x < 10) = P(x \leq 9) = 0,9682$

e) $n \geq \dfrac{z^2 \sigma^2}{e^2} = \dfrac{1,96^2 \cdot 50^2}{15^2} = 42,68 \quad \Rightarrow \quad$ mind. 43 Netze

f) $Y = X + X + X \sim N(3000, 7500)$

$P(y < 2974)$

$$Z = \dfrac{2974 - 3000}{\sqrt{7500}} = -0,3$$

$= P(Z < -0,3) = 1 - P(Z < 0,3) = 1 - 0,6179 = 0,3821$

Falsch wäre: $y = 3X \sim N(3000; 22500)$; $3X$ ist eine andere ZV als $X + X + X$

Aufgabe 29

a) Normalgleichungen

$$\underbrace{\begin{bmatrix} 200 & 5500 \\ 5500 & 195000 \end{bmatrix}}_{(X'X)} \begin{bmatrix} a \\ b \end{bmatrix} = \begin{bmatrix} 4000 \\ 140000 \end{bmatrix} \quad \text{also} \quad \begin{array}{l} a = 1,142857 \\ b = 0,685714 \end{array}$$

b) Ein erwartungstreuer Schätzer für die gesuchte Varianz σ^2 ist $\hat{\sigma}^2 = \dfrac{\sum \hat{u}^2}{n-2}$.

Man erhält $\sum \hat{u}^2$ aus $r^2 = 1 - \dfrac{\sum \hat{u}^2}{\sum (y - \bar{y})^2}$ und $r = 0,8213$ also ist $\sum \hat{u}^2 = 9926,7$ und $\hat{\sigma}^2 = 50,13$.

Mit den Prozentpunkten a (für 0,975) und b (für 0,025) der χ^2-Verteilung bei $n - 2 = 198$ Freiheitsgraden erhält man das Konfidenzintervall

$$P\left(\dfrac{\sum \hat{u}^2}{a} \leq \sigma^2 \leq \dfrac{\sum \hat{u}^2}{b}\right) = 0,95.$$

Die Grenzen a und b werden in den meisten Lehrbüchern nur bis zu $r = 100$ Freiheitsgraden mitgeteilt. Für $r > 100$ erhält man mit der Umrechnungsformel

(*) $\frac{1}{2}\left(\sqrt{2r-1} \pm z_\alpha\right)^2$ bei $z_\alpha = 1{,}96$

die Grenzen a = 238,38 und b = 160,47. Das führt zum Konfidenzintervall $41{,}6 \leq \sigma^2 \leq 61{,}9$. Die Grenzen a und b erhält man auch indem man davon ausgeht, daß die χ^2-verteilte Variable $z = \dfrac{\sum \hat{u}^2}{\sigma^2}$ asymptopisch $N(198, 2 \cdot 198)$ verteilt ist, einer Überlegung, auf der die Formel (*) beruht.

Dann führt $\pm 1{,}96 = \dfrac{z - 198}{\sqrt{396}}$ zu $z_1 = b = 159$ und $z_2 = a = 237$ und damit zum Konfidenzintervall $41{,}9 \leq \sigma^2 \leq 62{,}4$.

c) Zu diesem Zweck ist zu bilden

$$\hat{\sigma}^2 (X'X)^{-1} = \begin{bmatrix} 1{,}145942 & -0{,}315134 \\ -0{,}315134 & 0{,}011459 \end{bmatrix}$$

Man erhält dann bei t = 1,97 (t-Verteilung mit ca. 200 Freiheitsgraden) folgende Konfidenzintervalle

für α: $a \pm t\sqrt{1{,}145942}$ → $-0{,}9660 \leq \alpha \leq 3{,}2517$

für β: $b \pm t\sqrt{0{,}011459}$ → $0{,}4748 \leq \beta \leq 0{,}8966$

Man beachte, daß insbesondere b gegen $\beta = 0$ gesichert ist. Folglich wird auch r signifikant von Null verschieden sein.

Da der Stichprobenumfang hinreichend groß ist, kann man davon ausgehen, daß die Prüfgröße $z = r\sqrt{n-1} = 0{,}8213\sqrt{199} = 11{,}586$ standardnormalverteilt ist. Das Ergebnis besagt, daß r hochsignifikant ist ($z_\alpha = 1{,}96$). F-Test:

$$\dfrac{r^2}{(1-r^2)/(n-2)} \sim F_{1,n-2} = 410{,}358 \text{ (Tabellenwert } F_{1,\infty} = 5{,}02 \text{ bei } \tfrac{1}{2}\alpha = 2{,}5\%)$$

d) In diesem Fall ist die Fisher'sche Transformation durchzuführen:

$$r^* = \frac{1}{2}\ln\frac{1+r}{1-r} = \frac{1}{2}\ln\frac{1{,}8213}{0{,}1787} = 1{,}1608.$$

Entsprechend erhält man für $\rho^2 = 0{,}6$ den Wert $\rho = 0{,}7746$ und $\rho^* = 1{,}0317$.

Dann ist die standardnormalverteilte Prüfgröße

$$\left(r^* - \rho^*\right)\sqrt{n-3} = 1{,}8117 > 1{,}6449.$$

Teil IV

Musterklausuren

Hinweis: Die hier abgedruckten Musterklausuren sind nicht vollständig. Sie bestehen nur aus jeweils drei Aufgaben. Die „echten" Klausuren enthielten noch als vierte Aufgabe einen Multiple-Choice Teil mit zehn Fragen. Die Bearbeitungszeit (normalerweise 120 Minuten) muß für diese Musterklausuren also entsprechend gekürzt werden.

Hauptklausur WS 95/96

Aufgabe 1:

a) Revolverheld R sitzt im Saloon und pokert. Die Wahrscheinlichkeit, daß er dabei einen seiner Mitspieler beim Falschspiel erwischt (Ereignis F), beziffert er auf 0,1. Die Wahrscheinlichkeit, daß es daraufhin zu einem Duell kommt (Ereignis D), beträgt 0,8. Da es außer Falschspiel noch weitere Gründe für ein Duell geben kann, gilt allgemein P(D) = 0,5.

  i) Nach welchem Wahrscheinlichkeitsbegriff wurde P(F) bestimmt? (1 Punkt)

  ii) Zeigen Sie, daß die Ereignisse D und F nicht unabhängig sind. (2 Punkte)

  iii) Wie groß ist die Wahrscheinlichkeit, daß <u>genau eines</u> der Ereignisse (D oder F) eintritt? (2 Punkte)

  iv) Zeichnen Sie ein Venn-Diagramm für das Ereignis $\overline{D} \cap \overline{F}$. (1 Punkt)

b) Zur Auswahl stehen zwei verschiedene Kartenspiele. Wird mit Kartenspiel A gepokert, dessen Karten von R gezinkt wurden, beträgt seine Gewinnchance (Gewinn = Ereignis G) 0,7. Bei Spiel B, dessen Karten nicht gezinkt sind, beträgt die Wahrscheinlichkeit zu gewinnen für R nur 0,2. Das Spiel wird vor Beginn der Pokerpartie mit Hilfe einer (fairen) Münze ausgelost.

  i) Wie groß ist die Chance für R zu gewinnen, wenn er noch nicht weiß, mit welchem Kartenspiel gespielt wird? (3 Punkte)

  ii) Angenommen R hat gewonnen. Wie groß ist dann die Wahrscheinlichkeit, daß mit Kartenspiel B gespielt wurde? (3 Punkte)

c) Wie groß ist die Wahrscheinlichkeit, daß R alle vier Asse auf der Hand hält, wenn mit einem Spiel aus 32 Karten gespielt wird und jeder fünf Karten bekommt?

  (Hinweis für alle Pokerfans: Es wurden noch <u>keine</u> Karten getauscht!!!) (3 Punkte)

d) Zu Beginn des Spiels wurde auf ein faires Spiel angestoßen. Aus wieviel Personen besteht die Pokerrunde, wenn jeder mit jedem einmal angestoßen hat und die Gläser so 15 mal geklirrt haben? (4 Punkte)

Aufgabe 2:

a) Gegeben sei die folgende Dichtefunktion einer stetigen Zufallsvariable X:

$$f(x) = \begin{cases} \dfrac{1}{6} & \text{für } -1 \leq x \leq 5 \\ 0 & \text{sonst} \end{cases}$$

  i) Welche Eigenschaften muß eine Funktion erfüllen, wenn sie eine Dichtefunktion sein soll (nicht nachweisen, nur aufzählen!)? (1 Punkt)

  ii) Berechnen Sie den Erwartungswert und die Varianz von X. (4 Punkte)

  iii) Wie groß ist die Wahrscheinlichkeit, daß X im Intervall [0;3] liegt? (2 Punkte)

  iv) Wie lautet die Verteilungsfunktion von X? (2 Punkte)

b) Ein mit kontaktfreudigen Kindern gesegneter Vater betrachtet mit Sorge die Entwicklung der Telefonrechnungen. Der Vater behauptet, daß die erwartete monatliche Telefonrechnung höher als 80 DM ist.

Um seine Vermutung zu überprüfen zieht er eine Stichprobe von 8 Telefonrechnungen der letzten Jahre. Die Telefonrechnungen lauten:

50   70   80   100

90   120   75   115

Die Varianz der Grundgesamtheit schätzt er mittels:

$$\hat{\sigma}^2 = \frac{1}{n-1}\sum_{i=1}^{n}(X_i - \overline{X})^2 = \frac{1}{n-1}\left(\sum_{i=1}^{n}X_i^2 - n\overline{X}^2\right).$$

i) Überprüfen Sie die Hypothese des Vaters durch einen Test zum Niveau $\alpha = 0.05$. Zu welcher Entscheidung kommen Sie? (5 Punkte)

ii) Wie hoch ist der „kritische Mittelwert" der Stichprobe, d.h. bis zu welcher Höhe von $\overline{X}$ kann er die Nullhypothese nicht ablehnen? (3 Punkte)

iii) Berechnen Sie den Fehler 2. Art unter der Alternativhypothese $H_1: \mu = 100$.

Erläutern Sie, was es hier bedeutet, einen Fehler 2. Art zu begehen.

(5 Punkte)

Aufgabe 3:

a) Gegeben sei folgende zweidimensionale Funktion:

$$f(x,y) = \begin{cases} c(x + y + xy) & 0 < x < 1 \; ; \; 0 < y < 1. \\ 0 & \text{sonst} \end{cases}$$

i) Zeigen Sie, daß die Konstante c den Wert 0.8 annehmen muß, damit f(x,y) eine Dichtefunktion ist. (3 Punkte)

ii) Berechnen Sie die Randverteilungen für X und Y. (2 Punkte)

iii) Bestimmen Sie die Kovarianz zwischen X und Y. (5 Punkte)

b) Die Zufallsvariable X sei normalverteilt mit $\mu = 2$ und $\sigma^2 = 25$. Wie groß ist die Wahrscheinlichkeit, daß X sich im Intervall [3; 8] realisiert?

(3 Punkte)

c) Die Zufallsvariablen $X_1, \ldots, X_n$ seien unabhängig identisch verteilt mit $E(X_i) = \mu$ und $V(X_i) = \sigma^2$. Sind die folgenden Schätzfunktionen für μ erwartungstreu und konsistent?

(6 Punkte)

i) $\hat{\mu}_1 = \frac{1}{n}\sum_{i=1}^{n}X_i + \frac{500}{n}$
ii) $\hat{\mu}_2 = \frac{n-2}{n^2}\sum_{i=1}^{n}X_i$

Nachklausur WS 96/97

Aufgabe 1

a) Die Tennisprofis B und S haben sich vertraglich verpflichtet für ihr Land im Davis-Cup zu spielen. Leider muß der geplagte Präsident des Tennisverbandes feststellen, daß die beiden es mit ihrer Verpflichtung nicht so genau nehmen, so daß er die Wahrscheinlichkeit, daß B tatsächlich spielt (Ereignis B) mit 0,6 und die Wahrscheinlichkeit, daß S spielt, mit 0,7 beziffert. Da sich die beiden nicht besonders gut verstehen, ist die Wahrscheinlichkeit, daß beide spielen nur 0,5.

    i) Wie groß ist die Wahrscheinlichkeit, daß S spielt, wenn klar ist, daß B <u>nicht</u> antritt? (3 Punkte)

    ii) Wie groß ist die Wahrscheinlichkeit, daß genau einer der beiden (aber nicht beide zusammen) spielen? (2 Punkte)

b) Der Präsident des Tennisverbandes glaubt, daß die Wahrscheinlichkeit für einen Sieg seiner Mannschaft (Ereignis V) bei 0,7 liegt, wenn S mitspielt, aber nur bei 0,4, wenn S nicht mitspielt.

    i) Zeigen Sie, daß die Ereignisse V und S abhängig sind. (1 Punkt)

    ii) Wie groß ist $P(V)$? (2 Punkte)

c) B frühstückt am liebsten Brötchen mit einer bestimmten Nuß-Nougat-Creme. Leider ißt er an 30% aller Tage zuviel davon, so daß er nachher nicht mehr ordentlich Tennis spielen kann. Wie groß ist die Wahrscheinlichkeit, daß er an einem Davis-Cup-Wochenende (3 Tage) höchstens einmal zuviel frühstückt? (2 Punkte)

d) Die bei einem Frühstück zu sich genommene Kalorienmenge beschreibt B als normalverteilt mit $\mu = 500$ und $\sigma^2 = 625$.

    i) Wie groß ist die Wahrscheinlichkeit, daß B an einem Morgen zwischen 450 und 550 Kalorien zu sich nimmt? (2 Punkte)

    ii) Angenommen B könnte keine Angaben über die Verteilung der Kalorienmenge machen, sondern wüßte nur, daß $\mu = 500$ und $\sigma^2 = 625$ ist. Was könnte er dann über die Wahrscheinlichkeit aussagen, zwischen 450 und 550 Kalorien zu sich zu nehmen? (3 Punkte)

e) B verfügt eine Kollektion von 10 Tennisschlägern. Davon wurden ihm 8 Schläger von seinem Sponsor geschenkt. Die anderen beiden hat er von seiner Frau zum Geburtstag bekommen. Wie groß ist die Wahrscheinlichkeit, daß unter den 5 Schlägern, die er mit zum Tennisplatz nimmt (und die er zufällig ausgewählt hat), die beiden Schläger von seiner Frau sind? (3 Punkte)

f) Angenommen die Geschwindigkeit des Aufschlags des S sei normalverteilt mit $\mu = 200$ km/h und $\sigma^2 = 100$. Wie groß ist die Wahrscheinlichkeit, daß S bei 10 Aufschlägen, die er macht, eine <u>durchschnittliche</u> Geschwindigkeit von über 205,06 km/h erreicht? (3 Punkte)

Aufgabe 2:

a) Student S erscheint die Behauptung seiner Freundin völlig unglaubwürdig, er würde im Monat durchschnittlich mehr als 80 DM für Kinogänge ausgeben.

Um diese Vermutung zu überprüfen zieht er eine Stichprobe von 8 Monaten Die Ausgaben waren:

$$50.00 \quad 60.00 \quad 80.00 \quad 100.00$$

$$100.00 \quad 120.00 \quad 90.00 \quad 120.00$$

Die Varianz der Grundgesamtheit schätzt er mittels:

$$\hat{\sigma}^2 = \frac{1}{n}\sum_{i=1}^{n}(X_i - \overline{X})^2 = \frac{1}{n}\left(\sum_{i=1}^{n}X_i^2 - n\overline{X}^2\right).$$

i) Überprüfen Sie die Hypothese der Freundin durch einen Test zum Niveau $\alpha = 0{,}05$. Zu welcher Entscheidung kommen Sie? (5 Punkte)

ii) Wie hoch ist der „kritische Mittelwert" der Stichprobe, d.h. bis zu welcher Höhe von $\overline{X}$ kann die Nullhypothese nicht abgelehnt werden? (3 Punkte)

iii) Berechnen Sie die Wahrscheinlichkeit für einen Fehler 2. Art unter der Alternativhypothese $H_1: \mu = 90$.

Erläutern Sie, was es hier bedeutet, einen Fehler 2. Art zu begehen. (5 Punkte)

b) Gegeben sei die folgende zweidimensionale Dichtefunktion:
$$f(x,y) = \begin{cases} 0{,}8(x+y+xy) & 0 < x < 1\,;\; 0 < y < 1. \\ 0 & \text{sonst} \end{cases}$$

i) Bestimmen Sie die Randverteilungen von X und Y. (2 Punkte)

ii) Bestimmen Sie die Kovarianz zwischen X und Y.

Welche Aussage können Sie über die Abhängigkeit/Unabhängigkeit von X und Y machen? (5 Punkte)

Aufgabe 3:

a) Eine Gesellschaft von 6 Personen muß für eine Flußüberfahrt auf zwei Boote aufgeteilt werden, die je drei Personen fassen. Auf wieviel Arten kann die Gesellschaft auf die zwei Boote aufgeteilt werden, wenn das Ehepaar Meier die Überfahrt nur auf beide Boote verteilt antreten will?

Hinweis: Wichtig ist nur in welchem Boot eine Person sitzt, also nicht auf welchem Platz im Boot diese Person sitzt. (4 Punkte)

b) Bei einer Wahlumfrage soll der Anteil $\hat{\pi}$ der Wähler der Partei A ermittelt werden.

i) Dabei soll der Schätzwert vom wahren Wert π um höchstens absolut 0,02 abweichen. Wie groß muß der Umfang einer Stichprobe von Wählern mindestens sein, wenn man eine Sicherheitswahrscheinlichkeit von 0,95 fordert? (3 Punkte)

ii) Die Wahlumfrage ergibt für eine Stichprobe von n=101 Wählern einen Anteil p=0.4 für die Partei A. Bestimmen Sie ein 95%-iges Konfidenzintervall für den Anteil π in der Grundgesamtheit. (4 Punkte)

c) Die mittleren Ausgaben μ der Bundesbürger für Urlaubszwecke sollen durch eine Stichprobe (Ziehen mit Zurücklegen) vom Umfang 3000 ermittelt werden. Die Bevölkerung wird in zwei Schichten zerlegt, wobei die erste Schicht die besser verdienenden Personen enthalte. Die zweite Schicht sei doppelt so groß wie die erste Schicht.

Die Schichten seien bezüglich der Ausgaben für Urlaubszwecke homogen, d.h. es gilt

$$\sigma_1^2 = \sigma_2^2 = \frac{1}{10}\sigma^2.$$

Dabei ist σ_1^2 die Varianz in der ersten Schicht, σ_2^2 die Varianz in der zweiten Schicht und σ^2 die Varianz der Grundgesamtheit.

Hinweis: Beachten Sie, daß N_1 und N_2 unbekannt sind!

i) Wie groß sind die Stichprobenumfänge in den einzelnen Schichten bei optimaler Aufteilung der Schichten? (4 Punkte)

ii) Vergleichen Sie die Varianzen des Schätzers $\bar{x}$ bei einfacher Zufallsauswahl und bei der optimalen Schichtung. (4 Punkte)

Hauptklausur WS 97/98

Aufgabe 1:
Herr Dittmeyer verkauft in einer Fußgängerzone Apfelsinen und Orangensaft, der fast so schmeckt wie frisch gepreßt. Die Wahrscheinlichkeit, daß ein Passant Apfelsinen kauft (Ereignis A) beträgt 0,2. Die Wahrscheinlichkeit, daß ein Passant Saft kauft (Ereignis S), beträgt 0,3. Die Wahrscheinlichkeit, daß genau eines der beiden Produkte gekauft wird (aber eben nicht beide zusammen!) beträgt 0,3.

a) Stellen Sie das folgende Ereignis in einem Venn-Diagramm graphisch dar:

$(A \cap S) \cup (\overline{A} \setminus S)$ (2 Punkte)

b) Wie groß ist die Wahrscheinlichkeit, daß

i) ein Passant beide Produkte kauft? (2 Punkte)

ii) ein Passant Apfelsinen kauft, wenn er sich bereits gegen den Kauf von Saft entschieden hat? (2 Punkte)

iii) sich von 8 Passanten 3 zum Kauf von Apfelsinen entscheiden? (2 Punkte)

c) Zur Förderung seines Verkaufs veranstaltet Herr D. ein kleines Glücksspiel. In einen zugedeckten Behälter legt er weiße und schwarze Kugeln. Ein Passant darf solange ziehen (mit Zurücklegen), bis er das erstemal eine schwarze Kugel erwischt. Für jede vorher gezogene weiße Kugel gewinnt er eine Apfelsine. Es ist klar, daß die Zufallsvariable X = Mißerfolge (= weiße Kugeln) vor dem ersten Erfolg (= schwarze Kugel) einer geometrischen Verteilung gehorcht.

i) Geben Sie eine Maximum-Likelihood-Schätzung für die Erfolgswahrscheinlichkeit π auf der Grundlage der folgenden Stichprobe an:

Passant	A	B	C	D
weiße Kugeln	2	0	1	3

(4 Punkte)

ii) Berechnen Sie für diese Verteilung den Erwartungswert und die Varianz.

(4 Punkte)

iii) Wie groß ist die Wahrscheinlichkeit, frühestens beim zweiten und spätestens beim vierten Zug erstmals eine schwarze Kugel zu erwischen? (2 Punkte)

Aufgabe 2:

a) In einer Flasche Orangensaft ist im Schnitt 1 Liter Saft. Die Varianz betrage 0,0025. Wie groß ist die Mindestwahrscheinlichkeit, beim Kauf einer Flasche zwischen 0,9 und 1,1 Litern Saft zu bekommen? (3 Punkte)

b) Angenommen, die Abfüllmenge sei normalverteilt mit $\mu = 1$ und $\sigma^2 = 0,0025$. Wie groß ist die Wahrscheinlichkeit beim Kauf eines Kastens Saft (= 6 Flaschen) mindestens 6,122 Liter zu bekommen?

c) Kunde K errechnet ein Konfidenzintervall für den durchschnittlichen Inhalt der Flaschen. Eine Stichprobe von 16 Flaschen ergab $\bar{x} = 1,01$. Welche Standardabweichung $\hat{\sigma}$ hat K aus der Stichprobe gewonnen, wenn das Konfidenzintervall wie folgt aussah

$$P(0,9727 \leq \mu \leq 1,0473) = 0,95?$$ (4 Punkte)

d) Die Verbraucherzentrale V glaubt, daß die Flaschen im Schnitt weniger als 1 Liter Saft enthalten und möchte dies mit Hilfe eines statistischen Tests nachweisen. Eine Stichprobe vom Umfang n = 36 ergab eine Varianz für die Füllmenge von 0,0049.

i) Stellen Sie die Hypothesen (Null- und Alternativhypothese) auf. (1 Punkt)

ii) Wo liegt der „kritische Mittelwert", d.h. bis zu welchem $\bar{x}$ kann V die Nullhypothese nicht ablehnen, wenn mit $\alpha = 0,05$ getestet werden soll? (3 Punkte)

e) Der Statistiker S betrachtet eine Stichprobe von n Flaschen. Die Zufallsvariable X_i sei der Inhalt der i-ten Flasche mit $i = 1, 2, \ldots, n$. Alle X_i seien identisch unabhängig verteilt mit $E(X_i) = \mu$ und $V(X_i) = \sigma^2$. Für den durchschnittlichen Flascheninhalt μ schlägt S die folgenden Schätzfunktionen vor:

$$\text{i) } \hat{\mu}_1 = \frac{1}{n} \sum_{i=1}^{n} X_i \qquad \text{ii) } \hat{\mu}_2 = X_1$$

Sind $\hat{\mu}_1$ und $\hat{\mu}_2$ erwartungstreu und konsistent? Welchen der beiden Schätzer würden Sie vorziehen? (5 Punkte)

Aufgabe 3:

a) Gegeben sei die folgende Funktion:

$$f(x,y) = \begin{cases} \dfrac{10}{18} - \dfrac{7}{6}x^2 + x^2 y(1-y) - \dfrac{4}{3} y(1-y) & \text{für } 0 \leq x, y \leq 1 \\ 0 & \text{sonst} \end{cases}$$

Könnte es sich dabei um eine zweidimensionale Dichtefunktion handeln? (3 Punkte)

b) Diplom-Kaufmann K aus E betritt mit 4 anderen Patienten zeitgleich eine Zahnarztpraxis. Die Arzthelferin hält es in diesem Fall für fair die Reihenfolge, in der die fünf Personen behandelt werden, auszulosen. Wie groß ist die Wahrscheinlichkeit, daß K <u>nicht</u> als Erster in das Behandlungszimmer gerufen wird? (4 Punkte)

c) X_i seien Zufallsvariablen, für die gilt:

$$E(X_1) = 5, \ E(X_2) = 10, \ E(X_3) = 8,$$

$$V(X_1) = 3, \ V(X_2) = 4, \ V(X_3) = 6, \ C(X_i, X_j) = 1 \text{ für alle } i \neq j$$

Die Zufallsvariable Z sei als folgende Linearkombination gebildet:

$$Z = X_1 + X_2 - X_3.$$

Berechnen Sie $E(Z)$ und $V(Z)$. (4 Punkte)

d) Die Kunden einer Krankenkasse bestehen zu 20% aus Kindern (Schicht 1), zu 50% aus Menschen im arbeitsfähigen Alter (Schicht 2) und zu 30% aus Rentnern (Schicht 3). Aus einer Stichprobe im Umfang n = 400 sollen die mittleren jährlichen Ausgaben für Medikamente µ geschätzt werden. Es gelte: $\sigma_1^2 = 25$, $\sigma_2^2 = 100$ und $\sigma_3^2 = 81$.

Berechnen Sie den Stichprobenumfang bei proportionaler und optimaler Aufteilung sowie jeweils die Varianz der Schätzfunktion $\hat{\mu} = \bar{x}$. (8 Punkte)

e) Wenn die Wahrscheinlichkeit dafür, daß in einem Flugzeug x = 2 Terroristen mit zwei Bomben sitzen, nur ein Zehntel der Wahrscheinlichkeit dafür ist, daß x = 1 Terrorist mit einer Bombe im Flugzeug ist, dann ist X poissonverteilt mit $\lambda = \ldots$?

(3 Punkte)

Lösungen

zu den

Musterklausuren

Hauptklausur WS 95/96

Aufgabe 1:
a) $P(F) = 0{,}1$, $P(D|F) = 0{,}8$; $P(D) = 0{,}5$
i) Subjektiver Wahrscheinlichkeitsbegriff
ii) $P(D) \neq P(D|F)$
iii) $P(D \cup F) - P(D \cap F) = P(D) + P(F) - 2P(D \cap F)$
$= P(D) + P(F) - 2P(D|F)P(F) = 0{,}5 + 0{,}1 - 2 \cdot 0{,}8 \cdot 0{,}1 = 0{,}44$
iv)

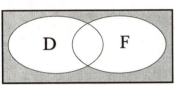

b) $P(G|A) = 0{,}7$; $P(G|B) = 0{,}2$
i) $P(G) = P(G|A)P(A) + P(G|B)P(B) = 0{,}7 \cdot 0{,}5 + 0{,}2 \cdot 0{,}5 = 0{,}45$
ii) $P(B|G) = \dfrac{P(G|B)P(B)}{P(G)} = \dfrac{0{,}2 \cdot 0{,}5}{0{,}45} = 0{,}\overline{2}$

c) $X \sim H(5;4;32)$

$$P(x = 4) = \frac{\binom{4}{4}\binom{32-4}{5-4}}{\binom{32}{5}} = \frac{1 \cdot 28}{201.376} = 0{,}00014$$

d) $K = \binom{n}{2} = \dfrac{n!}{2!(n-2)!} = 15$

$n(n-1) = n^2 - n = 30$

$\left(n - \dfrac{1}{2}\right)^2 = 30 + 0{,}25$

$n - \dfrac{1}{2} = 5{,}5 \Rightarrow n = 6$

Aufgabe 2:
a)
i) $0 \leq f(x) < \infty$ und $\int\limits_{-\infty}^{+\infty} f(x)dx = 1$

ii) $E(x) = \int\limits_{-1}^{5} \dfrac{1}{6}x\,dx = \dfrac{1}{12}x^2 \Big|_{-1}^{5} = \dfrac{25}{12} - \dfrac{1}{12} = 2$

$V(x) = \int\limits_{-1}^{5} \dfrac{1}{6}x^2 dx - 2^2 = \dfrac{1}{18}x^3 \Big|_{-1}^{5} - 4 = \dfrac{125}{18} + \dfrac{1}{18} - 4 = 3$

iii) $\int\limits_{0}^{3} \dfrac{1}{6}dx = \dfrac{1}{6}x \Big|_{0}^{3} = \dfrac{3}{6} = \dfrac{1}{2}$

iv) $F(x) = \int_{-1}^{x} \frac{1}{6} du = \frac{1}{6}\bigg|_{-1}^{x} = \frac{1}{6}x + \frac{1}{6}$

$$F(x) = \begin{cases} 0 & x < -1 \\ \frac{1}{6}x + \frac{1}{6} & -1 \leq x \leq 5 \\ 1 & x > 5 \end{cases}$$

b) $\bar{x} = 87{,}5 \,;\; \hat{\sigma}^2 = \frac{3900}{7}$

i) $H_0: \mu = 80$ vs. $H_1: \mu > 80$
   Fall 3:
   $$T = \frac{\bar{x} - \mu}{\hat{\sigma}/\sqrt{n}} = \frac{87{,}5 - 80}{\sqrt{3900/7}/\sqrt{8}} = 0{,}8987$$
   $z_\alpha = 1{,}89$
   Die Hypothese kann nicht abgelehnt werden.

ii) $\dfrac{\bar{x} - 80}{\sqrt{3900/56}} = 1{,}89 \quad \sqrt{\dfrac{3900}{56}} + 80 = 95{,}77$

iii) $P(\bar{x} < 95{,}77 | H_1) = P\left(z < \dfrac{95{,}77 - 100}{\sqrt{3900/56}} | H_1\right)$
   $= P(z < -0{,}5 | H_1) = 1 - P(z < 0{,}5 | H_1) = 1 - 0{,}6915 = 0{,}3085$

Einen Fehler 2. Art zu begehen bedeutet hier, die H_0-Hypothese als richtig anzunehmen obwohl sie falsch ist, d.h. anzunehmen, die durchschnittliche Telefonrechnung läge unter 80 DM, obwohl sie in Wahrheit über 80 DM liegt.

<u>Aufgabe 3:</u>
a)
i) $\int_0^1 \int_0^1 cx + cy + cxy \,dx\,dy = \int_0^1 \left[\dfrac{c}{2}x^2 + cxy + \dfrac{c}{2}x^2 y\right]_0^1 dy = \int_0^1 \dfrac{c}{2} + cy + \dfrac{c}{2} y\, dy$
$= \left[\dfrac{c}{2}y + \dfrac{c}{2}y^2 + \dfrac{c}{4}y^2\right]_0^1 = \dfrac{c}{2} + \dfrac{c}{2} + \dfrac{c}{4} = 1{,}25c = 1$
$\Leftrightarrow c = 0{,}8$

ii) $f(x) = \int_0^1 0{,}8x + 0{,}8y + 0{,}8xy\, dy = [0{,}8xy + 0{,}4y^2 + 0{,}4xy^2]_0^1$
$= 0{,}8x + 0{,}4 + 0{,}4x = 0{,}4 + 1{,}2x$
$f(y) = 0{,}4 + 1{,}2y$

iii) $C(xy) = \int_0^1 \int_0^1 0{,}8x^2 y + 0{,}8xy^2 + 0{,}8x^2 y^2 \,dx\,dy - \mu_x \mu_y$

$E(x) = \int_0^1 0{,}4x + 1{,}2x^2 \,dx = 0{,}2x^2 + 0{,}4x^3 \big|_0^1 = 0{,}2 + 0{,}4 = 0{,}6 = E(y)$

$= \int_0^1 \left[\dfrac{0{,}8}{3}x^3 y + 0{,}4x^2 y^2 + \dfrac{0{,}8}{3}x^3 y^2\right]_0^1 dy - 0{,}6 \cdot 0{,}6$

$$= \int_0^1 \frac{0.8}{3}y + 0.4y^2 + \frac{0.8}{3}y^2 dy - 0.36$$

$$\left[\frac{0.8}{6}y^2 + \frac{0.4}{3}y^3 + \frac{0.8}{9}y^3\right]_0^1 - 0.36 = \frac{0.8}{6} + \frac{0.4}{3} + \frac{0.8}{9} - 0.36 = -0.00\overline{4}$$

b) $X \sim N(2;25)$

$P(3 \leq x \leq 8)$

$$z_1 = \frac{3-2}{5} = 0.2$$

$$z_2 = \frac{8-2}{5} = 1.2$$

$= P(0.2 \leq z \leq 1.2) = P(z \leq 1.2) - P(z \leq 0.2) = 0.8849 - 0.5793 = 0.3056$

c)

i) $E(\hat{\mu}_1) = E\left(\frac{1}{n}\sum X_i + \frac{500}{n}\right) = \frac{1}{n}\sum E(X_i) + \frac{500}{n} = \frac{1}{n}n\mu + \frac{500}{n} = \mu + \frac{500}{n}$

$\Rightarrow \hat{\mu}_1$ ist nicht erwartungstreu, aber

$\lim_{n\to\infty} E(\hat{\mu}_1) = \mu \Rightarrow \hat{\mu}_1$ ist asymptotisch erwartungstreu

$V(\hat{\mu}_1) = V\left(\frac{1}{n}\sum X_i + \frac{500}{n}\right) = \frac{1}{n^2}\sum V(X_i) = \frac{1}{n^2}n\sigma^2 = \frac{\sigma^2}{n}$

$\lim_{n\to\infty} V(\hat{\mu}_1) = 0 \Rightarrow \hat{\mu}_1$ ist konsistent.

ii) $E(\hat{\mu}_2) = E\left(\frac{n-2}{n^2}\sum X_i\right) = \frac{n-2}{n^2}\sum E(X_i) = \frac{n-2}{n^2}n\mu = \frac{n-2}{n}\mu$

$\Rightarrow \hat{\mu}_2$ ist nicht erwartungstreu, aber

$\lim_{n\to\infty} E(\hat{\mu}_2) = \mu \Rightarrow \hat{\mu}_2$ ist asymptotisch erwartungstreu

$V(\hat{\mu}_2) = V\left(\frac{n-2}{n^2}\sum X_i\right) = \frac{(n-2)^2}{n^4}\sum V(X_i) = \frac{(n-2)^2}{n^4}n\sigma^2 = \frac{(n-2)^2}{n^3}\sigma^2$

$\lim_{n\to\infty} V(\hat{\mu}_2) = 0 \Rightarrow \hat{\mu}_2$ ist konsistent.

Nachklausur WS 96/97

Aufgabe 1:

a) $P(B) = 0.6$; $P(S) = 0.7$; $P(B \cap S) = 0.5$

i) $P(S|\overline{B}) = \frac{P(S \cap \overline{B})}{P(\overline{B})}$

$P(S \cap \overline{B}) = P(S) - P(S \cap B) = 0.7 - 0.5 = 0.2$

$= \frac{0.2}{0.4} = 0.5$

ii) $P(S \cup B) - P(S \cap B)$

$$= P(S) + P(B) - 2P(S \cap B) = 0{,}7 + 0{,}6 - 2 \cdot 0{,}5 = 0{,}3$$

b) $P(V|S) = 0{,}7$; $P(V|\overline{S}) = 0{,}4$

i) Wären V und S unabhängig, müßte gelten:

$$P(V|S) = P(V|\overline{S})$$

Da dies nicht zutrifft, sind die Ereignisse abhängig.

ii) $P(V) = P(V|S)P(S) + P(V|\overline{S})P(\overline{S}) = 0{,}7 \cdot 0{,}7 + 0{,}4 \cdot 0{,}3 = 0{,}61$

c) X = B frühstückt zuviel; $X \sim B(3;\ 0{,}3)$

$P(X \leq 1) = 0{,}7840$ lt. Tabelle

d) X = Kalorienmenge; $X \sim N(500;\ 625)$

i) $P(450 \leq X \leq 550)$

$$Z_1 = \frac{450 - 500}{25} = -2$$

$$Z_2 = \frac{550 - 500}{25} = 2$$

$= P(-2 \leq Z \leq 2) = 0{,}9545$ lt. Tabelle

ii) $P(450 \leq X \leq 550) = P(500 - 2 \cdot 25 \leq X \leq 500 + 2 \cdot 25) > 1 - 1/2^2 = 0{,}75$

e) X = Schläger von seiner Frau; $X \sim H(5;\ 2;\ 10)$

$$P(X = 2) = \frac{\binom{2}{2}\binom{10-2}{5-2}}{\binom{10}{5}} = \frac{1 \cdot 56}{252} = 0{,}\overline{2}$$

f) X = Aufschlaggeschwindigkeit; $X \sim N(200;\ 100) \Rightarrow \overline{X} \sim N\left(200;\ \frac{\sigma^2}{n} = 10\right)$

$P(\overline{X} > 205{,}06) = 1 - P(\overline{X} \leq 205{,}06)$

$$Z = \frac{205{,}06 - 200}{\sqrt{10}} = 1{,}6$$

$= 1 - P(Z \leq 1{,}6) = 1 - 0{,}9452 = 0{,}0548$

Aufgabe 2:

a) $\overline{X} = 90$; $\hat{\sigma}^2 = \frac{1}{8}\left(50^2 + 60^2 + 80^2 + 2 \cdot 100^2 + 2 \cdot 120^2 + 90^2 - 8 \cdot 90^2\right) = 575$

i) H_0: $\mu = 80$ vs. H_1: $\mu > 80$

$$T = \frac{\overline{X} - \mu}{\hat{\sigma}/\sqrt{n}} = \frac{90 - 80}{\sqrt{575/8}} = 1{,}1795$$

$z_\alpha = 1{,}89$

$\Rightarrow$ Wegen $T < z_\alpha$ kann H_0 nicht abgelehnt werden.

ii) $T = \dfrac{\overline{X} - 80}{\sqrt{575/8}} = 1{,}89$

$\overline{X} = 1{,}89 \cdot \sqrt{575/8} + 80 = 96{,}02$

iii) $P(T < 1{,}89 | \mu = 90)$

$$= P(\overline{X} < 96{,}02 | \mu = 90) = P\left(Z < \frac{96{,}02 - 90}{\sqrt{575/8}} \Big| \mu = 90\right) = P(Z < 0{,}7 | \mu = 90) = 0{,}7580$$

Einen Fehler 2. Art zu begehen bedeutet hier, die H_0-Hypothese als richtig anzunehmen obwohl sie falsch ist, d.h. anzunehmen, die durchschnittlichen Kinoausgaben lägen unter 80 DM, obwohl sie in Wahrheit über 80 DM liegen.

b) $f(x, y) = 0{,}8x + 0{,}8y + 0{,}8xy$

i) $f(y) = \int_0^1 0{,}8x + 0{,}8y + 0{,}8xy\, dx$

$\qquad = \left[0{,}4x^2 + 0{,}8xy + 0{,}4x^2 y\right]_0^1$

$\qquad = 0{,}4 + 0{,}8y + 0{,}4y = 1{,}2y + 0{,}4$

Entsprechend für X: $f(x) = 1{,}2x + 0{,}4$

ii) $C(x, y) = E(xy) - E(x)E(y)$

$\qquad E(x) = \int_0^1 1{,}2x^2 + 0{,}4x\, dx = 0{,}4x^3 + 0{,}2x^2 \Big|_0^1 = 0{,}4 + 0{,}2 = 0{,}6$

$\qquad E(y) = 0{,}6$

$\qquad E(xy) = \int_0^1 \int_0^1 0{,}8x^2 y + 0{,}8xy^2 + 0{,}8x^2 y^2\, dx\, dy$

$\qquad = \int_0^1 \left[0{,}4x^2 y^2 + \dfrac{0{,}8}{3}xy^3 + \dfrac{0{,}8}{3}x^2 y^3\right]_0^1 dx$

$\qquad = \int_0^1 0{,}4x^2 + \dfrac{0{,}8}{3}x + \dfrac{0{,}8}{3}x^2\, dx$

$\qquad = \left[\dfrac{0{,}4}{3}x^3 + \dfrac{0{,}8}{6}x^2 + \dfrac{0{,}8}{9}x^3\right]_0^1 = \dfrac{0{,}4}{3} + \dfrac{0{,}8}{6} + \dfrac{0{,}8}{9} = 0{,}3\overline{5}$

$C(x, y) = 0{,}3\overline{5} - 0{,}6 \cdot 0{,}6 = -0{,}004$

X und Y sind nicht unabhängig, da $C(x, y) \neq 0$.

Aufgabe 3:

a) Es gibt zwei Möglichkeiten die Meiers aufzuteilen: Meier 1 in Boot 1 und Meier 2 in Boot 2 bzw. Meier 1 in Boot 2 und Meier 2 in Boot 1. Damit gibt es im ersten Boot noch zwei freie Plätze und es sind noch vier Personen übrig:

$$\Rightarrow \text{Kombination ohne Wiederholung: } K = \binom{4}{2} = \frac{4!}{2!(4-2)!} = \frac{24}{4} = 6$$

Das zweite Boot ergibt sich von selbst. Damit gibt es insgesamt $2 \cdot 6 = 12$ Möglichkeiten.

b)

i) Da keine Angaben über π^* gemacht wurden: Annahme des ungünstigsten Falles, also $\pi^* = 0,5$

$$n^* \geq \frac{z^2 \pi^*(1-\pi^*)}{e^2} = \frac{1,96^2 \cdot 0,5 \cdot 0,5}{0,02^2} = 2401$$

ii) $P\left(p - z\sqrt{\frac{pq}{n-1}} \leq \pi \leq p + z\sqrt{\frac{pq}{n-1}}\right) = 1 - \alpha$

$$P\left(0,4 - 1,96\sqrt{\frac{0,4 \cdot 0,6}{100}} \leq \pi \leq 0,4 + 1,96\sqrt{\frac{0,4 \cdot 0,6}{100}}\right) = 0,95$$

$\Rightarrow KI = [0,304; 0,496]$

c)

i) $\dfrac{n_k}{n} = \dfrac{N_k \sigma_k}{\sum N_k \sigma_k}$

$$n_1 = n \frac{N_1 \sigma_1}{N_1 \sigma_1 + N_2 \sigma_2} = 3000 \frac{N_1\left(\sqrt{\frac{1}{10}\sigma^2}\right)}{N_1\left(\sqrt{\frac{1}{10}\sigma^2}\right) + 2 \cdot N_1\left(\sqrt{\frac{1}{10}\sigma^2}\right)} = 3000 \frac{N_1\left(\sqrt{\frac{1}{10}\sigma^2}\right)}{3 \cdot N_1\left(\sqrt{\frac{1}{10}\sigma^2}\right)}$$

$$= 3000 \cdot \frac{1}{3} = 1000$$

$n_2 = 2000$

ii) Bei einfacher Zufallsauswahl: $V(\overline{X}) = \dfrac{\sigma^2}{n}$

Bei optimaler Schichtung:

$$V(\overline{X})_{opt} = \frac{1}{n}\left(\sum \frac{N_k}{N}\sigma_k\right)^2$$

$$= \frac{1}{n}\left(\frac{N_1}{N}\sigma_1 + \frac{N_2}{N}\sigma_2\right)^2$$

$$= \frac{1}{n}\left(\frac{N_1}{N}\sqrt{\frac{1}{10}}\sigma + \frac{N_2}{N}\sqrt{\frac{1}{10}}\sigma\right)^2$$

$$= \frac{1}{n}\left[\sqrt{\frac{1}{10}}\sigma\underbrace{\left(\frac{N_1+N_2}{N}\right)}_{=1,\, da\, N_1+N_2=N}\right]^2 = \frac{\sigma^2}{10\cdot n}$$

$$V(\overline{X})_{opt} < V(\overline{X})$$

Hauptklausur WS 97/98

Aufgabe 1:
a)

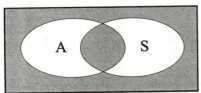

b) $P(A) = 0,2$; $P(S) = 0,3$; $P(A \cup S) - P(A \cap S) = 0,3$
i) $P(A) + P(S) - 2P(A \cap S) = 0,3$
$$P(A \cap S) = \frac{1}{2}[P(A) + P(S) - 0,3] = \frac{1}{2}(0,2 + 0,3 - 0,3) = 0,1$$

ii) $P(A|\overline{S}) = \frac{P(A \cap \overline{S})}{P(\overline{S})} = \frac{P(A) - P(A \cap S)}{P(\overline{S})} = \frac{0,2 - 0,1}{0,7} = 0,1429$

iii) $X \sim B(8; 0,2)$
$P(x = 3) = 0,1468$ \quad lt. Tabelle

c) $X \sim G(\pi)$
i) $f(x) = \pi(1-\pi)^x$
$L(\pi) = \pi(1-\pi)^2 \cdot \pi \cdot \pi(1-\pi)\pi(1.\pi)^3 = \pi^4(1-\pi)^6 \to \max$
$\frac{dL}{d\pi} = 4\pi^3(1-\pi)^6 - 6\pi^4(1-\pi)^5 = 0$
$2(1-\pi) - 3\pi = 0$
$2 - 5\pi = 0$
$5\pi = 2$
$\hat{\pi} = 0,4$

ii) $E(x) = \frac{1-\pi}{\pi} = \frac{0,6}{0,4} = 1,5$

$V(x) = \frac{1-\pi}{\pi^2} = \frac{0,6}{0,16} = 3,75$

iii) $P(1 \le x \le 3) = P(x \le 3) - P(x = 0) = 1 - 0,6^4 - (1 - 0,6) = 1 - 0,6^4 - 1 + 0,6 = 0,7296$

Aufgabe 2:

a) $P(0,9 \leq x \leq 1,1) = P(1 - 2 \cdot 0,05 \leq x \leq 1 + 2 \cdot 0,05) \geq 1 - \dfrac{1}{2^2} = 0,75$

b) $X_i \sim N(1;0,0025)$; $Y = \sum\limits_{i=1}^{6} X_i \sim N(6;0,015)$

$P(y \geq 6,122) = 1 - P(y \leq 6,122)$

$$z = \dfrac{6,122 - 6}{\sqrt{0,015}} = 1$$

$= 1 - P(z \leq 1) = 1 - 0,8413 = 0,1587$

c) Fall 9

Linke Grenze des Konfidenzintervalls:

$\bar{x} - z\dfrac{\hat{\sigma}}{\sqrt{n}} = 0,9727$

$\hat{\sigma} = \dfrac{\sqrt{n}}{z}(\bar{x} - 0,9727) = \dfrac{4}{2,13}(1,01 - 0,9727) = 0,07$

d)
i) $H_0 : \mu = 1$ vs. $H_1 : \mu < 1$

ii) $T = \dfrac{\bar{x} - \mu}{\hat{\sigma}/\sqrt{n}} = \dfrac{\bar{x} - 1}{0,07/6} = -1,6449$

$\bar{x} = -1,6449 \dfrac{0,07}{6} + 1 = 0,9808$

e) $E(\hat{\mu}_1) = E\left(\dfrac{1}{n}\sum X_i\right) = \dfrac{1}{n}\sum E(X_i) = \dfrac{1}{n}n\mu = \mu$

$\Rightarrow \hat{\mu}_1$ ist erwartungstreu

$V(\hat{\mu}_1) = V\left(\dfrac{1}{n}\sum X_i\right) = \dfrac{1}{n^2}\sum V(X_i) = \dfrac{1}{n^2}n\sigma^2 = \dfrac{\sigma^2}{n}$

$\lim\limits_{n \to \infty} V(\hat{\mu}_1) = 0 \quad \Rightarrow \hat{\mu}_1$ ist konsistent

$E(\hat{\mu}_2) = E(X_1) = \mu \quad \Rightarrow \hat{\mu}_2$ ist erwartungstreu

$V(\hat{\mu}_2) = V(X_1) = \sigma^2$

$\lim\limits_{n \to \infty} V(\hat{\mu}_2) = \sigma^2 \quad \Rightarrow \hat{\mu}_2$ ist nicht konsistent

Der Schätzer $\hat{\mu}_1$ ist vorzuziehen, da er nicht nur erwartungstreu ist (wie $\hat{\mu}_2$ auch) sondern auch konsistent.

Aufgabe 3:

a) $\displaystyle\int_0^1\int_0^1 \dfrac{10}{18} - \dfrac{7}{6}x^2 + x^2 y - x^2 y^2 - \dfrac{4}{3}y + \dfrac{4}{3}y^2 \, dx\, dy$

$= \displaystyle\int_0^1 \left[\dfrac{10}{18}x - \dfrac{7}{18}x^3 + \dfrac{1}{3}x^3 y - \dfrac{1}{3}x^3 y^2 - \dfrac{4}{3}xy + \dfrac{4}{3}xy^2\right]_0^1 dy$

$= \displaystyle\int_0^1 \dfrac{10}{18} - \dfrac{7}{18} + \dfrac{1}{3}y - \dfrac{1}{3}y^2 - \dfrac{4}{3}y + \dfrac{4}{3}y^2 \, dy$

$= \displaystyle\int_0^1 \dfrac{1}{6} - y + y^2 \, dy$

$$= \left[\frac{1}{6}y - \frac{1}{2}y^2 + \frac{1}{3}y^3\right]_0^1$$

$$= \frac{1}{6} - \frac{1}{2} + \frac{1}{3} = 0 \neq 1 \quad \Rightarrow f(x,y) \text{ kann keine Dichtefunktion sein}$$

b) Ereignis E: K wird als Erster aufgerufen

$P(\overline{E}) = 1 - P(E)$

Mögliche Ereignisse: $P = 5! = 120$

Ungünstige Ereignisse $(\overline{E})$: $P = 4! = 24$

$$P(\overline{E}) = 1 - \frac{24}{120} = 1 - 0{,}2 = 0{,}8$$

c) $E(Z) = E(X_1 + X_2 - X_3) = E(X_1) + E(X_2) - E(X_3) = 5 + 10 - 8 = 7$

$V(Z) = V(X_1 + X_2 - X_3)$
$ = V(X_1) + V(X_2) + V(X_3) + 2C(X_1, X_2) - 2C(X_1, X_3) - 2C(X_2, X_3)$
$ = 3 + 4 + 6 + 2 - 2 - 2 = 11$

d) $N_1 = 0{,}2 \cdot N$; $N_2 = 0{,}5 \cdot N$; $N_3 = 0{,}3 \cdot N$

<u>Proportionale Aufteilung</u>

$n_1 = 0{,}2 \cdot 400 = 80$
$n_2 = 0{,}5 \cdot 400 = 200$
$n_3 = 0{,}3 \cdot 400 = 120$

$$V(\overline{x})_{prop} = \frac{1}{n}\sum \frac{n_k}{n}\sigma_k^2 = \frac{1}{400}(0{,}2 \cdot 25 + 0{,}5 \cdot 100 + 0{,}3 \cdot 81) = \frac{1}{400} \cdot 79{,}3 = 0{,}19825$$

<u>Optimale Aufteilung</u>

$\sum N_k \sigma_k = 0{,}2 \cdot N \cdot 5 + 0{,}5 \cdot N \cdot 10 + 0{,}3 \cdot N \cdot 9 = 8{,}7 \cdot N$

$$n_1 = 400\frac{0{,}2 \cdot N \cdot 5}{8{,}7 \cdot N} = \frac{400}{8{,}7} \approx 46$$

$$n_2 = 400\frac{0{,}5 \cdot N \cdot 10}{8{,}7 \cdot N} = 400 \cdot \frac{5}{8{,}7} \approx 230$$

$$n_3 = 400\frac{0{,}3 \cdot N \cdot 9}{8{,}7 \cdot N} = 400 \cdot \frac{2{,}7}{8{,}7} \approx 124$$

$$V(\overline{x})_{opt} = \frac{1}{n}\sum \left(\frac{N_k}{N}\sigma_k\right)^2 = \frac{1}{400}(0{,}2 \cdot 5 + 0{,}5 \cdot 10 + 0{,}3 \cdot 9)^2 = \frac{1}{400} \cdot 75{,}69 = 0{,}1892$$

e) $\dfrac{1}{10}\left(\dfrac{\lambda}{1}e^{-\lambda}\right) = \dfrac{\lambda^2}{2}e^{-\lambda}$

$\dfrac{1}{10} = \dfrac{\lambda}{2} \Rightarrow \lambda = 0{,}2$